图书在版编目（CIP）数据

未来城乡 智慧规划：第11届金经昌中国青年规划师创新论坛文集 / 张尚武主编. -- 上海：同济大学出版社，2023.12
（理想空间；93）
ISBN 978-7-5765-0668-6

Ⅰ. ①未… Ⅱ. ①张… Ⅲ. ①城市规划－文集 Ⅳ. ①TU984-53

中国国家版本馆CIP数据核字（2023）第237007号

理想空间
2023-12(93)

主办单位 上海同济城市规划设计研究院有限公司
地 址 上海市杨浦区中山北二路1111号同济规划大厦1408室
网 址 http://www.tjupdi.com
邮 编 200092

出版发行 同济大学出版社
经 销 全国各地新华书店
策划制作 《理想空间》编辑部
印 刷 上海颛辉印刷厂有限公司
开 本 635mm x 1000mm 1/8
印 张 16
字 数 320 000
印 数 1-2 000
版 次 2023年12月第1版
印 次 2023年12月第1次印刷
书 号 ISBN 978-7-5765-0668-6
定 价 55.00元

购书请扫描二维码

本书使用图片均由文章作者提供。

编者按

2023年是全面贯彻党的二十大精神的开局之年，也是全面深化改革开放、以中国式现代化推进中华民族伟大复兴的关键之年。面向中国未来发展，城乡现代化是中国现代化的重要基础。融合中国智慧、科技智慧与青年智慧，探索中国式城乡现代化的发展之路，是当代青年人的历史使命与责任担当。第11届金经昌中国青年规划师创新论坛以“未来城乡 智慧规划”为主题，面向未来，回归初心，以新理念、新方法、新技术探索城乡发展新未来，为创新规划实践贡献青年智慧。

本次论坛由中国城市规划学会、同济大学、金经昌/董鉴泓城市规划教育基金主办，同济大学建筑与城市规划学院、上海同济城市规划设计研究院有限公司承办，长三角城市群智能规划省部共建协同创新中心、《城市规划学刊》编辑部、《城市规划》编辑部、中国城市规划学会学术工作委员会、中国城市规划学会青年工作委员会、《理想空间》编辑部、国土空间规划实践教学虚拟教研室参与协办。论坛于2023年5月20日，同济大学116周年校庆之际，在同济大学建筑与城市规划学院钟庭报告厅隆重举行。论坛分为主题论坛与分论坛。主题论坛环节，邀请邹兵总规划师、吴左宾院长、杜凡丁所长、史宜副教授和匡晓明副院长，分别以社区微更新设计、高原人居发展模式与提升策略、文化线路保护、城市设计的数字化管控平台、城市设计中价值体系框架构建为主题作了主旨报告。分论坛设立了“城乡融合发展”“空间转型治理”“智能规划创新”三个板块，邀请国内学术权威与青年规划师们共同探讨、深入交流规划理念与创新实践。

论坛征稿采用单位推荐和个人报名的方式，得到了相关单位的大力支持和青年规划师的的踊跃参与，共征集到75份报名稿件，论坛组委会组织同济大学建筑与城市规划学院教授、论坛主持人及相关策划人围绕各议题对所有提交材料进行了评议，18篇入选演讲。本专辑以第11届金经昌中国青年规划师创新论坛“未来城乡 智慧规划”的主题为中心，将本届创新论坛的活动内容、相关论文、演讲稿等最新内容集编成册，旨在“倡导规划实践的前沿探索，搭建规划创新的交流平台，彰显青年规划师的社会责任”，关注青年人才与规划行业新发展，介绍相关领域最新成果，鼓励更多青年规划师关注并参与到共同建设中国式城乡现代化的伟大道路之中，并供规划行业广大从业者及相关专业学生交流学习。在此特别感谢所有参与论坛的专家学者、单位以及青年规划师对本次论坛的大力支持，欢迎各界、各方对论坛提出宝贵意见与建议。

上期封面：

CONTENTS 目录

Topic Forum

Innovation Forum

Urban-Rural Integration Development

Spatial Transformation Governance

Smart Planning Innovation

Event Highlights

Tongji Style

巧施绣花功夫，激发场所活力
——趣城社区（蛇口）微更新设计
Ingeniously Apply Embroidery Skills to Stimulate the Vitality of the Place —Micro-Renewal Design of Qucheng Community (Shekou)

邹兵，深圳市规划国土发展研究中心总规划师，教授级高级规划师，广东省工程勘察设计大师。

[文章编号]　2023-93-A-004

一、趣城计划概况

首先，要明晰我们需要什么样的城市？一是空间需要“趣”，满足人性化、精致化的空间品质需求，需要注重对城市活力、趣味地点的塑造。二是社区需要“活”，需要规划贴近市民，激发社区活力，为市民再造公共空间。三是更新需要“微”，通过社区这个层次的小微细胞单元的更新实践，再造公共空间，改善人居环境。四是设计需要“实”，需要寻求一条更高效、更直接、更接地气的实施路径。深圳市趣城计划是以公共空间为突破口，通过场所激发活动，形成人性化、特色化公共空间，创造有活力有趣味的深圳。

深圳市的趣城计划缘起于2011年《中共深圳市委、深圳市人民政府关于提升城市发展质量的决定》，是为响应决策层作出的由“深圳速度”向“深圳质量”转型发展的战略部署，该计划开展系列规划编制，至今已延续12年，形成了从城市、地区、社区多个层面的行动计划。全市层面有《趣城·深圳美丽都市计划》《趣城·深圳城市设计地图》等；地区层面有《趣城·深圳美丽都市计划（趣城·盐田计划）2013—2014年实施方案》；社区层面有《趣城·社区微更新计划》。在社区层面的趣城计划的突出特点就是小投入、大提升，做面向实施、可持续、贴近民生的微设计并付诸行动。

二、蛇口实施趣城计划的优势

首先，蛇口作为改革开放最早的地区，不仅有凝聚深圳历史记忆的街道，也是深圳国际化人士聚集最多的区域；其次，蛇口建成空间密度高，公共空间有限，亟待通过小而美的改造，为居民带来幸福感和获得感，在有限空间更好地为居民服务；再次，蛇口街道办事处领导和工作人员十分热情，给予大量支持和帮助，没有基层的积极配合和主动作为，这个项目很难落地实施。

三、趣城蛇口项目内容

趣城蛇口项目与其说是提供一个具体的设计方案，不如说是探索了一种新型工作模式。项目过程包括活动宣传、试点筛选、方案征集、方案评选以及落地实施5个阶段，全过程强调公开性和实施性。

试点征集阶段，选择街道辖区内的公共空间、城市装置作为试点对象，在预先选取的街道、广场、围墙、小品构筑物、公共绿地5大类21个试点项目基础上，通过规划部门、街道办、社区工作站、居民代表的反复讨论，筛选出4个试点项目。方案征集阶段，强调公开征集、广泛参与、微小投入，面向全市市民不

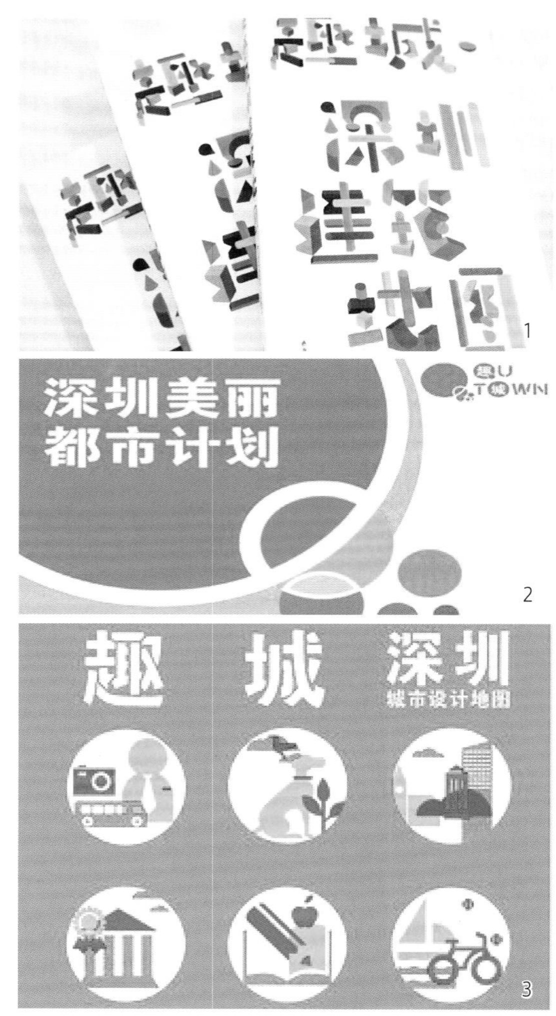

1-3.趣城计划的缘起和历程

4.优胜奖——时间剧场效果图
5.优胜奖——彩虹城市百宝箱效果图
6.优胜奖——Peter Pan的盒子效果图
7.优胜奖——卡片折廊效果图

设技术门槛征集设计方案，每个项目（含施工）费用预算不超过50万元人民币，吸引了许多设计机构、个人工作室、在校大学生、“蛇二代”居民等，参与人员广泛。方案评选阶段，综合考虑安全性、经济性、有特色、有趣味、接地气等因素，采用专家评审+居民投票方式选取优胜方案。落地实施阶段，由街道办与优胜者签订合同，由设计师直接负责实施，减少设计方案转译过程中的协调成本，确保设计理念落地。实施的四个项目包括：①时间剧场——蛇口学校入口广场改造；②卡片折廊——南山石化大院南门入口改造；③彼得潘（Peter Pan）的盒子——蛇口学校墙体改造；④彩虹城市百宝箱——街头环网柜设施优化。四个项目施工周期都在两个月以内，每个项目费用不超过50万元人民币。综上，趣城蛇口项目从开始启动到最后实施完毕，总计一年半时间，取得了良好的实施效果。

四、趣城蛇口项目的成效和启示

趣城蛇口项目实施取得了三方面成效：一是总结形成趣城微更新设计手册，将社区中最常见的五大类公共空间进行分类指引，让基层政府可以从中选地点、选策略、选方案、选设计师，对社区进行微更新改造。二是为年轻设计师提供了展示才华的机会和平台，获得初涉职业的荣誉感和成就感。蛇口学校南入口改造获2020年ArchDaily中国年度建筑大奖——景观建筑入围提名。三是促进深圳“小美赛”广泛持续开展。受趣城蛇口项目的影响，深圳“小美赛”成为基层社区微改造设计计划的可持续推广行动，目前已连续开展了十期。

同时，项目也为我们带来若干启示：一是真正践行“人民城市人民建”的理念，搭建一个开放共享、不设门槛的全民参与平台。二是明晰主体权责，鼓励公众广泛参与，专家、公益组织全程参与，提升公众参与的广度、深度和质量。三是探索可广泛推广应用的微更新实施路径，由基层政府组织，以社区微更新设计为平台，多渠道资金为保障的可推广应用实施机制和路径。四是形成“工具包+项目库”的项目管理模式，针对城市中相似的问题提出通用的策略和方法，帮助空间快速更新，实施主体可结合需求在项目库中找到合适的方案或设计师。

深圳城市进入质量提升的发展阶段后，趣城计划已经成为深圳规划设计巧施绣花功夫、激发场所活力的共同行动品牌。趣城蛇口项目的实践，为基层社区的微设计微更新行动提供了一套可持续、可复制、可推广的范式。

报告视频详见上海同济城市规划设计研究院有限公司官网
http://www.tjupdi.com/new/index.php?classid=9163&newsid=18246&t=show

面向新时期的高原人居发展模式与提升策略
——基于环青海湖地区的初步思考

Plateau Human Settlement Development Model and Upgrading Strategy Facing the New Era
—Based on the Preliminary Thinking of the Area Around Qinghai Lake

吴左宾，西安建大城市规划设计研究院有限公司院长。

[文章编号]　　2023-93-A-006

1.多学科融贯探索高原寒旱、生态敏感地区人居环境发展模式及提升策略的集成规划路径图
2.环青海湖地区范围图　3.环青海湖地区区位图　4.人居单元模式构建图

一、环青海湖地区的人居特征与现实挑战

本文系统梳理青海湖特质，揭示环湖地区现实问题。高原人居在我国历史上为落实以城安边、以人实边、以文凝边、经济兴边发挥了重要作用。环青海湖地区地处我国海拔最高的青藏高原地区，是我国乃至世界上生态环境最为敏感、旅游风景最为优美、高原人居最为典型的区域之一，具有“世界高原湖泊代表地，我国西部生态调节器”“青藏高原生物基因库，世界水鸟重要迁徙地”“中华民族挺起支撑脊，‘两弹一星’精神孕育地”“山水人文独特风景区，历代祭海活动神圣湖”“民族团结融合交织点，丝绸之路古道必经地”五大价值。面向新时期，结合环青海湖地区独有的生态环境、高原风景和深厚文化，厘清区域生态保护与人居发展关系、提升人居环境品质，是该地区人居空间发展面临的新挑战。

二、高原人居发展模式思考

基于特征与价值重识，构建高原人居发展模式。以高原美丽城镇建设为抓手，突出生态保护、引导景区部分旅游设施向城镇集中，构建“生态+城镇+风景+旅游+设施”一体化的高原人居发展模式，并结合城景协同发展思路，划分“离散型”“一体型”“双核型”三种模式—八大单元（西海镇—三角城镇—沙岛人居单元、恰卜恰镇人居单元、黑马河镇人居单元、沙柳河镇人居单元、倒淌河镇人居单元、茶卡镇人居单元、江西沟镇—151集镇人居单元、石乃亥镇—鸟岛集镇人居单元），更好地保护生态、保护风景、提升服务品质、提振城镇能力。

以黑马河镇人居单元为例，一是建立生态优先的安全格局，划定不同等级保护区域，提出加强河口湿地生态涵养等管控要求。二是构筑高原绿洲的人居生境，通过绿化构建黑马河城镇“高原人工绿洲”绿化体系和公共空间系统。三是实现增减有序的人居空间，逐步拆除沿湖涉及生态保护地区的建筑，保留景区必要的导视、问询等旅游服务设施。四是构建韧性生长的城镇街区，引导建设与主导风向垂直的小尺度、可生长的城镇街区模块，防风抗寒。五是探索水绿耦合的绿地系统，街道模块绿地大小由水量决定，绿化灌溉用水优先采用雨水

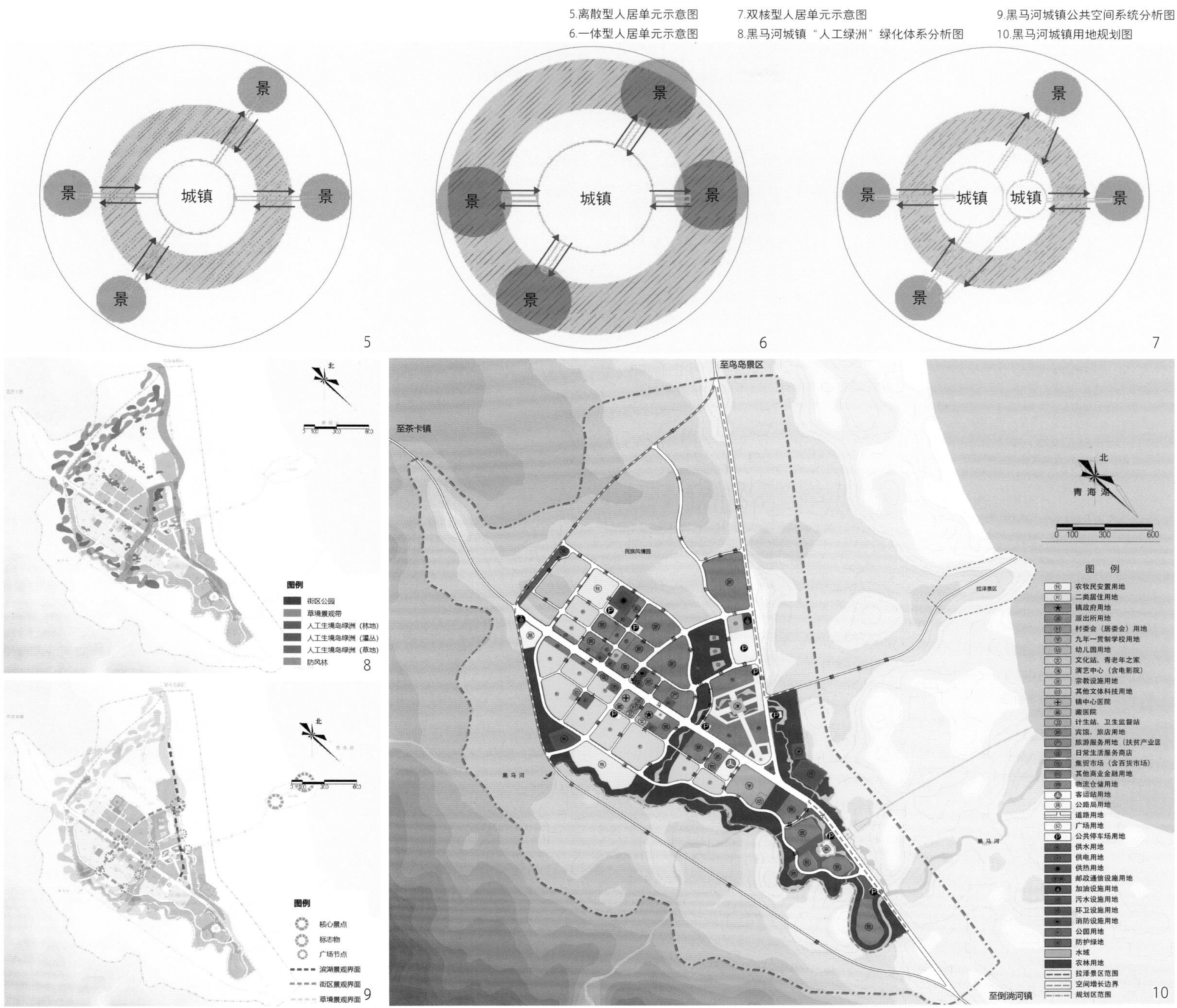

5.离散型人居单元示意图
6.一体型人居单元示意图
7.双核型人居单元示意图
8.黑马河城镇“人工绿洲”绿化体系分析图
9.黑马河城镇公共空间系统分析图
10.黑马河城镇用地规划图

和中水。六是提供居游融合的服务设施，交通、公共服务、基础设施三大设施体系充盈完备，实现居游共享。七是打造望湖观日的景观风貌，利用退台等形式设置观景望湖平台，建设绿色生态的日出之城。

三、高原人居提升策略探索

统筹生态与发展关系，确立高原人居提升策略。紧抓以人为本、高原属性、美丽魂魄、城镇载体、价值导向，提出五大人居提升策略。一是安全青海湖，划定分级分类保护区域，守护生态安全底线。二是人文青海湖，构建再现环湖地区特色“一心一轴、四域五峰”的山水人文格局。三是诗画青海湖，重塑环青海湖三十六景，建立高原风景体系。四是幸福青海湖，助力产业与旅游深度融合，优化特色产业布局。五是宜居青海湖，提出城景共融、生境营造、风貌提升策略。进而构建环青海湖人居空间体系及服务设施、基础设施等保障体系。与此同时，立足高原寒旱、生态敏感地区，集成“植物群落景观构建技术、零排放全消纳技术、分布式多能互补技术、装配式钢结构技术、人居智慧化支撑技术”，营建适应高原的人居空间，建设安全、人文、诗画、幸福、宜居的青海湖。

环青海湖地区人居建设是一项系统性、长期性工作。环青海湖地区人居建设绝不是一般意义上城乡建设的翻版，而是在新发展理念指引下高原人居高质量发展的一个全新思路。环青海湖地区建设要回归其高原人居价值所在，守护其特有的价值是规划建设的根本；要高度重视高原人居建设相关科学问题的研究，结合其地域特征和人居价值探讨高原独特的人居发展模式；要将战略性和操作性有机结合，加强地区性建造技术研发，夯实高原人居建设的科学基础。同时应加强重点应用引领，探索新时代人居建设的“高原模式”，这将对西北地区乃至全国城乡人居高质量发展具有示范意义。

报告视频详见上海同济城市规划设计研究院有限公司官网
http://www.tjupdi.com/new/index.php?classid=9163&newsid=18246&t=show

基于文化线路保护理念的长征国家文化公园建设保护规划

Construction and Protection Planning of the Long March National Cultural Park Based on the Concept of Cultural Route Protection

杜凡丁，北京清华同衡规划设计研究院遗产保护与城乡发展中心五所所长。

[文章编号]　　2023-93-A-008

一、革命文物的特点

革命文物保护，中国特色文物保护道路的探索。党的二十大报告中特别提出要加强红色资源保护利用，深化爱国主义、集体主义、社会主义教育，着力培养担当民族复兴大任的时代新人。根据2022年国家文物局出版的革命文物资源服务党史学习教育大数据报告显示，近3年来参观革命文物的人数显著攀升，参观时间明显增长，且呈现出跨省和连续参观趋势增强、青少年占比显著升高等新特点，革命文物资源已成为全民党史学习的重要支撑，红色文旅产业的核心组成部分。和其他文物类型相比，革命文物具有数量庞大、类型丰富多元，贴近时代、更富于感召力，主题鲜明、有很强叙事性，以及形散神聚、更需挖掘阐释等特点，是中国特有的文物类型，是中国特色文物保护利用实践的突出代表。

二、革命文化路线的保护理念

革命文化线路，是对革命文物整体性保护利用的探索。我国有相当数量的主题鲜明、保存完整、关联性强，具有整体意义的革命历史线路，完全可以参考世界文化遗产中文化线路的概念，借鉴欧洲文化线路、美国国家历史步道、日本遗产、俄罗斯国家记忆线路等国际经验，构建具有中国特色的革命文化线路体系，以便更为全面、系统地认识革命文物的价值，将零散的文物以主题引领、以故事串联、以线路组织，并融合相关资源，建立整体性的保护利用框架，达到“1+1>2”的效果，塑造中华文明的红色标识。长征国家文化公园的建设保护规划编制，就是以文化线路整体性保护理念为指导的。

三、长征国家文化公园规划

以贵州为重点区域，开展长征国家文化公园保护规划和建设。国家文化公园规划建设是国家的一项重大文化战略。目前，已正式公布的共有长城、大运河、长征、黄河、长江五大国家文化公园，而长征国家文化公园是其中唯一讲述中国共产党革命精神的国

1.发展定位图
2.2019—2021年革命纪念馆参观者停留时间段分析图
3.2021年各月平均停留时间分析图

彰显中华文化的重要标志

开展革命教育的核心载体

整合特色资源的贯穿主轴

巩固脱贫成果的有效手段

展现建设成就的全景窗口

带动全国建设的先导示范

1

2019—2021年革命纪念馆参观者停留时间段分析
——基于100个样本数据分析得出（数据来源：中国联通）
1-2小时　2小时以上
56%　54%　52%　50%　48%　46%　44%
54.88%　53.17%　46.86%
45.12%　46.83%　53.14%
2019年　2020年　2021年

2

3

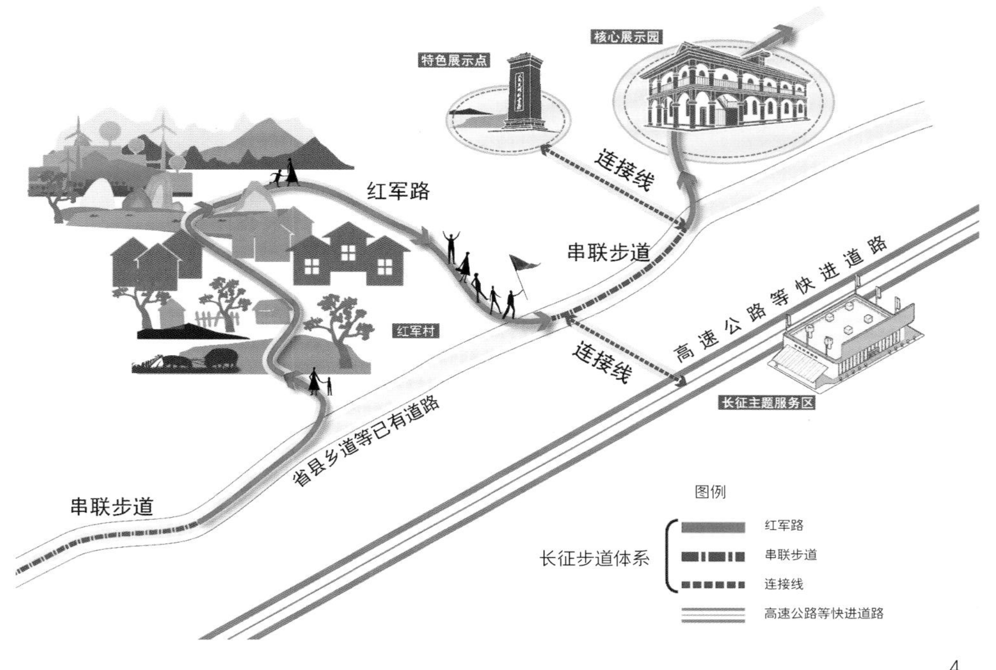

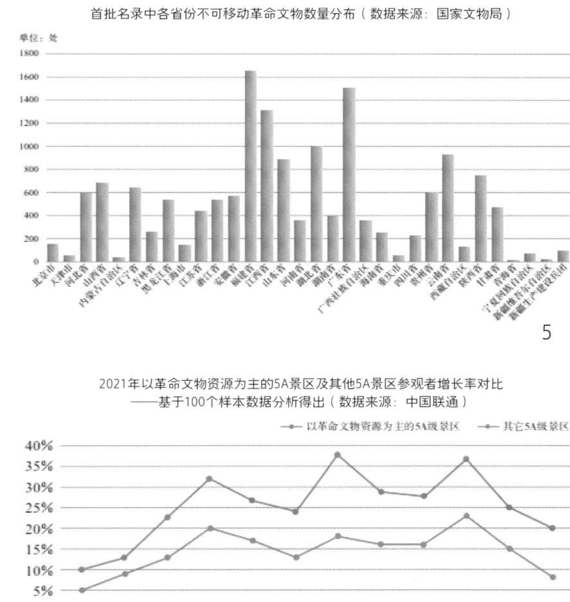

4.推进长征历史步道和红军长征村保护建设示意图

5.首批名录中各省份不可移动革命文物数量分布统计图

6.2021年以革命文物资源为主的5A景区及其他5A景区参观者增长率对比统计图

7.四类主体功能区示意图

8.交通分布示意图

家文化公园，共涉及全国15个省、自治区、直辖市，300余个县市区，2000余处长征文物，是一条巨型的文化和自然遗产廊道。

贵州是红军长征停留时间最久、路线最长的省份之一，是遵义会议、四渡赤水、木黄会师、乌蒙回旋等重大历史事件的发生地，长征文物和文化资源留存丰富，特别是高等级长征文物，其数量全国排名第一，且保存状况好，开放率高，因此被确定为长征国家文化公园的重点建设区。其建设保护规划以“构建国家形象的重要标志、讲好长征故事的核心载体、整合文旅资源的贯穿主轴、提振沿线经济的有效手段、推广多彩贵州的全景窗口和管理制度创新的先导示范”作为贵州长征国家文化公园建设的核心发展定位。以权威党史部门确定的长征经过贵州的66个县市区为主体建设范围，精神层面系长征精神和遵义会议精神，物质层面系长征文物、长征历史遗存（红军路、红军树、红军井、红军坟）、长征主题展示场馆及纪念设施以及相关文化和自然遗存，用相关历史记忆及非物质文化遗产传承历史文化，梳理资源体系。

在厘清贵州省长征历史、价值特征、发展定位和资源分布的基础上，提出以遵义会议旧址和遵义老城为全省建设核心，以中央红军长征线路为主线，以红六军团西征探路并与红二军团在黔东会师，以及红二、红六军团转战黔西南历史线路为两翼，形成“一核、一线、两翼、多点”的省内建设布局。在主体功能分区上，以保护管控区为资源保护基础空间、以主题展示区为参观体验主体空间、以文旅融合区为价值延展示范空间，以传统利用区为活态文化传承空间，并规划了全省16个核心展示园、11条集中展示带和首批28个特色展示点。在建设保护工程上，提出“线性展示馆、长征学院群、千里红军路、百个红军村”建设布局模式，特别强调以构建长征历史步道，强化“二万五千里长征”整体识别度为重点，并确定“1+3+8”个标志性项目，作为省委省政府近期工作抓手。

近年来，贵州以规划为蓝图，大力开展长征国家文化公园建设，并公布了《贵州省长征国家文化公园条例》，这是国内首个省级层面的国家文化公园法规文件；贵州还与四川、云南共同签订了长征国家文化公园建设保护联盟协议，共同打造四渡赤水长征历史步道全国示范段。

报告视频详见上海同济城市规划设计研究院有限公司官网http://www.tjupdi.com/new/index.php?classid=9163&newsid=18246&t=show

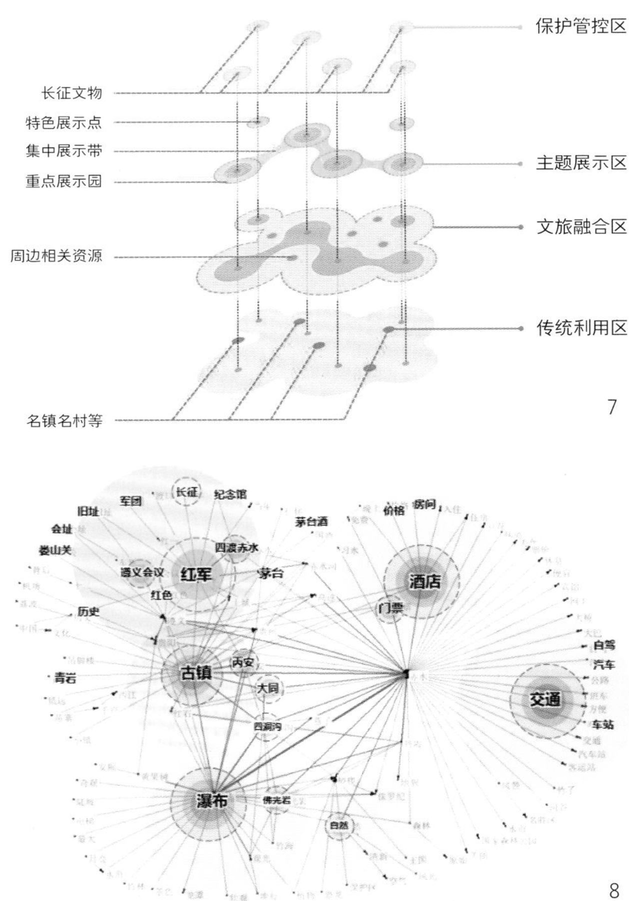

价值实现、秩序构建与导控保障

——太原市总体城市设计的理性逻辑

Value Realization, Order Construction and Guidance and Control Guarantee —The Rational Logic of Taiyuan's Overall Urban Design

匡晓明，上海同济城市规划设计研究院有限公司城市设计研究院常务副院长。

[文章编号]　　2023-93-A-010

1.城市设计关注要点示意图
2.城市空间秩序的构建是城市价值实现的核心作用路径示意图
3.空间秩序的共构性与过程性是导控保障的基础逻辑示意图
4.生态价值转化策略示意图——城绿耦合
5.人文价值显化策略示意图——城文融合

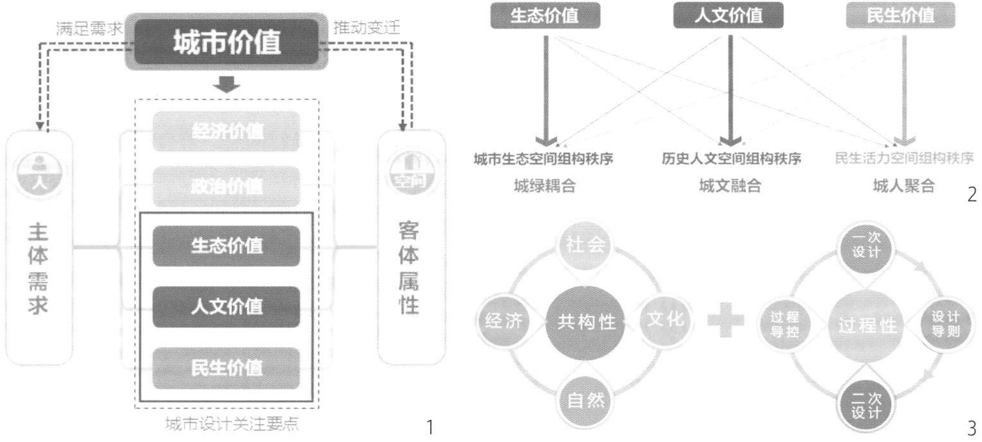

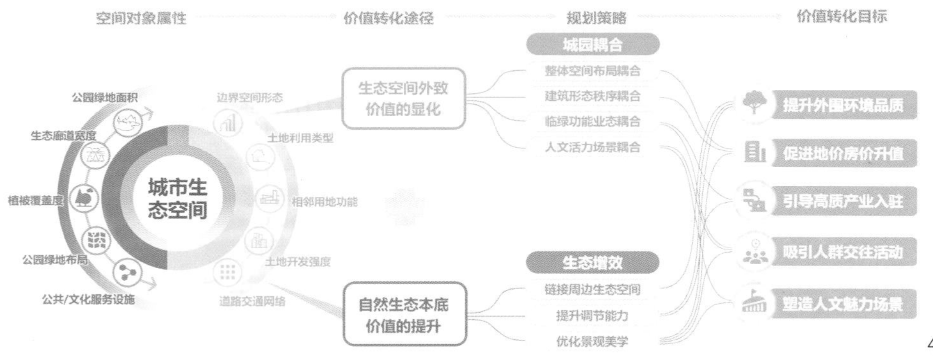

总体城市设计要在国土空间规划体系中发挥积极作用，做有用的总体城市设计，其关键在于价值体系的建立，通过价值导向构建理性的城市空间秩序，由秩序逻辑推导出若干有限的导控要求。

关于城市设计核心内容的演进思考，研究结合大连、天津和成都等城市设计实践项目，探讨了城市设计背后的理性逻辑。通过梳理，提出城市美学、空间形式、功能理性、人文社会、自然生态、过程控制、数字应用和资源价值八个关键词。早期的城市设计注重美学和功能主义，其后更多的关注点是人文主义内容，自然生态和城市设计的过程导控是近年来我国城市设计的关注重点，当下在数字化技术的应用方面已成热点。在理性和量化的背景下，国土空间规划特别关注的核心要点就是资源价值。因此，基于资源价值组合最优化所构建的理性是支撑城市空间秩序的根本。

关于总体城市设计价值体系框架构建，研究提出总体城市设计的理性逻辑包括价值实现、秩序建构和导控保障三个层面，即以价值实现为目标，以秩序构建为路径，以导控保障为方法。总体城市设计中的生态价值、人文价值和民生价值三大价值是关注的重点，城市空间秩序的构建是城市价值实现的核心作用路径，空间秩序的共构性与过程性是导控保障的基础逻辑。秩序的表层意思是指彼此的关系，实际上其内核就是价值。空间秩序是由构成整体的个体之间形成的连续性和确定性的组合关系，即空间秩序是整体性的，并且是连续和相对稳定的组合关系。城市设计追求的是整体效能，整体资源价值最大化恰恰就是对个体进行了约束，个体被约束后才能使其获得自由，整体约束与个体自由是伴生的关系。

太原市总体城市设计构建了“轴带群组网络式”空间结构，凸显了城市空间的三大价值体系，包括生态转化体系、文化显化体系和空间活化体系。规划以穿透式城市设计方法，构建了总体层面、分区层面、重点片区层面三个层次城市设计空间秩序与导控体系。总体层面，聚焦生态、人文、民生三大价值，从整体空间布局、山水生态体系、文化风貌体系、都市空间体系四个层面提出导控要求；分区层面，结合点、线、面三类要素构建空间秩序体系，对空间形态、建筑意向、环境要素等方面提出实用性的控制与引导要求；重点片区层面，划定重要价值空间片区并提出了导控要素库，为详细城市设计提供引导。

太原市总体城市设计提出城市空间秩序建构的三个策略。策略一：城绿耦合的生态价值转换策略，关注点在于提升自然生态本底价值和转化生态空间外致价值两个方面。基于生态价值转化，建立空间秩序管控通则，对滨水地区建筑梯度、山体周边建筑高度层次、公共空间周边建筑面宽、通透率、贴线率和视线通廊等七条空间秩序进行了量化指引，并纳入太原市总体城市设计准则。策略二：城文融合的人文价值显化策略，规划构建了“如意形”城市整体人文空间框架，通过太原府城“关联性”历史人文构架的建立以延展人文价值。针对重点历史文化空间和文化地标等人文价值要素，提出其周边空间秩序导控要求，建立文化空间外围秩序管控通则。策略三：城人聚合的民生价值活化策略，强调街区和街巷的重要作用。规划结合各类大数据分析方法，构建“富有温度、活力可识”的公共空间活动体系，打造魅力街区和品质街道。

太原总体城市设计形成了六项成果，其中，准则是核心内容，准则的主要内容纳入了《太原市建筑风貌规划管控通则》和《太原市城市设计管理指导意见》等规划管理文件和公共政策文件中，九项核心要素也纳入太原市规划管理信息系统，从而保障了总体城市设计的有效传导。

做有用的总体城市设计的关键在于建立一套理性逻辑，其核心是城市价值体系的确立，并由此形成空间秩序框架。太原总体城市设计重点围绕生态、人文和民生三大价值，构建了相应的空间秩序逻辑，并以穿透式的方法使导控内容逐层传导，将价值、秩序和导控有效连接起来。

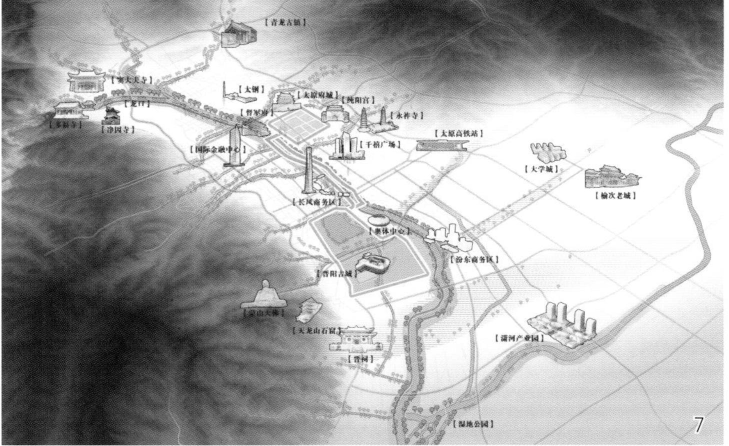

6.城市数字表面模型DSM构建图
7.人文价值显化策略示意图：城文融合
8.总体城市设计框架图
9.整体鸟瞰图

报告视频详见上海同济城市规划设计研究院有限公司官网http://www.tjupdi.com/new/index.php?classid=9163&newsid=18246&t=show

人地关系视角下的国土空间规划实践思考

Reflections on the Practice of Spatial Planning：Perspective of Human-Earth Relationship

刘振宇 陈永昱
Liu Zhenyu Chen Yongyu

[摘 要] 正确认识人地关系及其变化规律是国土空间规划编制的基础，对人地关系的调控是国土空间规划的重要内容。本文在反思当前国土空间规划编制实践中存在的对人地关系认识简单化、规划编制技术准则单一导致无法有效响应各层级、各类型地区的人地关系等问题的基础上，提出应建立“规律认知—问题诊断—动态调控”的基本技术逻辑，构建层级、类型上有差异的编制技术体系和动态适应的规划运行体系，并结合实践案例探讨了区域、城市及城区不同尺度人地关系协调的重点与规划响应要点。

[关键词] 人地关系；国土空间规划

[Abstract] The correct understanding of human-earth relationship and its developmental patterns is the foundation of spatial planning. Meanwhile, the regulation of human-earth relationship is an important content of spatial planning. With reflections on the over-simplification of human-earth relationship and ineffective response to human-earth relationship in various administrative levels and regions due to oversimplified technical guidelines in current practices of spatial planning, a paradigm of "pattern-cognition, problem-diagnosis, dynamic regulation" is proposed, based on which, the compilation of a technical system with differences in administrative levels and regions and a dynamically adaptable planning operation system are formulated. With practical case studies, the key factors of human-earth relationship coordination and planning responses at different scales of regions, cities, and urban areas were discussed.

[Keywords] human-earth relationship; spatial planning
[文章编号] 2023-93-P-012

一、人地关系与国土空间规划

1.人地关系的内涵

人地关系是指人类社会与地理环境相互作用、相互影响，人地关系地域系统是人与地在特定的地域中相互联系、相互作用而形成的一种动态结构。人地关系地域系统是研究地理格局形成与演变规律的理论基石。

人地关系是地理学特别是人文地理学研究的核心。认识不同层次、不同类型地区人地关系的时空分异特征和变化规律，对人地关系的协调进行调控，是实现可持续发展的重要路径。因此，人地关系也是规划研究的核心之一。

2.人地关系在国土空间规划体系构建过程中的重要性

国土空间规划是国家生态文明体制改革的一项重要制度建设内容，调控人地关系使其协调在国土空间规划体系构建过程中意义重大。

2015年中共中央、国务院印发的《生态文明体制改革总体方案》即提出生态文明体制改革的指导思想：“以建设美丽中国为目标，以正确处理人与自然关系为核心，以解决生态环境领域突出问题为导向，保障国家生态安全，改善环境质量，提高资源利用效率，推动形成人与自然和谐发展的现代化建设新格局。”2019年《中共中央国务院关于建立国土空间规划体系并监督实施的若干意见》进一步明确，国土空间规划体系构建要“坚持新发展理念，坚持以人民为中心，坚持一切从实际出发”。以人民为中心、人与自然和谐共生、面向生态文明的空间治理能力建设和促进高质量发展等关键词均体现出人以及人地关系和国土空间规划之间的紧密联系。人地关系与国土空间规划的关系主要体现在以下几个方面：正确认识人地关系及其变化规律是国土空间规划的基础，构建和谐的人地关系是国土空间规划的目标之一，对人地关系的调控是国土空间规划的重要内容。

二、对当前规划编制实践的反思

1.对人地关系的认识简单化

（1）城乡规划：以人定地

受“以人定地”逻辑的影响，城乡规划中对人地关系的认识被简化成人口规模和用地规模的关系，因此对人口分析的认识也简化成了对规模的预测。人地关系反映到规划成果上，就变成了简单的规模问题。以某市城市总体规划目录为例，虽然在市域、城市规划区以及城市建成区三个空间层次均设置了人口相关的章节内容，但毫无例外，均仅涉及规模问题。而由于人地关系被简化为人口规模和用地规模的关系之后，人口分析过度聚焦在规模预测，人口分析的框架和方法似乎成为政府为达到规模目的而使用的某一种“手段”，变成了城乡规划里的“鸡肋”。

（2）国土空间规划：见地不见人

进入国土空间规划时代，人地关系中的人被进一步弱化。国土空间规划强调以地定地，从底线约束出发讨论人地关系，更加关注水资源、土地资源等自然资源对发展规模的限制作用。特别在城镇开发边界划定规则确定之后，人口预测似乎已不再是规划的必备内容。人口规模也变成了规划指标表的一项预期性指标，在具体的规划内容中已难寻其踪影。

然而，作为人地关系中的核心要素，人口问题不仅是规模问题，也包括人口结构、人口分布等多个维度，是经济社会发展问题的综合性反映，可在国土空间规划中将其用作分析城市发展战略的有效抓手。在国土空间规划中，对人地关系的简单化处理以及对人口问题的弱化并不可取。

2.对人地关系特征的响应不足

现代人地关系具有复杂性、地域性、动态性、多尺度、多类型等特征，致使各尺度以及各类型地区人地关系协调重点和规划响应存在差异，而这也决定了国土空间规划必须建立“规律认知—问题诊断—动态调控”的基本技术逻辑。

然而，从当前国土空间规划编制的实践来看，尚不能对人地关系进行有效响应。主要体现在以下三个方面：一是在规划编制方面，上下层次关系难以厘清，省—市—县—乡各层级规划的内容重点和衔接关系尚未明确，使得规划无法对不同空间尺度的人地关系进行有效响应；二是规划技术标准体系不完善，规划编制技术准则大同小异，导致规划无法对不同类型地区的人地关系进行针对性响应；三是规划监测评估维护机制有待完善，目前规划的编制仍然表现为“蓝图”式的静态规划，无法有效响应人地关系的动态性。

三、不同空间尺度人地关系协调重点与规划响应

1.区域尺度

（1）人地关系调控重点

从区域尺度来看，自然地理环境条件决定了经济社会系统的基本格局。我国东密西疏的人口分布格局、主要粮食主产区的分布情况、国土开发强度和经济密度的地区差异，无一不是自然地理环境条件的地域分异在经济社会系统中的投影。

但是，自然地理环境条件和经济社会系统之间依然充满了矛盾。从整个国家来说，我国地大物博，但由于人口众多，资源紧缺问题依然突出。同时，我国的地域差异又非常大，远未达到人地关系的普遍平衡和协调。分析第五次、第六次和第七次人口普查人口密度变化情况可知，我国的人口分布格局依然在变化。六普到七普的十年间，人口流失地区的数量相较上个十年依然在

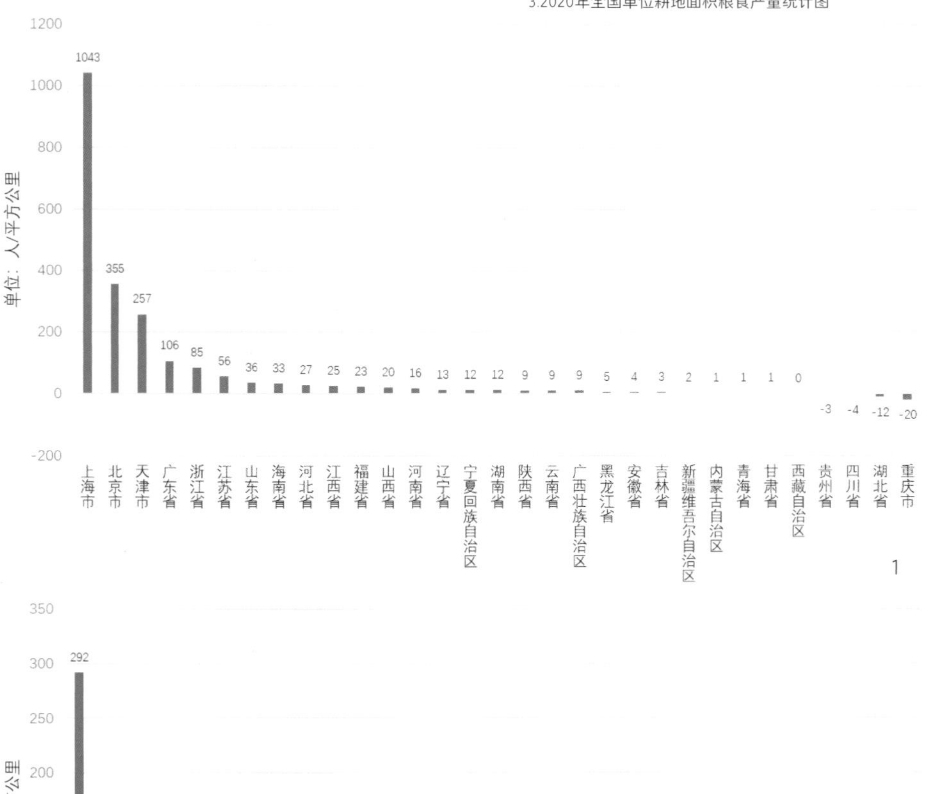

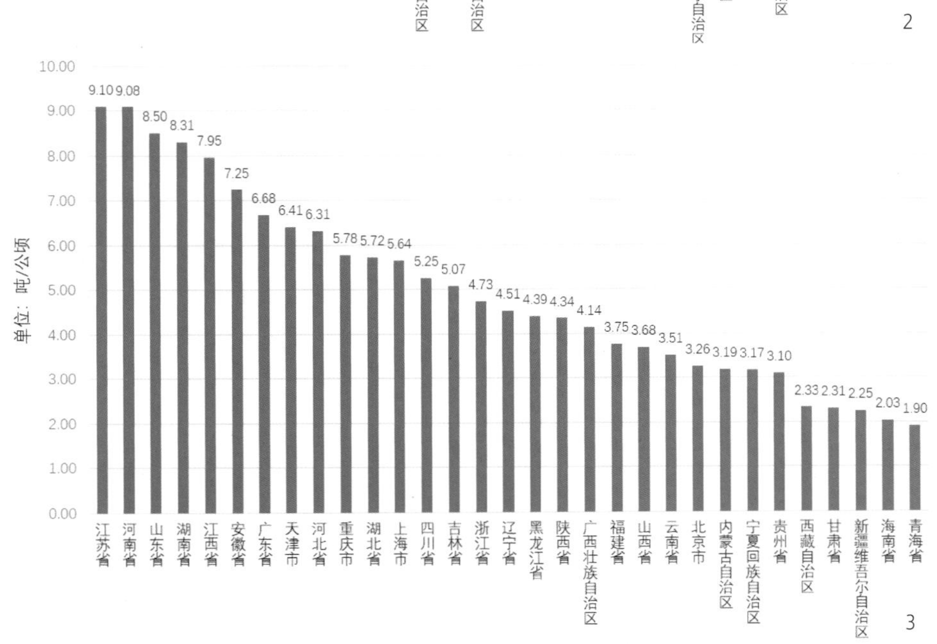

1.2000—2010年常住人口密度变化统计图（五普—六普）
2.2010—2020年常住人口密度变化统计图（六普—七普）
3.2020年全国单位耕地面积粮食产量统计图

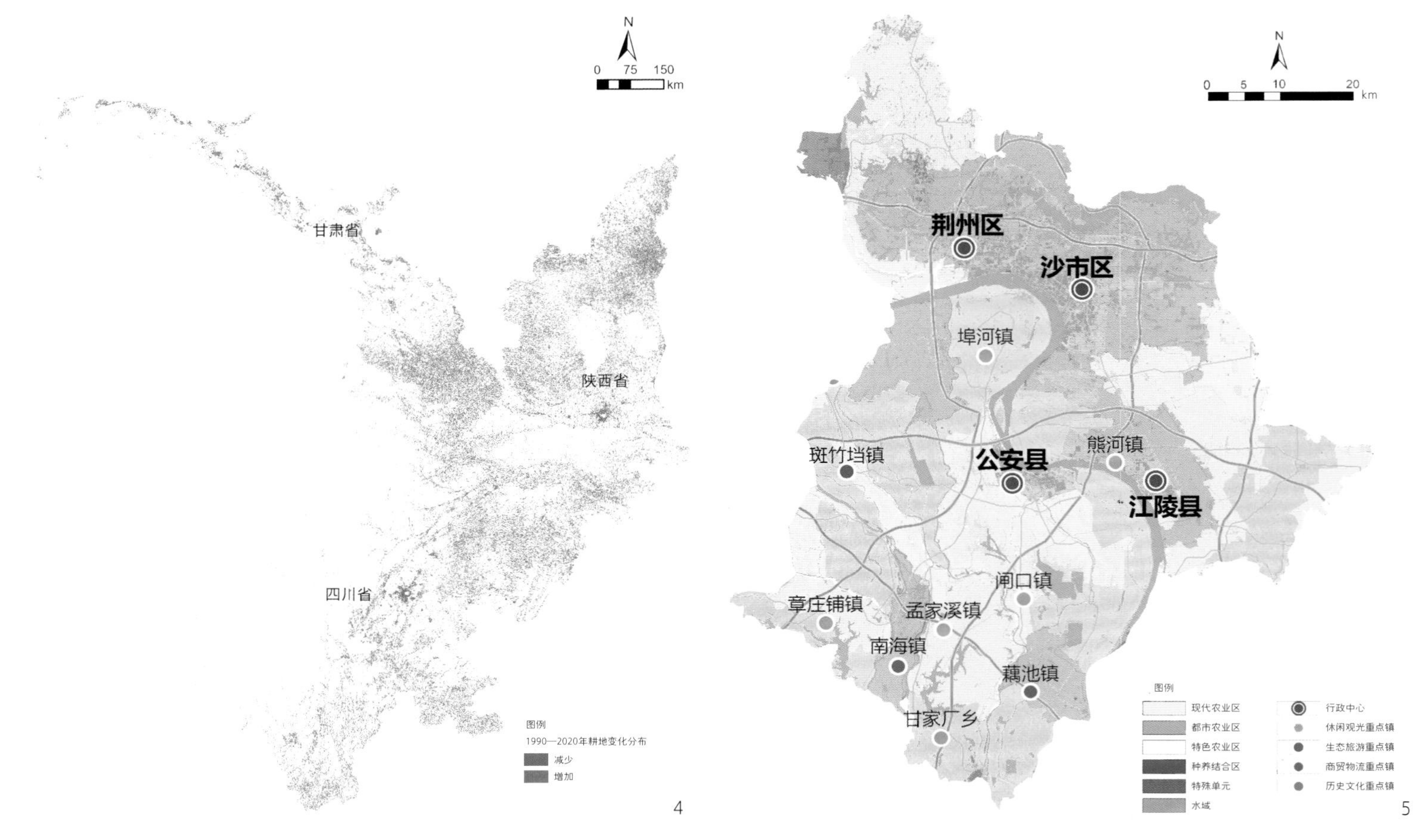

4.1990—2020年甘川陕耕地变化分布图
5.荆州市局部农业空间差异化发展格局图

增加，比如东北三省、环京津地区，人口下降的程度较上个十年更为显著。但是，这种人口分布格局的变化也带来了新的人地不和谐问题。从建设用地绩效来看，部分人口流失地区（如东北三省）建设用地依然在增加，导致人均建设用地居高不下；同样，人口集聚地区（如泛长三角）建设用地也在增长，但由于建设用地的增速快于人口的增速，人均建设用地也呈现出上升态势。从农业开发角度来看，1990—2020年的30年间，部分生态脆弱、生态保护重要性程度高的地区，比如甘肃南部和川西高原接壤的陇南地区，耕地也出现了明显的增加，但这个地区受到自然条件的限制，并不是耕作高适宜地区，单位耕地粮食产量也不高。究其原因，陇南地区人口密度高，更紧张的人地关系使得这个地区不得不进行更高强度的农业开发，即便这种开发并不是最经济的，甚至会给生态环境带来负面影响。这就需要我们能够对人地关系的矛盾点进行诊断并制定有针对性的调控策略。

（2）规划响应要点

区域尺度的规划对人地关系的响应，重点还是协调发展与安全的关系。通过空间格局的优化来同步保障粮食安全、生态安全和高质量发展，这就要求我们充分认识到人地关系的地域性和多样性，以主体功能区为基础响应多样化的人地关系特征和矛盾，采用差异化的调控政策来促进保护与发展之间的平衡。比如陇南这类人多地少同时生态地位重要，但发展基础较差的地区，需要逐步引导人口迁出，通过提高人均资源占有量改善发展水平，同时提高生态效能。对于东北三江平原这样的地区，其农业条件和基础较好但非农发展潜力一般，重点是提高农业现代化、专业化和规模化水平，人口转移依然是正确的选择。而对于长三角及与之类似的其他城镇群、都市圈地区，这些地区经济承载力高，人口集聚符合自然规律，但在极化发展的过程中应该要尤为注意保障空间底线、提高空间质量。

反映到国土空间规划编制上，以主体功能区[①]制度为基础，在清晰认知生态地区、农产品主产地区、城镇化地区三类不同地区人地关系特征和规律后进行差异化的调控。如生态地区，其规划要聚焦生态网络联通和生态安全格局优化，降低人类活动对生态系统的负面影响，重点监测生态功能、生态敏感性、生态承载力变化，动态调控人类活动与生态系统的关系。农产品主产区要聚焦耕地保护与乡村空间格局优化，保障粮食综合生产能力，支撑国家农业农村现代化；重点监测水土资源条件、耕地数量质量变化和人口流动、乡村生产生活空间演变趋势，动态优化人口产业空间关系。而对于城镇化地区，要聚焦区域要素流动、功能协同与空间治理优化，增强综合承载力和竞争能力；重点监测城镇功能发育、生态环境及空间效能的变化等，动态调控人口集聚、产业发展与生态环境之间的关系。

2.城市尺度

（1）人地关系特征与规划响应的思路

在城市尺度下，人地关系的核心是人的生产和生活行为的空间关系。本文以农业空间为例，探讨城市尺度下国土空间规划中人地关系的关注重点及规划响应。农业空间的人地关系在空间上的体现为“三农”关系及其核心影响要素“城乡”关系。农业空间的人（农民）、地（农村、城镇）和产（农业）几个核心要素之间相互影响和制约：农村的空间资源支撑乡村产业的发展，城镇对乡村产业的发展有带动作用；乡村产业发展为农业人口提供就业机会，富裕的农村劳动力则向城镇转移；这一城镇化进程同时带来村庄的收缩与布局变化。因此，国土空间规划响应的核心在于通过农村产业空间的优化、村庄的精明收缩和布局优化、支撑体系的完善提升以及科学的城镇化路径，促进农业空间人地关系的合理优化，提升农业空间的综合效益，优化城乡关系，助力城乡融合发展。

（2）人地关系的调控要点与规划响应：以荆州为例

荆州市位于长江中游的江汉平原，农业生产条件优越，是典型的农产品主产区城市，同时也面临着农业空间的普遍问题，乡村发展动力和空间效益不佳，人口外流现象突出。基于农业空间人地产关系的机制研究，以乡镇为分析单元，在人口、产业和土地三个维度选择土地利用、人口密度、建设用地、劳均耕地等指标，分析人地产的特征，并对人地产关系的发展变化进行模拟推演。

结果显示，荆州市在市域尺度下农业空间的资源条件、发展潜力以及人地关系的特征存在明显的地域差异，因此，国土空间规划中人地关系的调控重点和相应策略也不同。基于分析结果，全市域可划分为都市农业发展区、现代农业发展区、特色农业发展区和种养结合发展区四类空间。这四类空间由于资源本底、产业基础、人口条件等不同，其人地关系调控的重点也有所不同，其未来产业发展方向、空间组织模式、重点镇的功能、用地指标投放等规划响应策略也均有所差异。如现代农业发展区主要为监利这类典型的平原农业地区，作为粮食主产区，主要的农业空间资源被锁定在粮食作物生产上，无法或很难通过其他涉农产业来提高农村效益。因此其人地关系优化调控的方向是需要进一步推动农业现代化规模化，提高粮食生产的效率和效益，释放农村劳动力潜力，通过提高农村人口的资源占有量和农业生产效率提高收入水平；同时提升城市和小城镇的城镇化的吸引力和承载力，推进村庄的精明收缩，引导剩余劳动力向城镇转移，其余乡村人口向大的村庄集聚，使得农业空间内部的生产生活用地更加集聚，进而为农业的现代化、规模化和标准化提供支撑。

3.城区尺度

地方尺度的城区内部，人地关系的响应可以人口这一基本要素为切入点，从人口结构和空间分布入手，诊断城市空间结构方面的问题并以人为核心进行空间政策设计。以上海为例，为缓解单中心蔓延式增长的压力，同济团队在上海2035的研究阶段，提出“中心疏解、边缘抑制、强化新城和培育廊道”的空间优化策略。策略的落实有赖于空间政策体系的设计，研究以人为核心，提出建立针对中心城、中心城周边地区、外围新城和其他地区不同的人地关系特征与问题的分类政策引导体系，通过对与人民居住就业游憩密切相关的住房、就业、公共服务，以及作为支撑的交通体系等维度的调节来解决不同地区的问题。同时，响应人地关系处于动态变化过程中这一特征，研究也对监测—评估—动态调整的动态调控机制进行了设计。

城市内部人地关系的关注重点还包括人的行为特征以及行为特征在空间上的表征。人的行为特征规律识别和问题诊断，对于从城市功能结构、空间布局、中心体系、生活圈、交通体系和设施配置等方面调控人地关系均具有极高的价值。当前时空大数据在规划领域广泛应用，研发的技术方法为城市内部人地关系的实时监测、定期评估和动态调控奠定了基础。

四、结语

虽然国土空间总体规划已进入收官之年，但规划编制运行体系的建设远未完成。构建和谐的人地关系是国土空间规划的目标之一，因此，规划的编制要以正确认识人地关系及其变化规律为基础，要将对人地关系的调控作为规划的重要内容。但是，从当前的规划编制实践来看，存在对人地关系认识简单化

6.差异化的人地关系特征与规划导向图
7.上海市空间优化导向图

典型地区	特征	导向
东北三江平原	人口多、资源丰富、生态保护重要性一般（敏感性一般）、农业发展水平高、非农发展一般	人口转移，提高农业现代化、专业化和规模化水平
鄂尔多斯地区	人口少、资源丰富、生态保护重要性一般（敏感性一般）、非农发展水平高	保护与开发的更优平衡
长三角地区	人口多、资源紧缺、生态保护重要性一般（敏感性一般）、非农和农业发展水平均高	转变经济增长方式，保障空间底线，提高空间绩效
陇南地区	人口多、资源紧缺、生态保护重要性高（敏感性高）、非农和农业发展水平均低	人口逐步迁出，提高生态效能
川西北地区	人口少、资源丰富、生态保护重要性高（敏感性高）、非农和农业发展水平均低	生态保护为主，维护生态价值，提高生活水平

6

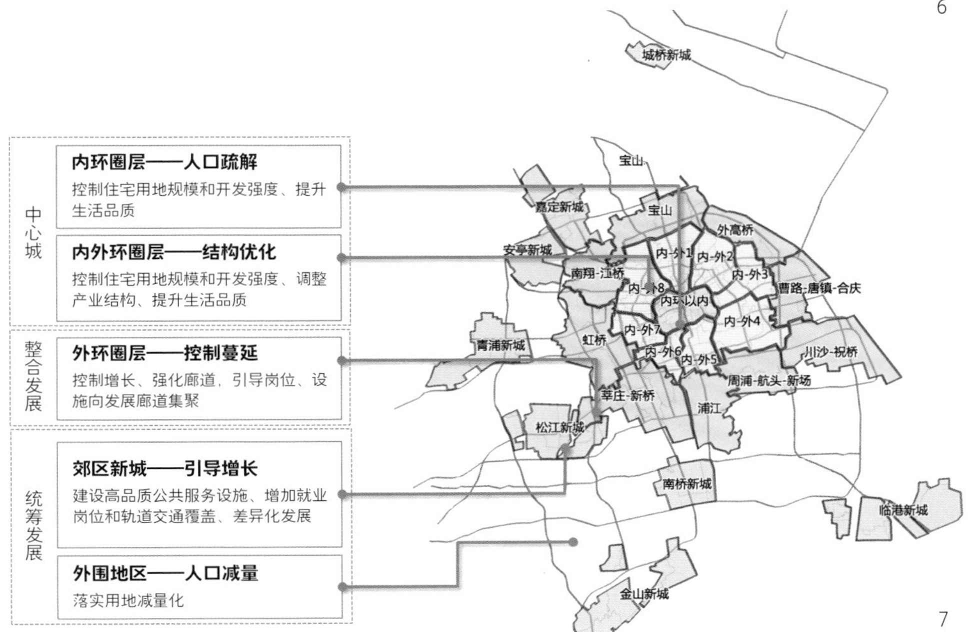

7

资源要素空间差异化分配

		住房				交通				公共服务				就业岗位			
		现状	近期	中期	远期	现状	近期	中期	远期	现状	近期	中期	远期	现状	近期	中期	远期
中心城	内环内																
	内外环(闸北)																
	内外环（杨浦）																
	内外环（碧云）																
	内外环（张江）																
	内外环（上南）																
	内外环（漕河泾）																
	内外环（古北）																
	内外环（曹杨）																
中心城周边地区	宝山																
	外高桥																
	曹路-唐镇-合庆																
	川沙-祝桥																
	周浦-康桥																
	浦江																
	莘庄																
	虹桥																
	南翔-江桥																
外围地区	嘉定新城																
	松江新城																
	青浦新城																
	临港新城																
	南桥新城																
	金山新城																
	城桥新城																
	其他地区																

资源要素时间维度监测调控

8

8.差异化空间政策设计图

以及对人地关系层次差异、类型差异等特征的响应不足等问题，规划实践需要更切实落实“以人民为中心”的导向，避免陷入见地不见人的误区。人地关系的多尺度、多类型及动态性，决定了国土空间规划必须建立“规律认知—问题诊断—动态调控”的基本技术逻辑，构建层级、类型上有差异的编制技术体系和动态适应的规划运行体系。厘清不同层级规划、不同类型地区规划重点和技术准则，推动完善规划监测评估维护机制依然是我们努力的方向。

注释

①本文中的我国主体功能区类型分布是作者根据《全国主体功能区规划2012》各省县级主体功能区绘制（台湾省资料暂缺），为与本轮国土空间规划中的主体功能区的分类衔接，将2012版主体功能区规划的优化开发区、国家级重点开发区与省级重点开发区合并为城镇化地区，将国家级重点生态功能区与省级重点生态功能区合并为重点生态功能区。

参考文献

[1]吴传钧. 论地理学的研究核心:人地关系地域系统[J]. 经济地理, 1991 (3) :1-6.

[2]刘彦随. 现代人地关系与人地系统科学[J]. 地理科学, 2020, 40(8): 1221-1234.

[3]YANG J, HUANG X. The 30 m annual land cover datasets and its dynamics in China from 1990 to 2021 [DS]. 2022.

[4]钱慧, 裴新生, 秦军, 等.系统思维下国土空间规划中的农业空间规划研究[J]. 城市规划学刊, 2021(3):74-81.

[5]上海同济城市规划设计研究院. 上海市城市总体规划（2016—2040）空间体系专题[R]. 2014.

作者简介

刘振宇，上海同济城市规划设计研究院有限公司高级工程师，注册城乡规划师；

陈永昱，上海同济城市规划设计研究院有限公司助理规划师。

镇村规划一体化编制实践探索
——以吉林省万宝镇为例

Exploration on the Practice of Township - Village Joint Planning
—A Case Study of Wanbao Town, Jilin Province

张 立 谭 添 王丽娟 高玉展
Zhang Li Tan Tian Wang Lijuan Gao Yuzhan

[摘 要] 基于吉林省试点工作，结合白城市万宝镇一体化编制乡镇总规、镇区详细规划和村庄规划的实践探索，本文从规划策略、成果内容、表达深度等方面介绍了镇村联编的技术路径，阐述了镇村联编“编什么、怎么编”的问题，并得出结论，即基于三调用地精度可以形成简明且具有操作性的规划成果，达到规划编制组织合理、高效统筹、逻辑清晰、经济适用的综合目标。

[关键词] 镇村联编；国土空间规划；村庄规划；乡镇规划

[Abstract] Based on the pilot project in Jilin Province, this paper combines the practical exploration of the joint preparation of township master plan, township detailed plan and village plan in Wanbao Town, Baicheng City, and introduces the technical path of the joint preparation of township-village in terms of planning strategy, content of results, depth of expression, elaborates on the issues of "what and how to prepare" for joint township-village planning. It ensures that a concise and operational planning result can be produced based on the precision of the third national land survey results, achieving the comprehensive goal of a well-organised, efficient, logical and economical planning process.

[Keywords] township-village joint planning; territorial planning; village planning; township planning

[文章编号] 2023-93-P-017

一、镇村规划一体化编制背景

随着市、县级国土空间规划逐步编制完成，乡级国土空间规划和村庄规划的编制任务开始变得紧迫，各地因地制宜开展了相关试点工作。为了解决镇、村两级规划内容重复且村庄规划内容普遍冗杂的问题，同时缩短规划编制周期、节约规划编制成本、提高规划编制效率，吉林省选取了10个代表性乡镇，开展了镇村联编试点工作。对镇村联编可行性和必要性的论证主要考虑了以下几个方面。

首先，镇村联编便于组织编制。主体上，乡镇政府是组织编制乡镇级国土空间规划和村庄规划的法定责任主体，村庄没有组织编制村庄规划的法定权限，村庄层级也几乎没有调配资源的权力。空间尺度上，涉及产业发展、自然资源管控、生态环境修复和土地整治等内容时，仅以村庄为单位编制详细规划难以实现规划协同；在县级层面统筹村庄规划则空间尺度过大，难以实现村庄规划应有的详细规划深度。因此，乡镇是统筹乡村地区规划的最佳层级。

其次，镇村联编成果拨冗去繁。目前乡镇总规和村庄规划、乡镇政府驻地规划和镇区控规之间存在权责交叉、内容重复的问题。吉林省已出台的《吉林省乡（镇）级国土空间总体规划编制技术指南（试行）》（以下简称《吉

1.镇域生产力布局规划图

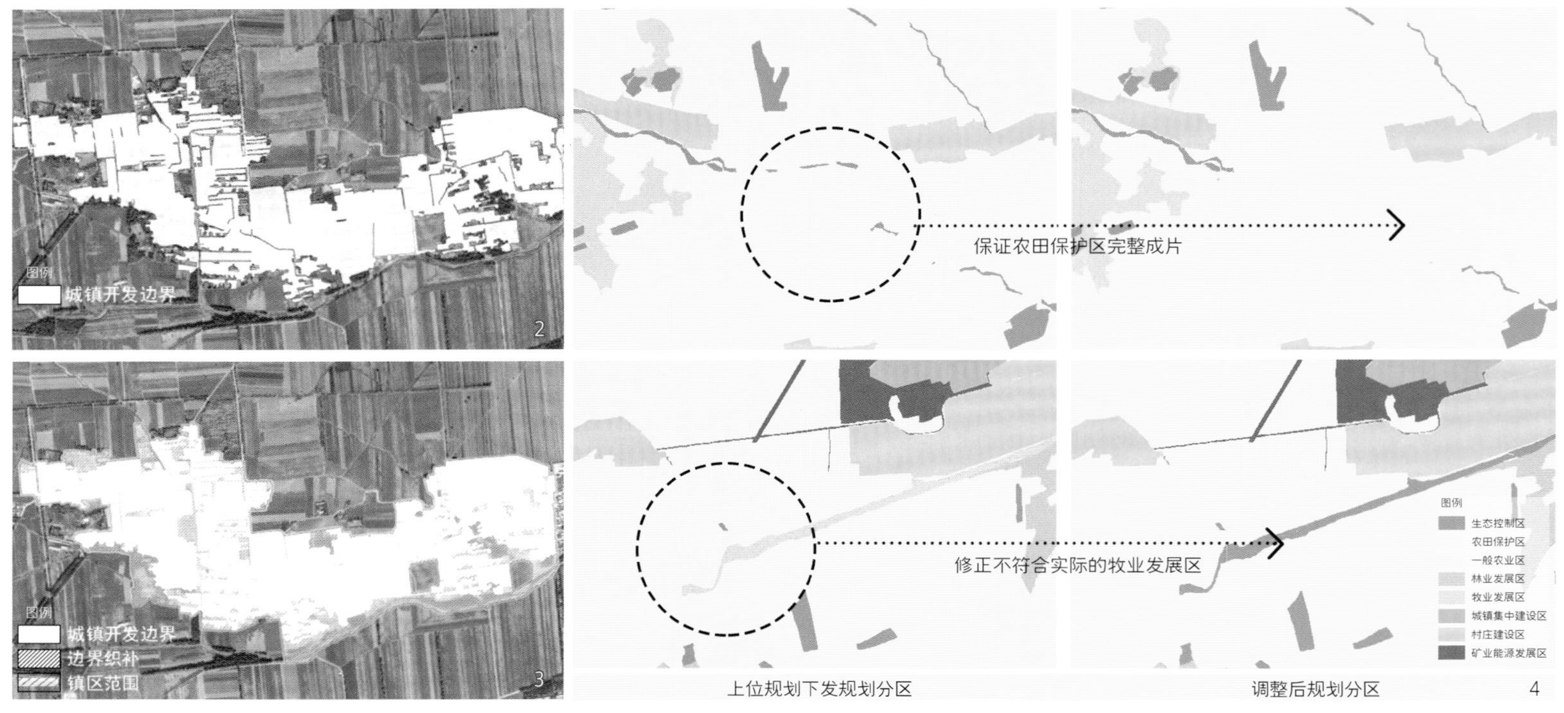

2.上位规划划定万宝镇镇区城镇开发边界图　3.本次规划划定万宝镇镇区规划范围图　4.规划分区修正图

林省乡镇指南》）和《吉林省村庄规划编制技术指南（试行）》（以下简称《吉林省村庄指南》）中，乡镇和村庄两级规划的内容高度重叠，尤其是乡镇传导至村庄的全域全要素管控内容。乡镇政府驻地规划的编制内容也与控规管控要求有诸多重复。所以镇村联编有助于减少重复工作，建立逻辑清晰的规划成果体系，防止规划内容重叠冗余。

最后，镇村联编符合吉林省的镇村实际。从发展上看，吉林省镇村地区主要以农业生产和生态保育为主，仅2个全国经济千强镇，乡镇发展动力相对薄弱，人口外流趋势明显，绝大多数镇村处于相对稳定，甚至收缩的发展状态，主要任务是落实并遵守底线管控内容。在此背景下，通过镇村联编统筹镇域、镇区和村庄规划更具实用性和经济性，既避免财政和编制资源浪费，又可以达到规划管控全覆盖的要求（而非追求村庄规划的机械性全覆盖）。

二、万宝镇镇村联动的规划策略

1.案例概况

万宝镇地处吉林省和内蒙古自治区交界处，是县级洮南市域内第二大镇，也是周边三乡四镇的经济中心。区位上虽然万宝镇位于吉蒙交界处，与内蒙古联系紧密，但对外通道单一，主要依托东西向县道。产业发展方面，万宝镇曾经有省级煤矿万宝煤矿，近年来受煤矿整合和煤炭开采难度加大影响，矿井逐步关闭，支柱产业衰退。全镇产业发展动力不足，农牧业现代化有所发展但总体滞后，国有资产闲置，空间利用效率低下。镇内人口收缩现象严重，2020年万宝镇常住人口1.8万人，较2010年减少了58.33%。从实地调研情况看，万宝镇的规划编制需求不高，政府财力和行政能力不足，具有我国衰退型乡镇的普遍特征。所以规划编制要考虑到当地政府的执行能力，以及当地技术人才欠缺的客观现实，更加注重规划策略和成果的可操作性。

2.区域联动的产业选择

基于万宝镇两省交界的区位条件和支柱产业衰落的发展背景，提出对接区域、聚力资源、谋划新产业的规划策略。在产业的选择上，首先对洮南市、白城市、内蒙古兴安盟的乌兰浩特市、科尔沁右翼前旗、突泉县等周边县市的产业发展重点和市场规模进行了测算。在大圈层范围中找出可以依托的市场条件，识别产业链缺口；在小圈层范围衡量万宝镇对周边三乡四镇的服务职能，最终确定了以农牧、粮贸产业为主导，培育新能源配套产业基地，延伸拓展旅游休闲产业，适度发展民生产业的产业发展方向。

3.镇村一体的生产力空间布局

基于产业发展方向选择，谋划城乡一体、镇村联合的生产力布局，系统布局第一、第二、第三产业项目点。首先，打造种养一体化产业格局，通过划分种养分区，合理谋划布局种植养殖基地、农肥加工基地，培育种植—养殖—农废加工循环农业。其次，做强粮食贸易、畜牧交易，整合已有畜牧交易市场、屠宰场，落实杂粮交易市场，同时结合新能源制造业和民生产业的发展，布局综合商贸市场。最后依托敖牛山风灵谷市级旅游重点项目，利用矿区火车轨道等工业遗产发展旅游业，促进农旅融合。

4.充分利用各类闲置资源

万宝煤矿的关停直接导致万宝镇大量国有资产闲置，包括原有职工宿舍区和工矿用地。同时，万宝镇地处敖牛山脚，有一定比例的其他草地等未利用地。这些潜在的资源是万宝镇重要的后发优势。规划通过国土综合整治收储闲置用地指标，支持近期建设项目所需的设施农用地、产业建设用地需求。有一定规模的工矿用地规划为新能源产业、民生产业基地，形成集中的产业发展板块，培育新的产业发展动力，吸引人口回流就业。闲置的国有职工宿舍规划作为职工公寓，或结合发展需要变为产业用地。其他草地等未利用地可结合实际情况，提升生态功能，或补给农业和新能源产业用地需求。

三、万宝镇镇村联编的技术路径

本次镇村联编包括“两个一体化”，分别是乡镇总规和镇区单元详细规划一体化编制，以及乡镇规划与村庄规划一体化编制。从乡镇规划方面来说，小城镇镇区与城市集中建设区相比，建成面积小、发展状态稳定、地块出让需求少，进一步细化总规中乡镇政府驻地规划的管控要求，形成镇区单元详规，才可满足需求。对于村庄规划，应认识到“乡村规划是一个体系”，在没有明确规划需求和项目安排时，村庄规划的主要职责应是完成“县—乡（镇）—村”的传导任务，实现全域全要素的空间管控，不应包揽管控、发展、建设和设计。这些内容在镇级规划中即可确定，如有无法完成的内容，可进一步编制实用性村庄规划。

1.成果内容及表达深度

本次镇村联编的镇域规划部分依据《吉林省乡镇指南》进行编制，同时增加镇区单元详细规划内容，在完成镇总规要求的乡镇驻地规划的情况下，进一步对单元街坊或地块进行建设管控。村庄规划部分依据《吉林省村庄指南》规定的必选内容进行编制。

（1）镇村联编中的镇区详细规划

《吉林省乡镇指南》中乡镇政府驻地层面的规划内容包括用地布局、社区生活圈构建、空间形态与风貌管控、历史文化保护、住房建设、道路交通、公用设施、综合防灾和五线管控，基本可以达到粗线条的控规管控要求。镇区单元详细规划只需结合权属、卫片等资料进一步修正用地边界、主要道路网等内容，并提出开发建设的管控要求，如空间形态规划要求划定开发强度和高度分区，明确分区的容积率、建筑密度、建筑高度等指标要求。受基础底图的精度限制，镇区单元详细规划中的地块边界仅为划示，如地块有开发出让需求，需进一步测绘地形图，地块实际规模和边界以测绘为准，进而编制地块出让图则，并按相关程序审批，指导用地开发建设。

（2）镇村联编中的村庄规划

县、乡（镇）、村三级规划有关村庄的编制内容分为国土空间格局与结构、自然资源保护和利用、产业发展、历史文化与景观风貌、国土综合整治与生态修复和支撑保障体系六大板块。这些内容传导到村庄层级，在编制的可操作性上分为两类：第一类是在以三调为底图的精度上可以编制的内容，村庄规划只需落实上位规划要求，结合实际情况进行优化调整即可。第二类是村庄规划目前无法完成的内容，包括：①受1:10000精度限制无法编制的，例如宅基地边界划定、道路断面设计，如需编制应进行地形图测绘后制定实施方案；②因目前暂无建设需求无需编制的，如产业用地布局；③需要根据专项规划编制情况实时调整的，如土地综合整治、基础设施建设。对于建设需求小、人口外流严重的村庄而言，主要任务是遵守底线管控，即完成第一类规划内容，第二类内容中的产业用地落位、综合整治、基础设施建设等内容可以通过虚位管控或结合专项规划落定的形式解决。

2.解决实际问题：修正边界和分区

（1）镇区规划边界的划定

由于上位规划下发的城镇开发边界扣除了镇区内的多条道路、零散的民居庭院和农林用地，城镇开发边界较为破碎。如果按照《中共中央 国务院关于建立国土空间规划体系并监督实施的若干意见》，在城镇开发边界内划定详细规划单元、城镇开发边界外制定实用性村庄规划编制单元（单个或多个），将导致镇区不完整、单元详细规划边界破碎、镇村管辖混乱等问题。本次规划在尽量不突破原有城镇开发边界的基础上，结合实际建成情况、地籍权属、生态休闲功能完整性等确定镇区规划范围，在规划范围内编制单元详细规划图则，在镇区范围外编制村庄规划图则。

该边界仅用于规划编制，不影响城镇开发边界范围及其管理要求。若涉及“镇区规划范围内、开发边界外”的地块建设、开发，占用非建设用地的，需按照程序要求，落实耕地占补平衡、进出平衡等政策，满足“详细规划+规划许可”的条件后方可进行建设开发。

（2）村庄规划分区的修正

《吉林省乡镇指南》中明确镇级规划可

5-8.特殊管控区示意图

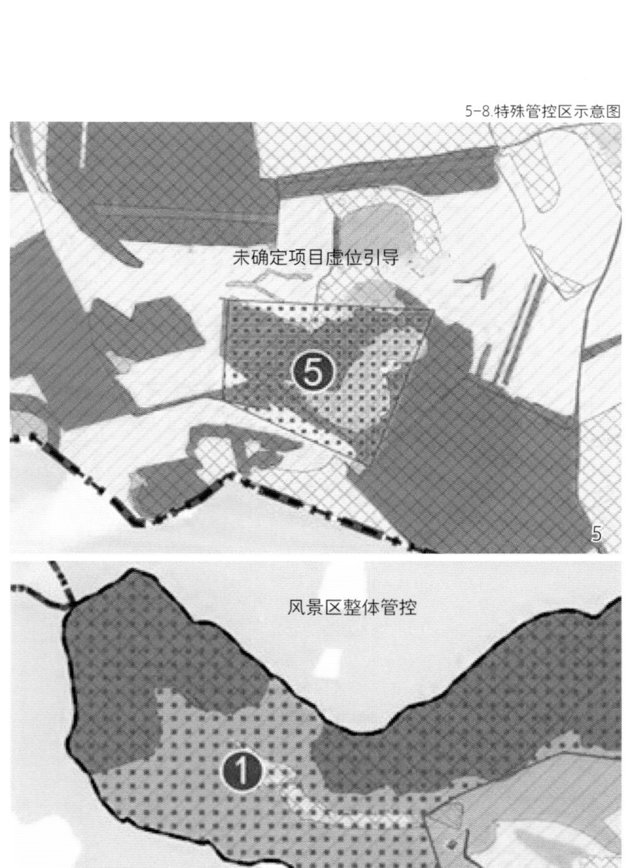

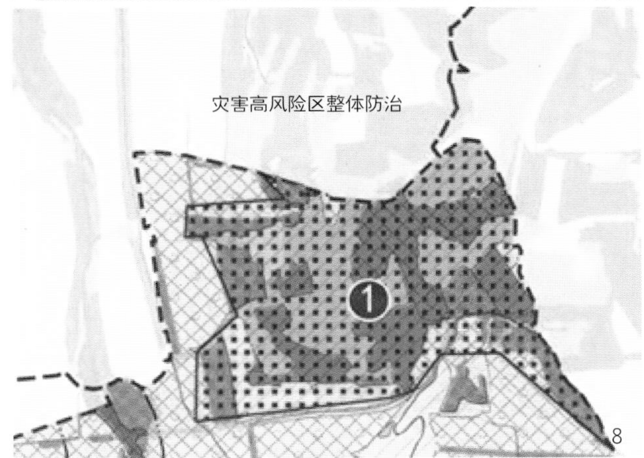

9.洮南市万宝镇镇区单元规划图则（过程稿）

10.洮南市万宝镇村庄规划图则（过程稿）

洮南市万宝镇国土空间总体规划（村庄规划）(2022-2035年)

万宝镇镇区DY-01单元规划图则

洮南市万宝镇国土空间规划（村庄规划）（2021-2035年）

B村村庄规划图

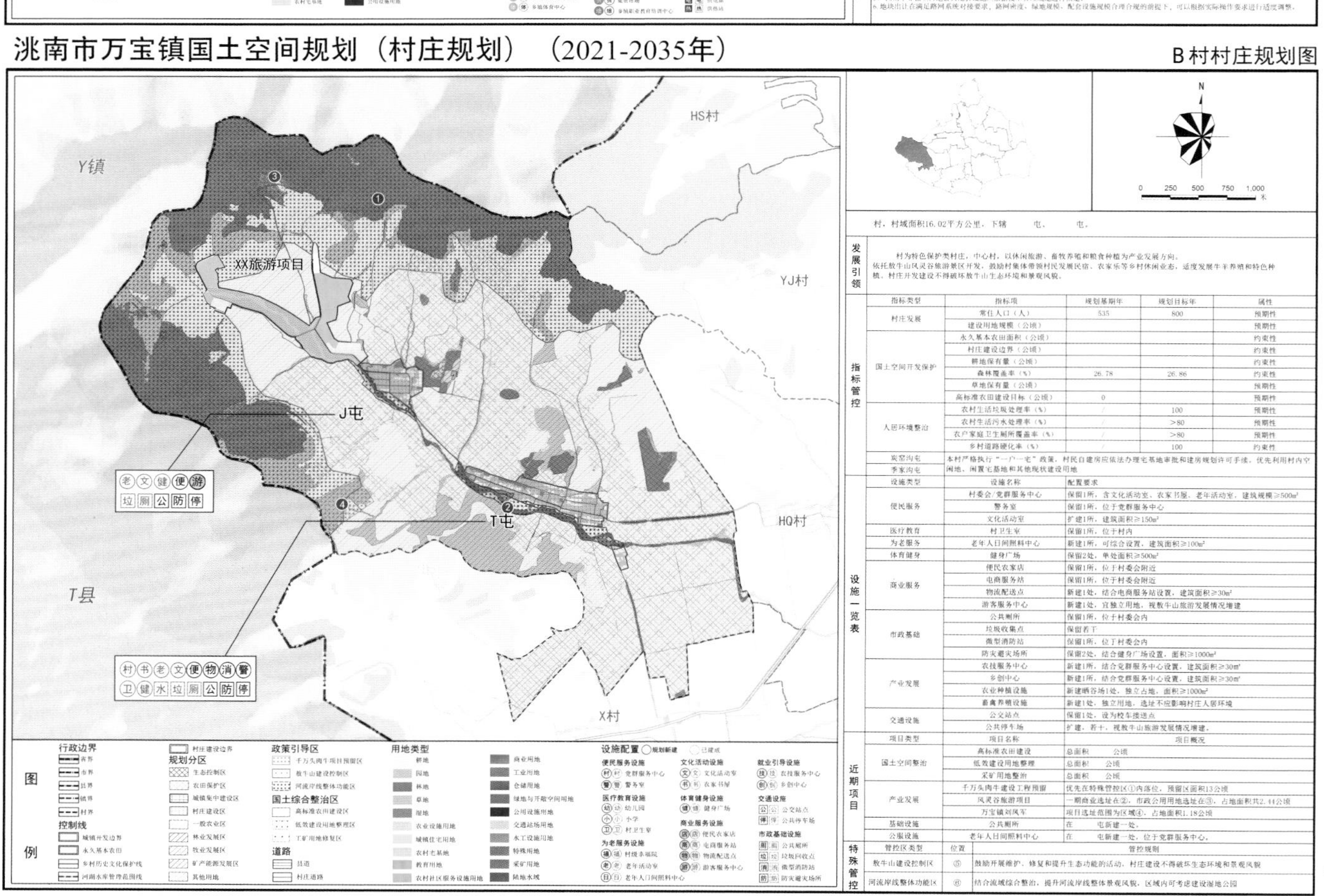

以“合理优化全域规划分区边界”，通过镇村联编可以解决上位规划传导的规划分区内容不准确，以及与村庄规划管控要求相矛盾的问题。目前县级规划传导下来的规划分区依据用地性质划分，将三调的各类草地合并划为牧业发展区、各类林地合并划为林业发展区，导致分区零散不连片情况明显，不符合规划分区体现主导功能、整体统筹的需求，难以指导村庄规划管理。本次规划在镇级规划中完成全域规划分区优化调整，如通过聚合分析提高分区完整性，将永农斑块间的田埂、细小一般耕地、林地等纳入农田保护区或一般农业区，推动高标准农田成片建设；将规模过小、形状狭长、难以承载牧业发展的牧业发展区纳入一般农业区或生态控制区，进一步传导至村庄。

3.应对实际需求：设置新分类指引

（1）镇区规划新增地块分类引导

为了便于理解规划成果，镇区规划进一步将地块分为“现状”“综合整治”及“规划新建”三类。镇区内建成质量较好，功能比较稳定的地块在规划图则中标注为“现状”，规划不改变其用地性质和建设规模；镇区建筑质量或环境质量较差，亟须整治提升的地块，划为“综合整治”类，并提出用地性质及开发容量等建设要求；新增的建设地块在图则中标注为“规划新建”，这类地块的用地性质和规划指标经研究确定，在后续开发中需进一步结合更高精度的测绘以明确其四至边界坐标等，根据实际需要可以再行编制地块出让图则。

（2）村庄规划新增特殊管控区

为了表达近期内无法确定的、跨越村级行政边界的用地落实及空间管控要求，规划提出“特殊管控区”概念，一方面实现发展引导，对尚未确定的项目进行虚位管控，划定大致范围，引导优先在管控区内进行建设；另一方面划定跨越村界的山脉、河流岸线等自然要素管控区，推进生态环境改善的同时避免村庄建设破坏景观风貌。例如“百万头肉牛工程”项目选址区、敖牛山景观管控区、太平河流域综合治理区等。

4.成果表达形式

万宝镇国土空间规划成果包括了镇域总规、镇区详规和村庄规划，其中镇区详规和村庄规划采取图则形式，通过图面要素+图则表格表达规划内容。

（1）镇区单元规划图则形式

考虑到镇区建设量较少、规划编制时新增建设项目尚未明确等因素，镇区详细规划采取单元层次的粗线条详细规划编制，内容包括地块编号、地块界线、用地性质、主要道路以及主要设施布点的要求。图例包括三种要素：①线要素，表达开发边界、镇区范围、五线管控，以及本次规划新增的公共服务设施控制线和生态廊道控制线。②面要素，表达用地类型，将用地布局方案表达至用地二、三类。③点要素，用于区分设施表达，包括现状和规划的公共服务设施、道路交通设施以及市政公用设施。

图则表格上，“地块控制指标一览表”部分提出容积率、建筑限高、绿地率、设施配建等指标要求，进行地块开发管控，省略了控制性详细规划中道路及主要设施线坐标、地块出入口、配建车位等内容的要求。将镇区地块划分为“现状”“综合整治”“规划新建”三个类别。对重点地块的功能布局、主要设施配置及风貌管控要求等内容提出了更精细化的要求。在“备注”中，补充说明了差异化的管控引导内容，包括地块边界划示、镇区规划范围内开发边界外地块占用要求、地块引导分类及管控要求、设施配置相关标准等内容。

（2）村庄规划图则形式

本次规划将村庄规划分为通则式内容和个性化内容。在规划文本中表达具有共性的通则性管控要求，简化图面内容；在图则中表达具有差异的各村个性化管控要求。

村庄规划图纸表达了现状用地、各类控制线、规划分区、特殊政策区等管控范围以及自然资源保护和生态修复及建设项目。划定村庄建设边界后，一般村庄建设用地按照不打开进行规划，仅明确设施配置要求，永红村作为万宝镇副中心，参照镇区将其建设用地打开进行规划。图例表达包括三类：①点要素，表达公共服务和基础公用设施布点，在图则中明确建设类型、建筑面积等配置要求；②线要素，表达上位和专项规划传导的刚性控制线，在通则中明确边界内的管控要求；③面要素，反映对空间要素的管制和引导，包括覆盖全域的规划分区和用地分类、相当于用地类型叠加规划动作的国土综合整治区，以及引导村庄发展的特殊管控区。图例的轻重、粗细、强调程度根据要素的强制性高低确定。

五、结语

万宝镇镇村联编国土空间规划以简化、综合、实用为目标，探讨了具有可操作性的技术路径和简明的规划成果表达形式。本次规划发挥镇级统筹能力，一体化编制镇域总规、镇区详细规划和村庄规划的两级三类规划。基于三调用地底图，绘制了村庄规划一张图和镇区详细规划一张图。内容上着力于底线管控和实施建设的衔接，切实指导（按需编制的）实用性村庄规划和镇区地块出让图则。最终成果具有综合性，镇区单元详规细化了相应的管控要求，村庄规划将现状用途、管控要求、规划行动和发展引导在一张图上叠加表达，便于当地对照现状理解管控要求。除此之外，镇村联编还推动编审程序简化，按照现行乡镇指南和村庄指南，乡镇总规需要报市（州）人民政府审批，村庄规划则由乡（镇）人民政府报上一级人民政府审批。本次镇村联编尝试建议规划成果由镇人大审议后，报市级或者县级人民政府（二选一）审批，易于获得有效反馈意见，简化报批程序。

项目负责人：张立、李继军

主要参编人员：王丽娟、罗贤吉、高玉展、谭添、李雯骐、杨明俊、刘璐、张龄之

参考文献

[1]张立,李雯骐,张尚武.国土空间规划背景下建构乡村规划体系的思考——兼议村庄规划的管控约束与发展导向[J].城市规划学刊,2021,266(6):70-77.

[2]李娜.乡村空间与国土空间规划体系的链接路径探索[J].城乡规划,2021(Z1):82-89.

[3]魏广君.中国乡村规划浪潮——特征、困境和思考[J].国际城市规划,2022,37(5):131-137.

[4]尹旭, 王婧, 李裕瑞, 等.中国乡镇人口分布时空变化及其影响因素[J].地理研究,2022,41(5):1245-1261.

作者简介

张　立，同济大学城市规划系副教授、博士生导师，中国城市规划学会小城镇规划分会秘书长；

谭　添，同济大学城市规划系硕士研究生；

王丽娟，上海同济城市规划设计研究院有限公司规划师，通讯作者；

高玉展，同济大学城市规划系硕士研究生。

“中国式乡村现代化”的苏南实践

The Practice of "Chinese Style Rural Modernization" In Southern Jiangsu

冒艳楠
Mao Yannan

[摘 要] 乡村地区作为中国农耕文明的重要载体，仍是实现中国式现代化的主战场。本研究立足“以中国式现代化全面推进中华民族伟大复兴”的伟大目标，分析苏州市“长江沿线”地区乡村发展的特色与问题，从“市级协调、组团引导和先行区建设”三个层面统筹跨县（市）、跨镇（街道）、跨乡村的规划、建设、治理工作，促进乡村振兴工作覆盖面的延伸。研究通过“城乡融合、跨域协同的新理念”，从乡村全域协调到村点项目落地进行多层次跨域谋划；通过“深度学习、情境模拟”的新方法，运用数字技术辅助实现快速准确的点线面识别与筛选，在优势村庄选点、骨干路选线及生态网络构建等方面，进行大数据分析、深度学习算法处理和生物多样性情境模拟，增强了研究的科学性和可实施性。

[关键词] 中国式乡村现代化；城乡融合；跨域示范

[Abstract] As an important carrier of China's agricultural civilization, rural areas are still the main battlefields to achieve Chinese path to modernization. Based on the great goal of "comprehensively promoting the great rejuvenation of the Chinese nation with Chinese path to modernization", this study analyzes the characteristics and problems of rural development in the area "along the Yangtze River" in Suzhou, and plans, constructs and governs cross county (city), cross town (street) and cross village from three levels of "municipal coordination, group guidance and pilot area construction", so as to promote the extension of rural revitalization coverage. By studying the new concept of "urban-rural integration and cross regional collaboration", multi-level cross regional planning will be carried out from rural overall coordination to the implementation of village specific projects; Through the new method of "deep learning and scenario simulation", digital technology is used to help realize rapid and accurate point, line and plane identification and screening, and Big data analysis, deep learning algorithms and biodiversity scenario simulation are carried out in the selection of advantageous villages, selection of backbone roads and construction of ecological networks, enhancing the scientificity and enforceability of the study.

[Keywords] Chinese style rural modernization; urban-rural integration; cross regional demonstration

[文章编号] 2023-93-P-022

1.全方位统筹与多层次跨域范围图
2.产业空间格局引导图
3.总体空间统筹引导图

一、前言

党的二十大报告提出要“以中国式现代化全面推进中华民族伟大复兴”，“中国式乡村现代化”是实现“中国式现代化”的重要部分。习近平总书记在《论“三农”工作》中指出：要坚持以工补农、以城带乡，推动形成工农互促、城乡互补的新型工农城乡关系。在城乡融合、工农互促的工作要求下，乡村振兴领域的规划应以以工补农、以城带乡、要素流动、服务延伸四个方面为抓手，坚持工业反哺农业、城市支持乡村，促进人才、土地、资本等要素在城乡间双向流动，推动公共服务向农村延伸、社会事业向农村覆盖、基础设施互联互通，促进城镇化与农业现代化同步发展，城市工作同“三农”工作一起推动。[1]

二、研究样本

乡村振兴的目的是让农民同等程度、同等水平享受改革开放和现代化发展成果。苏南地区作为城乡工作走在全国前列的先发优势地区，其乡村振兴工作正在向全域全覆盖的方向推进。本次研究选择苏南地区的乡村作为样本，其从点及面的发展思路对全面推进乡村振兴具有一定的借鉴意义：

第一，作为中国城镇化发展进程最快的地区之一，苏南地区农民价值导向从热衷进城转变为乐居乡村，因此有很多留在农村生产生活的人，且不乏中青年，样本覆盖人口的年龄结构比较全面；第二，苏南地区良好的经济发展水平造成乡村分化进程加快，基础好、有特色的乡村日益凸显，规模

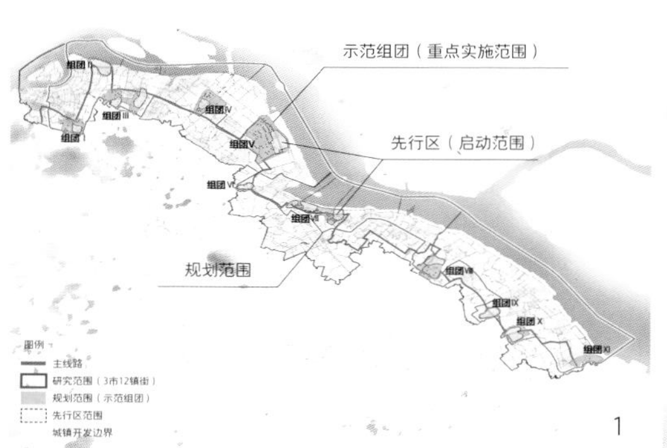

1

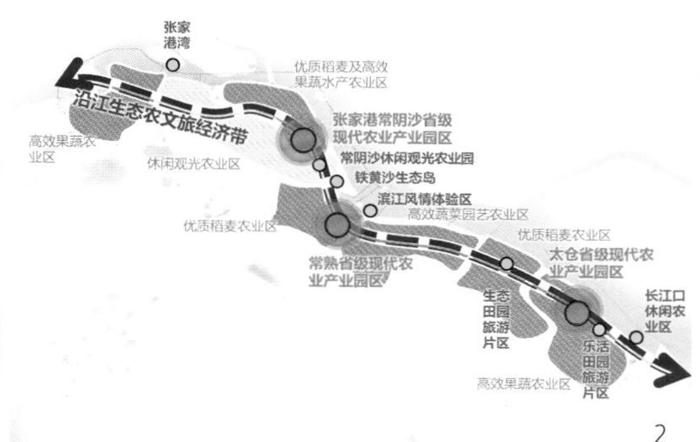

2

3

小、发展缓慢的村庄日渐衰落，在若干年的优胜劣汰下，样本覆盖地区的乡村集聚与衰退的差异化特征更为显著；第三，苏南地区乡村振兴的意识觉醒较早，地方发展的重点已从城市延伸到乡村，通过政府主导、社会资本参与的若干探索，苏南地区的乡村在产业、文化、风貌等方面已有一定基础，但同质化现象明显且村与村之间联动发展不足，样本乡村从点到面的提升路径更具推广应用的价值；第四，苏南乡镇企业发展蓬勃，不少近城近镇近园区的村庄，因为租金低廉成为外来人口租住的首选空间，这是市场选择的产物，外来人口的涌入为村庄注入活力，但原住民的流失也造成了村庄文化的丧失及新的社会问题，样本地区乡村的特色和问题更为突出。[2]

“长江沿线”特色田园乡村跨域示范区沿江全长150km，总面积约1100km^2，跨张家港、常熟、太仓三个县级行政单元，沿江岸线长、跨区协调任务重，城镇与乡村交错分布，城乡高度融合。长江大保护的战略部署下，探索沿江地区如何实现保护下的合理开发和特色田园乡村的建设示范，对实现中国式乡村现代化至关重要。

三、研究思路

作为苏州市探索“城乡融合、跨域示范”的重要实践，“长江沿线”特色田园乡村跨域示范区规划分析乡村发展的特色与问题，谋划发展策略；从“市级协调、组团引导和先行区建设”三个层面统筹跨县（市）、跨镇（街道）、跨乡村的规划、建设、治理工作，促进乡村振兴工作覆盖面的延伸，实现乡村地区全面振兴，最终实现中国式乡村现代化的美丽图景。

在市域层面，通过市级跨域协调，强调以城带乡、以工带农，跨越城乡界线，共融互促，实现乡村振兴工作的全域全覆盖。在乡镇层面，以产业相近、文化相通、风貌相似、发展同步等为准则，划定若干示范组团，通过跨乡镇（街道）的协调，实现乡村振兴在示范片区的整体提升。先行区作为示范组团的先行建设区域，通过具体项目在跨自然村建设的协调，完善用地保障和落地实施工作。

1.市域协调

（1）总体空间统筹

在总体空间统筹方面，规划统筹协调沿江12镇街的城乡发展，构筑“三生”空间融合发展的空间格局，形成“一带一轴多廊多节点”的总体空间结构。即：一条长江生态保护带、一个特色示范主轴线、多条垂直于长江的蓝绿生态廊道以及“现代农业、历史文化、生态保护”三个主题的特色节点。规划还对区域开敞空间进行建设引导，包括广阔连绵、江田交融的大田景观空间，风光秀美、视野开阔的停留及观景空间，以及标志独特、服务便捷的公共集散空间。

（2）产业布局引导

在产业布局引导方面，规划以一条沿江生态农文旅经济带，串联三大省级现代农业产业园区和七大高效农业区，以若干农文旅项目为抓手，跨区域联动发展，促进产业链延伸和提质增效。

（3）生态网络构建

在生态廊道建设方面，规划以自然生态本底现状为基础，选取三调数据作为基础数据，运用情境模拟方法，依据长江流域常见物种的生境喜好，模拟生物迁徙活动。通过景观连通性分析，按照指示物种确定、生态源地选择、生态廊道识别的分析顺序，构建完善区域生态廊道，作为生态斑块间物质流、能量流、信息流的重要通道，为区域动物迁徙提供更适宜的生态空间。

①生态斑块的识别划分

规划采用形态空间模式分析（MSPA）对区域绿色基础设施要素（生态空间）进行度

4.生态核心区分级引导图

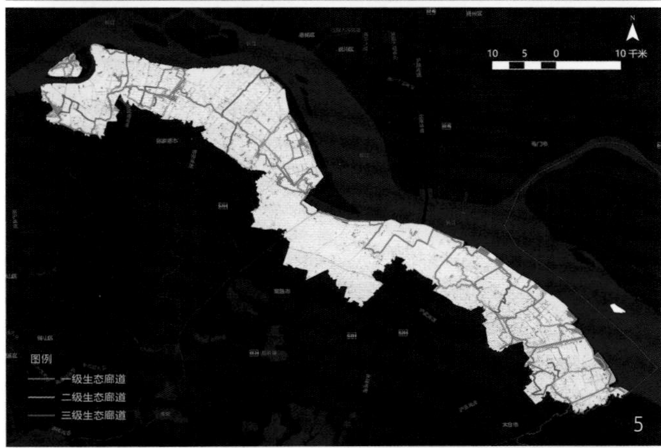

5.生态廊道分级引导图

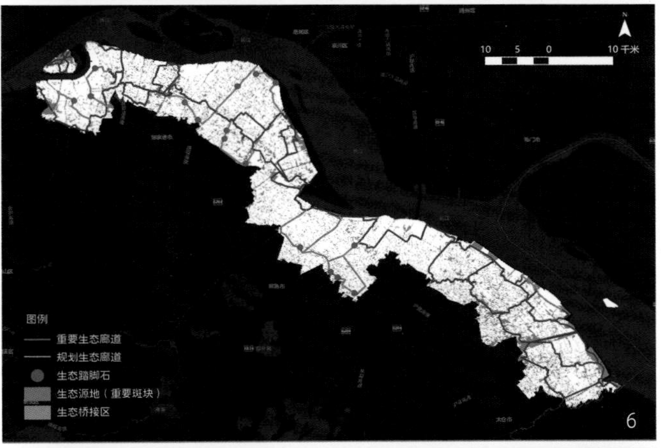

6.“长江沿线”全域生态网络体系构建引导图

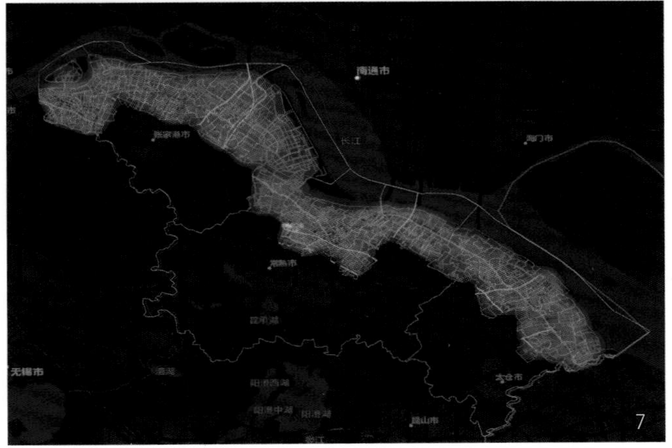

7.道路密度与通达性分析图

8.公共服务设施分布密度分析图
9.夜间照明情况分析图
10.各类旅游资源点情况分析图
11.农文旅产业资源点分析图

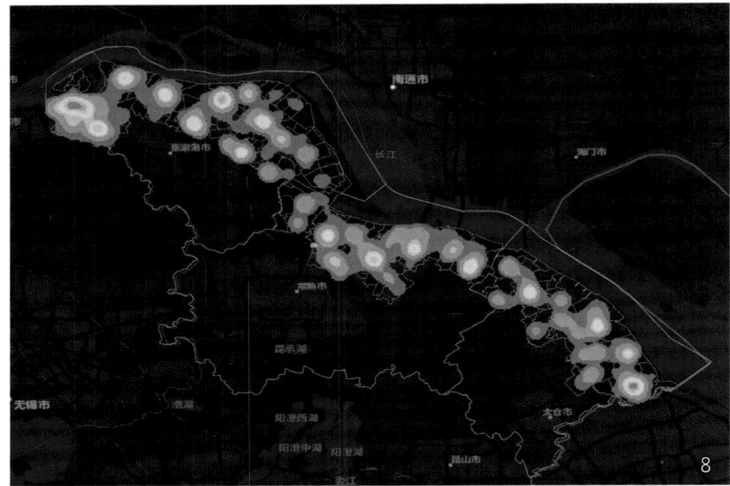

量、识别和分割，依托生态基底和生物活动因素识别生态源地和生态斑块。通过景观连通性分析对生态廊道进行分级引导，加强生态踏脚石建设，改善网络连接有效性，最终构建较完整的生态廊道体系。首先，按照斑块间的连接度指数（PC）划分生态斑块等级，形成一级核心区（PC≥0.02）、二级核心区（0.01＜PC≤0.02）和三级核心区（PC≤0.01）。[3]

②生态廊道的功能引导

通过分析廊道的综合线性生态要素宽度、廊道连接能力及其连接的生态斑块等级，将生态廊道划分为一级、二级、三级生态廊道，对廊道的功能作用及生态价值进行差异化引导。

③生态踏脚石的补充连接

为了提高物种在迁移过程中的成功率和存活率，规划16个生态踏脚石斑块，增强生态源地、桥接区等斑块间的连接，完善“长江沿线”全域生态网络体系。

2.组团引导

（1）组团空间划定

①组团划定思路及分析层次

为更好地实现保护下的合理开发，增强可实施性及可操作性，研究将需要保护的生态红线、生态管控区，以及需要战略预控的城镇开发边界、大型过江通道建设影响区域划出；在此基础上，以大数据分析为手段，通过指标量化和加权评价对村庄进行综合评价，选择特色突出、村庄本底条件优越且集中连片的乡村地区，合理划定特色田园乡村建设组团，作为“长江沿线”特色田园乡村跨域示范区建设实施的重点地区。

以行政村和自然村为层次，以300m边长的蜂窝网格为空间单元，分析特色要素在地域上的差异。行政村层次即基于三调数据的行政村、涉农社区及乡镇街道的居委会等；自然村层次即基于镇村布局规划的自然村点位。

②基于限制要素的减法分析

研究规避生态红线与生态管控区、城镇开发边界、大型过江通道预留空间等，针对这些不适合于乡村发展的地区做减法。

③基于特色要素的加法分析

a.优势村庄选点

在行政村评价方面，研究以300m蜂窝网格为单元，针对“设施建设较好、资源丰富、有活力”等乡村发展条件突出的特色要素做加法，对所有行政村进行指标量化和加权评价。通过量化及可视化分析，从基础、特色和吸引力三方面对各分析因子进行叠加，形成行政村综合评分“一张图”。设施建设方面，多源数据“看基础”。通过分析poi、道路线形和平均速度，以及灯光遥感数据，评价村庄建设基础。片区整体呈现多核心、辐射广和差异化的特征。资源带动方面，文旅产数据“显特色”。通过分析大众点评资源点数据、国家测绘局文保单位数据等，识别片区的特色村庄，作为周边游产品的潜在载体加以发展。时空活动方面，人群数据“明需求”。通过分析手机信令数据，明确人群活动的来向去向，分析村民工作生活习惯及所在村庄的吸引力。

在自然村点筛选方面，研究通过村庄产业、文化、景观等加分要素，结合镇村布局规划中发展类村庄的聚集程度及距离长江距离远近等修正要素，筛选出约五分之一的自然村点作为跨域示范区选择的核心村点。

b.核心道路选线

为更好地串联优势村点，规划基于对现状道路在道路通达性、设施建设水平和景观性等方面的基础分析，选出适合作为主轴线和组团主路的道路，通过贯通、拓宽等手段加强道路的通达性，提升道路的景观性。在理线过程中，采用深度图像学习的新方法提高工作效率和结果的准确性。主要从“资源点规划路线”“居民日常出行路线”和“道路环境评估”三个维度来分析。

资源点规划路线分析方面，建立了文化、产业、资源等11组资源点数据，通过空间计算获取道路使用热度，找出重要路径通道。居民日常出行路线分析方面，利用工作日及周末人群出行情况的手机信令数据，进行模拟路径分析，研究不同时间段特征下，居民出行的主要空间分布特征。道路环境评估分析方面，基于街景照片的图像深度学习技术，按景观植被条件对道路进行分类，优选景观特色路。最终，综合选取串联资源点多、居民使用热度高、景观特色显著的道路，作为科学确定示范区主次通道的依据。

c.组团空间划定

按照特色田园乡村示范区的建设导向，根据村庄在设施、资源、活力等要素方面的突出程度，基于要素高地特征划定“特色田园乡村示范组团”，作为特色田园乡村跨域示范的重点实施范围。最终划定11个特色田园乡村示范组团，尽可能多地将基础好、有特色的村庄纳入，作为乡村振兴的增长极，带动周边乡村共同提升。

（2）组团建设引导

在组团建设方面，规划梳理各组团内村庄的现状情况，明确产业发展引导、生态空间保护、村庄培育引导和道路设施建设等内容，指导村点设计和项目建设，确保规划有效实施。

产业发展引导方面，明确各组团在第一、第二、第三产业方面的特色主导产业，发挥龙头企业带动作用，加强重点品牌建设，明确产业发展重点村庄。生态空间保护方面，传导落实生态保护空间，分级完善骨干河道建设。村庄培育引导方面，按照宜居村、康居村和精品村的建设要求，明确组团内各村庄的建设目标。道路设施建设方面，以道路分析评价结论为基础，利用现有路基，优化局部路段，形成道路等级分明、配套设施系统完善的综合交通体系。依据交通功能、游览功能、景观功能等需要，分类完善主线、次线和支线道路的提升引导。

3.先行区建设

研究选择具有良好建设基础及示范潜力、规划发展村庄集聚、能够展现新时代农业农村现代化现实模样的区域，作为“长江沿线”跨域示范区先行先试的重点实施区域，即“先行区”。

先行区建设主要是空间相邻、产业相近的多个村庄和产业空间的统筹协调。研究以多个自然村及周边田园、生态空间的统筹建设为重点，强调多个村在产业、景观、道路、设施等具体项目的用地保障和落地实施，旨在通过“镇级统抓、村级落实”等手段，引导要素集聚，凸显发展高地，带动周边地区整体提升。

四、结语

本次研究以苏州市张家港市、常熟市和太仓市的沿江12个乡镇（街道）为样本，以乡村地区的面域提升和乡村振兴全域全覆盖为目标，重点研究了长江大保护背景下的生态网络体系构建、跨市县跨镇跨村的产业联动发展和配套设施的服务效率提升等问题。在生态发展方面，将长江大保护与合理利用相结合，促进生态效益转化为经济、社会效益；顺应村民高品质的生产、生活需求，以绿色发展方式和生活方式保障苏州沿江地区乡村的可持续发展，增强乡村吸引力和村民幸福感。在跨域统筹方面，协调“长江沿线”各类用地和设施布局，尊重沿江三市及镇村在产业、文化、空间、景观等方面的差异，巩固优势基础，凸显地方特色，走特色化差异化发展之路。在特色文化方面，保护和传承具有地域特征的长江文化、农耕文化、江南文化，彰显具有江南水乡特色的民居

12.特色资源点加权评价图
13.资源点规划线路使用热度分析图
14.工作日OD出行模拟分析图
15.周末OD出行模拟分析图

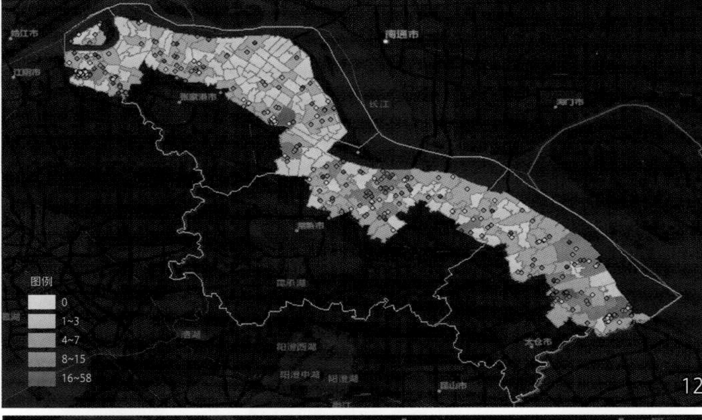

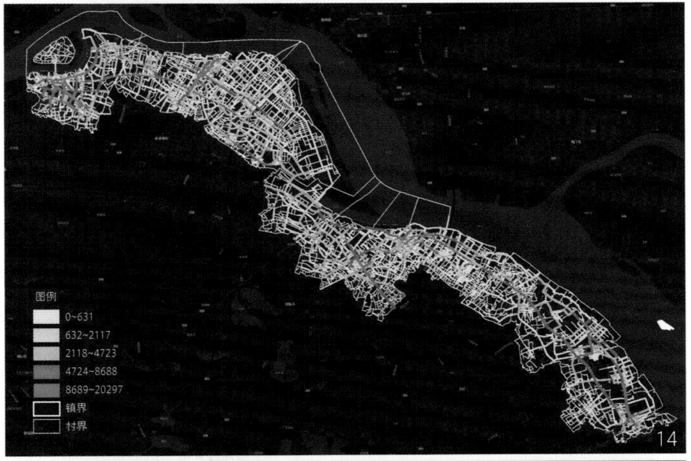

和乡土景观。结合沿江地区城镇村空间分布特征，以村落织补田园，引导乡村有机生长。加强长江水脉元素、地域文化符号在乡土建筑和乡土景观中的应用，打造地域风貌、传统文化和现代生活有机结合的新江南水乡。在产业发展方面，依托沿江三市先进制造业基地的产业优势，坚持质量兴农、品牌强农，构建生产、销售、服务一体化的现代农业产业体系，推动乡村产业高质量发展。因地制宜地探索具有苏州地域特点的乡村振兴新模式、新路径、新机制，将“长江沿线”打造成先发地区乡村振兴的示范样板，率先实现共同富裕。

（感谢赵毅院长对本研究的悉心指导；感谢参与本研究的同事——单欣宏、韦胜、张书涵、刘军、李想、赵郜、高湛、高典，你们的贡献使本研究得以顺利进行。）

参考文献

[1]习近平.论“三农”工作[M].北京：中央文献出版社，2022：244.
[2]孙伟焜.苏州市农村社会治安治理问题研究[D].秦皇岛：河北科技师范学院,2021.
[3]秦子博, 玄锦, 黄柳菁, 等.基于MSPA和MCR模型的海岛型城市生态网络构建——以福建省平潭岛为例[J].水土保持研究, 2023, 30(2): 303-311.

作者简介

冒艳楠，江苏省规划设计集团江苏省城市规划设计研究院主任规划师，正高级规划师。

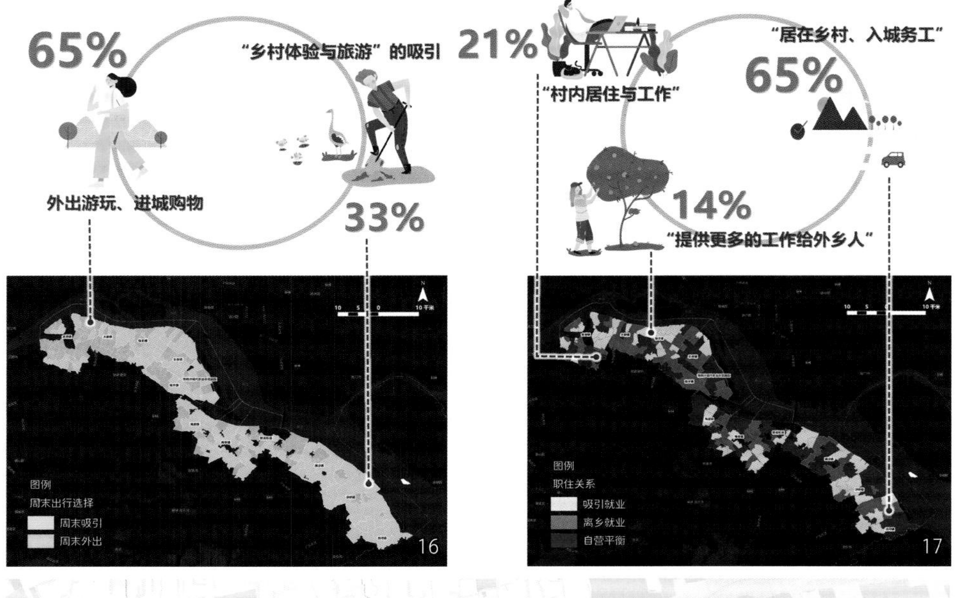

苏州市“长江沿线”特色田园乡村跨域示范区规划建设引导图则 | 南草庙示范区 | 14

空间结构

空间管控

示范区范围内涉及基本农田面积444.00公顷；未涉及生态保护红线及生态空间管控区。

主题定位

农业示范、红色基地

基本概况

区位：太仓市璜泾镇杨漕村、孟河村、雅鹿村
面积：7.38km²
人口：690户、2914人

产业发展引导

一产以优质稻麦、高效果蔬种植为主，推动璜泾镇现代农业园菜篮子基地建设，打造集展示、采摘、直销于一体的观光农业产业链；

三产依托太仓市红色教育基地、民抗成立旧址等载体打造红色农文旅体验区；以幸运花海吴家湾为中心，以稻酒文化为内涵，打造研学游一体的田园乡村生活体验区。

道路交通规划引导

一级驿站：1处，结合太仓红色教育基地及周边用地兼容建设。

二级驿站：2处，结合唐家宅、吴家湾进行建设。

分区名称	主线道路名称	道路类型	长度（米）
南草庙示范区	鹿北路	一般道路绿化型	1200

公共服务设施建设引导

以步行5~10分钟、约1km为半径，划定基本生活圈，满足村民最基本的公共服务设施需求。

围绕幸福花海、红色教育基地、民抗成立旧址等文旅项目，完善旅游设施配套。

公共服务设施项目名称	建设引导要求
吴家湾文旅设施补充	围绕幸福花海增加文旅服务设施
南草庙文旅设施补充	围绕第一党支部纪念馆增加文旅服务设施
唐家宅文旅设施补充	围绕民抗成立旧址增加文旅服务设施
基本生活圈公共服务设施完善	按照村庄规划要求，在吴家湾和南草庙集中设置

市政公用设施建设引导

沿示范区北侧G346国道，预控市政公用设施廊道；

示范区内各类规划新增市政管网干管宜沿鹿北路进行敷设。

村庄建设计划及风貌引导

■ 村庄建设计划

村庄分类	村庄名称	备注
精品村	南草庙、吴家湾、唐家宅	
康居村	大桥巷、荷花娄、魏家巷、小桥巷、沧荷浜、包家湾、红星苑	

■ 村庄风貌引导

16.休闲场景时空活动分析图
17.就业场景时空活动分析图
18.某组团“三生”空间布局引导图
19.先行区规划建设引导图则

成长型都市圈城乡空间关系与格局构建研究
——以重庆都市圈为例

Study on the Relationship and Pattern Construction of Urban and Rural Space in Growing Metropolitan Area
—A Case of Chongqing Metropolitan Area

辜 元 钱紫华 詹 涛
Gu Yuan Qian Zihua Zhan Tao

[摘 要] 党的二十大报告首次提出了建设中国式现代化，明确了城市现代化与乡村现代化的目标和任务，成长型都市圈要高度实现城乡一体化发展，有序推进中国城乡现代化。本研究立足国际国内新形势，在对国内外学术界区域空间发展理论成果梳理的基础上，借助“魅力景观区”“流城镇”“流乡村”的理念内涵，以重庆都市圈为案例，聚焦经济、社会、生态、文化等领域，搭建“四维一体”城乡关系认知模型，发现成长型都市圈内部的农业景观空间、生态魅力空间与传统的城镇空间一样，均承担着都市圈参与区域竞争的职能，而且有可能还担负着更为突出的区域性功能，推进都市圈城乡空间格局的不断演化。基于模型计算结果，研究优化了重庆都市圈既有空间格局方案，提出在后续研究中需进一步关注非城镇功能板块与城镇功能板块的互动融合，回应中国式城乡现代化高质量发展要求。

[关键词] 成长型都市圈；城乡空间关系；城乡空间格局；非城镇功能板块

[Abstract] The report of the 20th National Congress of the Communist Party of China put forward the construction of Chinese modernization for the first time, and made clear the goals and tasks of urban modernization and rural modernization. Based on the new international and domestic situation, and on the theoretical achievements of regional spatial development in academic circles at home and abroad, with the help of the concept connotation of "charming landscape area", "flowing town" and "flowing countryside", the study takes Chongqing metropolitan area as the case, focuses on economic, social, ecological, cultural and other fields, and builds a "four-dimensional integrated" cognitive model of urban-rural relationship. It is found that the agricultural landscape space and ecological charm space inside the growing metropolitan area are the same as the traditional urban space, both of which assume the function of the metropolitan area participating in regional competition, and may also assume the more prominent regional function, so as to promote the continuous evolution of urban and rural spatial pattern in the metropolitan area. Based on the model calculation results, the existing spatial pattern scheme of the Chongqing metropolitan area has been optimized. It is proposed that further attention should be paid to the interaction and integration of non urban functional blocks and urban functional blocks in subsequent research, in response to the high-quality development requirements of Chinese style urban-rural modernization.

[Keywords] growth metropolitan area; urban-rural spatial relationship; urban-rural spatial pattern; non-urban function
[文章编号] 2023-93-P-027

一、研究背景

1.中国式现代化与成长型都市圈空间组织

党的二十大报告指出，中国式现代化是人口规模巨大的现代化。我国是一个国土辽阔、区域差异显著的发展中大国，在全面建成社会主义现代化强国进程中，党中央提出了以城市群、都市圈为依托构建大中小城市协调发展格局，都市圈成为区域发展空间组织的主要模式与我国城镇化的主要形态。

成长型都市圈①承载了全国28%的人口、33%的经济总量，是区域经济发展格局的核心载体，推动其高质量发展，优化其城乡空间格局，成为当前重要议题。目前关于都市圈空间格局构建的范式方法主要是从城镇空间组织角度，对既有成熟型都市圈发展经验的总结，如经典的“圈层拓展—轴带带动—多中心网络化”的空间演变路径、“圈层状”的空间分化规律等。面对国际国内新形势，可以预判我国人口集聚与土地扩张将难以简单复制过去长三角、粤港澳的发展路径，相较成熟型都市圈已形成的连绵的城市建成区域的空间形态，成长型都市圈内部可能会存在局部的连绵城市建成区，但广大区域更多的是由农业空间、生态空间组成。传统城镇等级结构、城镇职能结构的描述方式无法全面刻画成长型都市圈内部空间关系，需要把其空间格局构建放到中国式城乡现代化的宏大场景中谋划。

2.重庆都市圈城乡空间现状新特征与既有空间格局方案

重庆都市圈是我国西部地区第一个跨省级行政区的都市圈，正处于快速成长阶段。《成渝地区双城经济圈建设规划纲要》指出，“把握要素流动和产业分工规律，围绕重庆主城和成都培育现代化都市圈，带动中心城市周边市地和区县加快发展”，赋予了重庆都市圈支撑引领西部地区高质量发展的重要使命。重庆都市圈由重庆中心城区、重庆主城新区12个区和四川省广安市组成，人口2440万人，经济总量2.05万亿元，总面积3.5万km^2，整体开发强度为12%，区域内江河纵横交织，拥有大量具有高生态涵养价值和旅游观赏价值的农业景观、生态景观。根据2020年重庆都市圈内各街镇乡与重庆中心城区通勤人口数据及2012年、2017年、2021年三个年度的夜间灯光数据等显示，世界自然遗产南川金佛山等区域性生态魅力地区、农业景观地区流入重庆中心城区的人口占比达到了本街镇乡人口总量的5%~10%，与中心城区有着较高强度的人流、信息流往来；中心城区东西毗邻的璧山、江津得到快速增长，与中心城区呈现连绵态势；外围的永川、大足、荣昌，凭借地理空间距离、交通联系、产业分工等优势，相互间抱团发展，形成了以城市建成区为中心，小城镇与农村社区交织的城镇乡组群。但去年8月由重庆市人民政府、四川省人民政府印发的《重庆都市圈发展规划》，其空间格局方案依旧是传统的城镇等级结构，强调“极核引领、圈层

1.成长型都市圈内部城镇乡构成示意图
2.重庆都市圈范围图
3.都市圈方案图
4.“四维一体”空间格局算法模型图

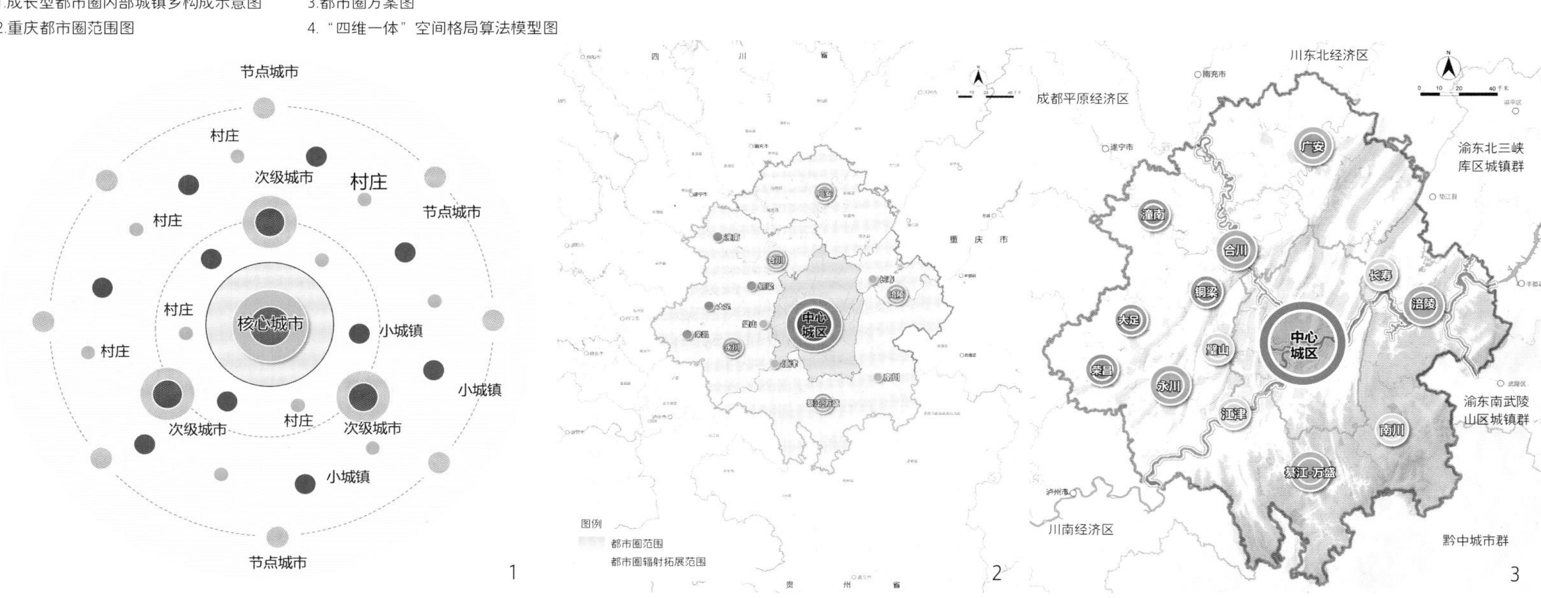

“四维一体”算法模型

一级指标	活力开放			绿色生态			创新引领			人文风情		
二级指标	开放枢纽	开放平台	开放环境	生态保护	生态功能	生态游憩	创新平台	创新人才	创新产出	文化保护	文化中心	文化引力

三级指标
外来人口
交通枢纽
常住人口
国际型对外游憩设施
金融平台
企业营业收入
生态功能区
农业景观功能区
绿地面积占比
耕地面积占比
节假日旅游人数
科研机构
高校机构
受过高等教育人口比例
产业园区产值
企业工商数量
历史文化资源
市级文化设施
节假日旅游人数
周边游目的地评论数
豆瓣同城文体艺活动数

结果分析

加权统计指标因子，获得各维度得分

开放指数 | 绿色指数 | 创新指数 | 人文指数

综合统计得分 | K-Means聚类分析

分析街镇得分数据与得分空间分布

4

推进、多点支撑”，并没有很好地匹配重庆都市圈城乡空间呈现出的新的发展趋势。

二、研究框架设计

1.理论学习

判断成长型都市圈城乡空间特征与发展趋势，需要分析影响其结构演化的核心作用。随着经济全球化的持续推进，传统生产空间组织方式的改变，区域空间发展理论与实践也从早期经典的区位论发展到核心—边缘理论、点—轴理论，再到互联网时代下的网络化理论、流空间理论等。一些新的理念对成长型都市圈的城乡空间关系组织提供思路与启示。一方面，基于对中国过去三十年的城市空间结构变化的反思，有学者从城市经济学、产业分工的角度指出，我国城镇化模式将从大区域、大尺度的人口迁移式的城镇化逐渐转向就地的城镇化、城乡等值化，未来根植于当地生态环境、传承地域文化的“魅力景观区”“郊野休憩空间”将作为一种新的功能形态而发展成为新经济的代替。这种新发展模式为成长型都市圈中的中小城市、小城镇及乡村地区提供一个很好的功能培育的理念，通过发掘、定义和延伸其在生态、景观、文化、历史等方面区别于大城市的特色，进而突破原有的行政等级地位，转向更高等级的地域经济分工节点，创造新的区域功能格局。另一方面，随着全球化和信息化加速发展，以“流空间”为代表的区域网络空间结构理论提出信息网络的高度发达使得在核心城市以外，基于新经济要素高强度集聚的“流城镇”“流乡村”迅速崛起。这种新的空间现象对成长型都市圈的发展具有十分重要的意义，即虽然无法复制成熟型都市圈那样形成连绵的城镇化地区，但借助“流空间”的扩展和传递，基于城市地区、农村地区、生态地区各自的比较优势，城市与农业景观地区、生态魅力地区之间将形成层级化、网络化的联系，进而构成整体的跨行政边界的“功能区域”。

2.基于功能视角的重庆都市圈城乡关系认知模型构建

基于上述理论，随着农业要素、生态要素等向生产要素的转变，成长型都市圈内部的农业景观地区、生态魅力地区将促使区域空间结构的再组织，形成新的城乡空间关系。因此，研究借助魅力指数评价、综合指数评价等方法，聚焦经济、社会、生态、文化四大领域，按照活力开放、绿色生态、创新引领、人文风情4个维度，开放枢纽、生态保护等12个评价领域，外来人口、生态功能区等21个评价指标，构建“四维一体”的算法模型。具体来说，每个维度代表重庆都市圈不同功能空间的重要程度，综合指数代表综合发展水平，同时再辅以聚类分析、联系强度分析，了解不同功能板块的互动关系。模型搭建的核心目标是识别重庆都市圈范围内除传统城镇功能空间以外的特色功能板块（即非城镇功能板块），并探知不同功能板块在区域格局的重要程度、类型等，进而优化重庆都市圈已有的空间格局方案，以期探索符合我国成长型都市圈的城乡空间格局构建新范式。同时，为精准刻画重庆都市圈功能板块特征，通过多个尺度比较，确定以649个街道（镇乡）为模型分析的基本单元。相关数据来源涉及第七次全国人口普查数据、第三次全国国土调查数据、大众点评POI、高德地图POI等。

三、重庆都市圈城乡空间关系特征

1.重庆都市圈范围内非城镇功能板块呈现明显的多样性和专业性特征

根据四维单项计算结果来看，开放程度指数方面，综合外来人口规模等指标因子计算，除传统意义高度开放的中心城区外，外围的广安协兴镇、大足区龙岗街道等因拥有小平故里、大足石刻等头部旅游资源，也跻身前列。绿色指数方面，根据农业景观功能区等级、数量等指标因子计算，排名靠前的区域主要为各个风景名胜区、田园综合体等所在的街镇乡。创新指数方面，根据科研机构数量等指标因子计算，中心城区的西永大学城、两江协同创新区等所在街道基本位列前20名，外围城市的高新区所在街镇乡等则以单兵突进为主。人文指数方面，根据豆瓣同城文体艺活动数等指标因子计算，中心城区的解放碑街道等因拥有丰富的博物馆、文化馆等设施而成为人文高地，同时外围散布的历史文化名镇村等所在街镇乡因历史文化资源的多样性也处于较高水平。

2.重庆都市圈范围内的非城镇功能板块呈现首位性与节点性特征

在“四维一体”单项维度评价基础上，按照归一化处理和权重计算，采取综合指数分析法得到不同街道（指代不同功能板块）的综合排序与空间分布，处于第一等级序列的是大足石刻、金佛山所在地的街镇乡以及城市核心区的观音桥、解放碑等街道，其均发挥着头部引领作用，是重庆都市圈具有国际竞争力的功能承载地。处于第二等级序列的是中心城区内环以外的大部分街镇乡，广安、永川等城区所在街镇乡，以及具有一定区域性知名度的景区所在街镇乡。处于第三序列的主要为广安下辖的华蓥、邻水县城所在镇街乡。处于第四序列的则是都市圈范围内广袤的农村郊野地区，承载农业生产与生态保护的重要职能。

3.重庆都市圈范围内的城镇功能板块与非城镇功能板块呈现抱团性和连绵化特征

为进一步挖掘重庆都市圈城乡空间之间的互动关系，结合各个街镇乡之间人口流动强度，以及对各个街道乡功能进行聚类分析，发现传统城镇化地区与农业景观地区、生态魅力地区所在的街镇乡具有紧密的关联，呈现多功能抱团式发展。具体来看，中心城区的西部槽谷、东部槽谷与毗邻的璧山、长寿已是连绵的城镇化地区，共同组成了西部片区组团和东部片区组团，成为完善中心城区功能的支撑性地区。外围永川、涪陵等城区则与乡村郊野地区、自然魅力地区之间形成互为依托的功能组团，如南川城区与金佛山形成南川金佛山区域功能组团，内部要素高度集聚与流动，南川城区是功能组团的核心节点，既起到统筹周边一般镇乡的作用，也能为金佛山文旅发展提供必要的设施保障；金佛山则强调发挥特色功能，在大生态、大文旅、大健康方面与城镇地区形成互补，实现城镇、乡村、风景区的共享和组合发展。

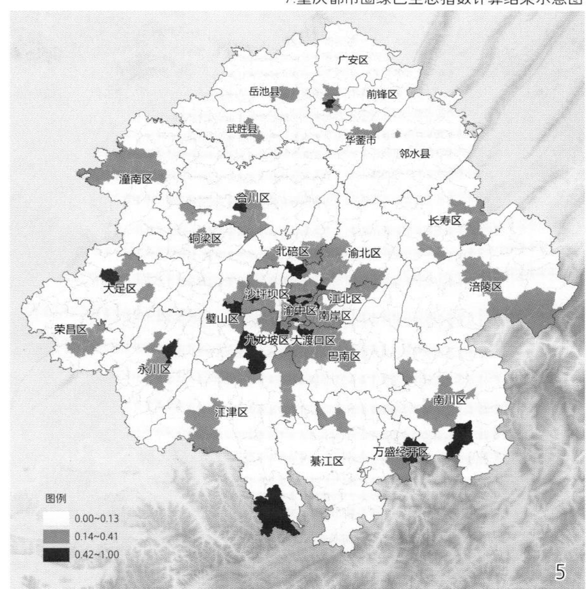

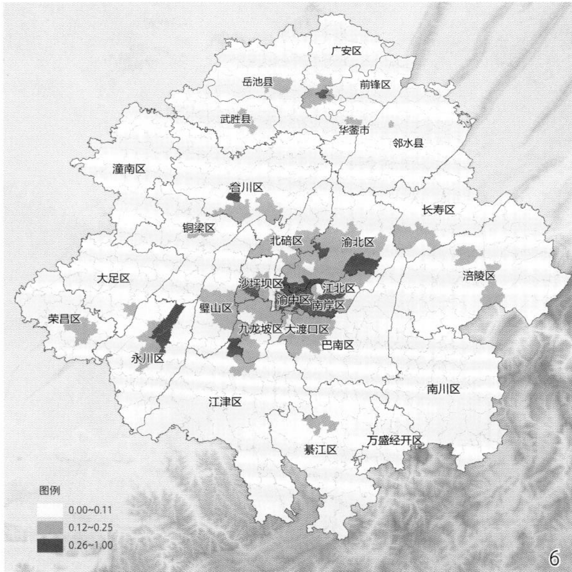

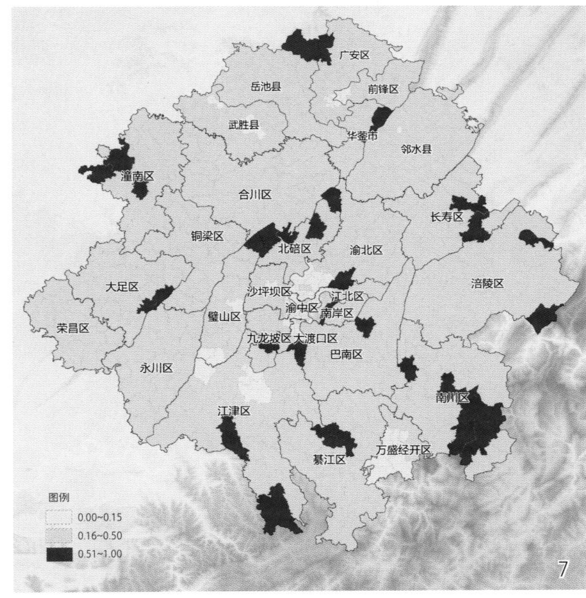

5.重庆都市圈活力开放指数计算结果示意图
6.重庆都市圈创新引领指数计算结果示意图
7.重庆都市圈绿色生态指数计算结果示意图

8.重庆都市圈人文风情指数计算结果示意图
9.基于综合评价的重庆都市圈不同等级功能区分布图
10.基于综合指数进行聚类分析的重庆都市圈功能组团分布图

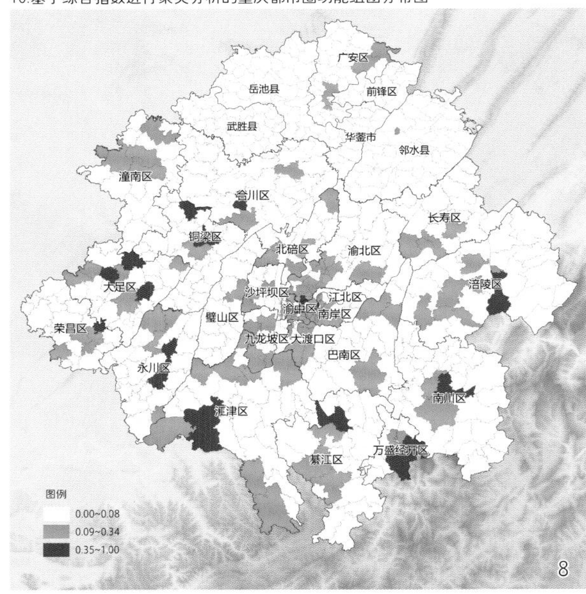

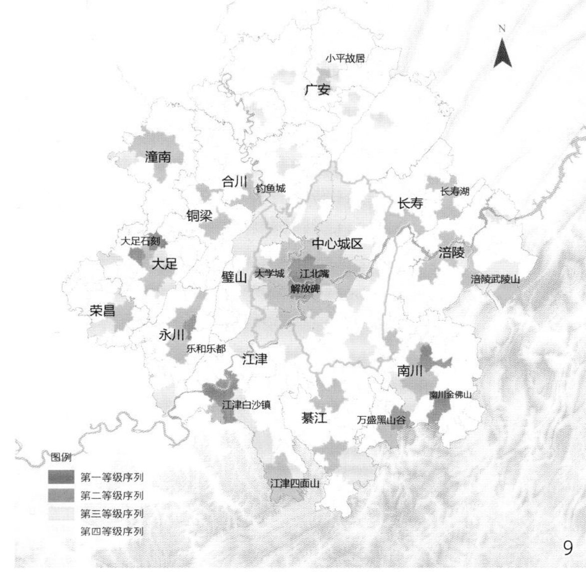

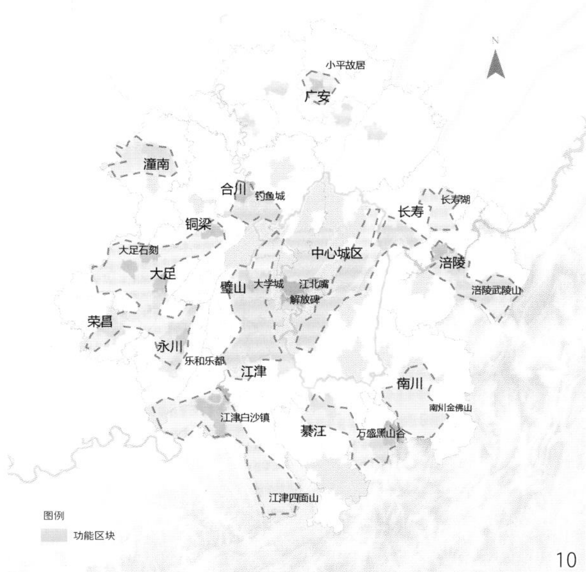

四、重庆都市圈城乡空间格局优化建议

1.重庆都市圈空间格局构建对策

综上分析，重庆都市圈内部除了传统的城镇功能节点外，还形成了若干农业景观功能节点、生态景观功能节点等。这些功能节点之间，不以体量论大小，而是立足其资源禀赋，发挥着区域性或服务地方的职能，充分响应了未来城乡融合的发展态势。因此，重庆都市圈在未来的发展中，首先应加强对非城镇密集地区的特色板块培育，不能再把广袤的农业、生态空间作为规划底板予以考量，而是要把南川金佛山、潼南崇龛等生态景观功能节点、农业景观功能节点放到与城镇化地区同等重要的地位，并强化不同功能节点的分工与协作，推动各类要素的集聚与扩散，进而打破原有行政等级地位与城乡二元分割。其次突破传统的城镇体系构建方式，按照重庆中心城区国家级中心——广安、永川等区域增长引擎——南川金佛山、潼南崇龛等区域魅力地区——长寿、铜梁等地方性服务节点的功能等级体系，重构重庆都市圈空间格局，实现城乡互动将从点到面、从局部到整体逐步有机推进。

2.重庆都市圈空间格局优化方案

本研究认为重庆都市圈应在现有的空间格局规划方案基础上，调整形成以中部槽谷为核心区，以若干功能组团为竞争单元，由轨道交通、高速公路联结的“一核两片五支点多组团”的网络化空间格局。“一核”即以重庆中心城区的中部槽谷部分为主体，也是都市圈的核心区；“两片”分别是西部片区（由中心城区西部槽谷、璧山、江津组成），东部片区（由中心城区东部槽谷、长寿组成）；“五支点”分别是广安、永川、合川、涪陵、綦江五个支点城市；“多组团”即依托资源本底特色，形成的若干功能组团，包括潼南功能组团（含崇龛农业特色区）、永大荣铜功能组团（含大足石刻旅游特色区）、四面山功能组团（含四面山、滚子坪等旅游特色区）、綦万功能组团（含黑山谷旅游特色区）、南山金佛山功能区（含金佛山旅游特色区）、涪陵武陵山功能区（含武陵山旅游特色区）、长寿湖功能区（含长寿湖旅游特色区）。此外，围绕“小平故里”也形成重要功能组团，位于都市圈的北部区域。

五、结论与探讨

1.结论

研究从不同功能板块视角入手，探索成长型都市圈内部城乡空间关系，发现农业景观空间、生态魅力空间与传统的城镇空间一样，均承担着都市圈参与区域竞争的职能，而且有可能还担负着更为突出的区域性功能，推进都市圈空间形态的不断演化。这一城乡共融的空间现象的认识既有助于我国其他成长型都市圈对自身特点的了解并形成有针对性的策略建议，而且也能为新型城镇化发展下我国都市圈规划建设提供理论支撑，贡献本土化的规划智慧。

2.探讨

党的二十大报告指出，中国式现代化，是中国共产党领导的社会主义现代化，既有各国现代化的共同特征，更有基于自己国情的中国特色。面对新时代新形势新任务，成长型都市圈的规划建设，既要充分吸取既有成熟型都市圈的有益经验，但也不能完全照搬传统范式，需要从城市现代化和乡村现代化的角度探索一条城乡融合的发展路径。成长型都市圈的城乡空间关系与格局构建远不是本次研究总结的城乡关系模型与规划建议所能概括的，还有诸多问题需要延展讨论，如非城镇功能版块是否能成为成长型都市圈的“新动力源”，回应城镇化后半段既需要强调发挥城镇引领功能，也需要关注生态维育、创新驱动的要求。

项目负责人：辜元、钱紫华

项目参与人员：詹涛、陈链、张洪巧、奉玲如、胡锦京

注释

①综合《中国都市圈发展报告2021》等研究成果，笔者归纳我国成长型都市圈包括天津都市圈、厦门都市圈、南京都市圈、福州都市圈、济南都市圈、青岛都市圈、合肥都市圈、成都都市圈、太原都市圈、长沙都市圈、武汉都市圈、西安都市圈、郑州都市圈、重庆都市圈、昆明都市圈、长春都市圈、沈阳都市圈，共17个。

参考文献

[1]王凯，董珂. 中国式城乡现代化：内涵、特征与发展路径[J].城市规划学刊,2023(1):1-10.

[2]肖金成,刘保奎,洪晗.构建优势互补、高质量发展的国

土空间体系[J].区域经济评论,2023(1):28-35.

[3]颜银根，王光丽.劳动力回流、产业承接与中西部地区城镇化[J].财经研究，2020，46(2)：82-95.

[4]张跃胜.中国城镇化区域差异的空间和要素的双重解读[J].城市问题，2017(4)：13-19.DOI：10.13239/j.bjsshkxy.cswt.170402.

[5]重庆都市圈发展规划 [R]. 重庆市人民政府, 四川省人民政府, 2022.

[6]崔愷, 王建国, 李晓江, 等. 对话：“蔓藤城市”的内涵与外延[J]. 城市环境设计, 2017(3): 338-339.

[7]周佳宁, 邹伟, 秦富仓. 等值化理念下中国城乡融合多维审视及影响因素[J]. 地理研究, 2020, 39(8): 1836-1851.

[8]叶红, 唐双, 彭月洋, 等. 城乡等值：新时代背景下的乡村发展新路径[J].城市规划学刊, 2021(3): 44-49. DOI:10.16361/j.upf.202103007.

[9]赵燕箐. 边缘城市的特色专业化规划思路，蔓藤城市[EB/OL]. [2017-03-02] https://mp.weixin.qq.com/s/FbOu9Qzh2Nn0Kahm6N7PYQ.

[10]李郇, 周金苗, 黄耀福, 等.从巨型城市区域视角审视粤港澳大湾区空间结构[J].地理科学进展, 2018, 37(12):1609-1622.

[11]罗震东. 新兴田园城市:移动互联网时代的城镇化理论重构[J].城市规划,2020,44(3):9-16+83.

[12]樊杰. 运用系统观重新审视新型城镇化布局问题[J].城市规划学刊,2023(1):1-10.

[13]黄哲, 钟卓乾, 袁奇峰, 等. 东莞样本：全球城市区域腹地城市的发展挑战与地方响应[J]. 城市规划学刊, 2021(3)：36-43.DOI：10.16361/j.upf.202103006.

[14]郑德高, 朱雯娟, 陈阳, 等. 区域空间格局再平衡与国家魅力景观区构建[J]. 城市规划, 2017, 41(2):45-56.

[15]李金昌, 史龙梅, 徐蔼婷. 高质量发展评价指标体系探讨[J]. 统计研究, 2019, 36(1)：4-14.

作者简介

辜　元，重庆市规划设计研究院、自然资源部国土空间规划监测评估预警重点实验室，重庆市规划设计研究院规划创新中心副主任；

钱紫华，重庆市规划设计研究院、自然资源部国土空间规划监测评估预警重点实验室，重庆市规划设计研究院规划创新中心主任；

詹　涛，重庆市规划设计研究院、自然资源部国土空间规划监测评估预警重点实验室。

11.成长型都市圈城乡空间关系构成示意图

12.重庆都市圈空间格局优化图

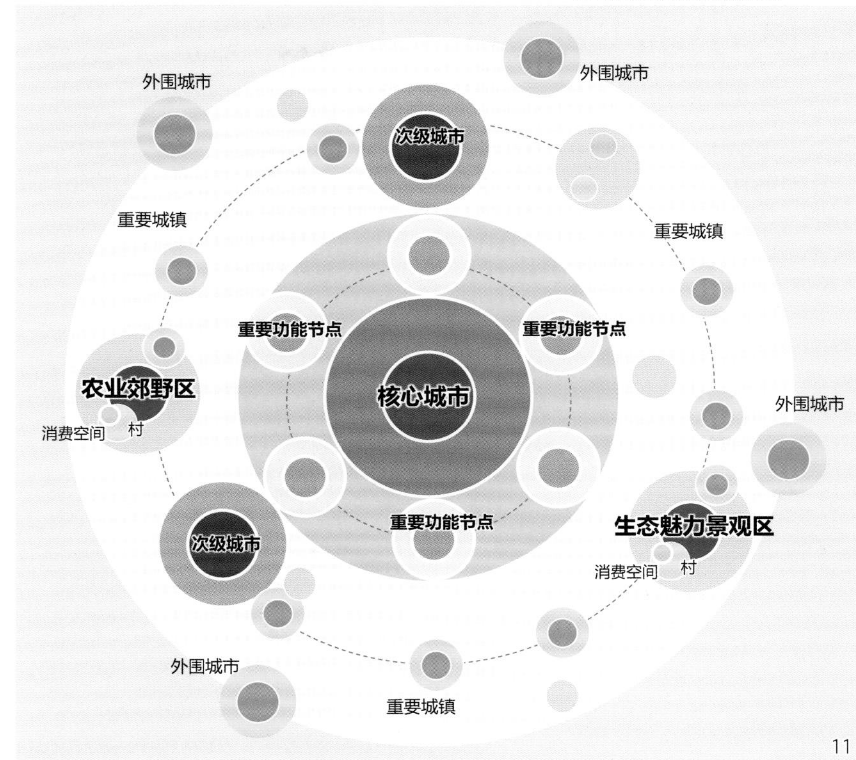

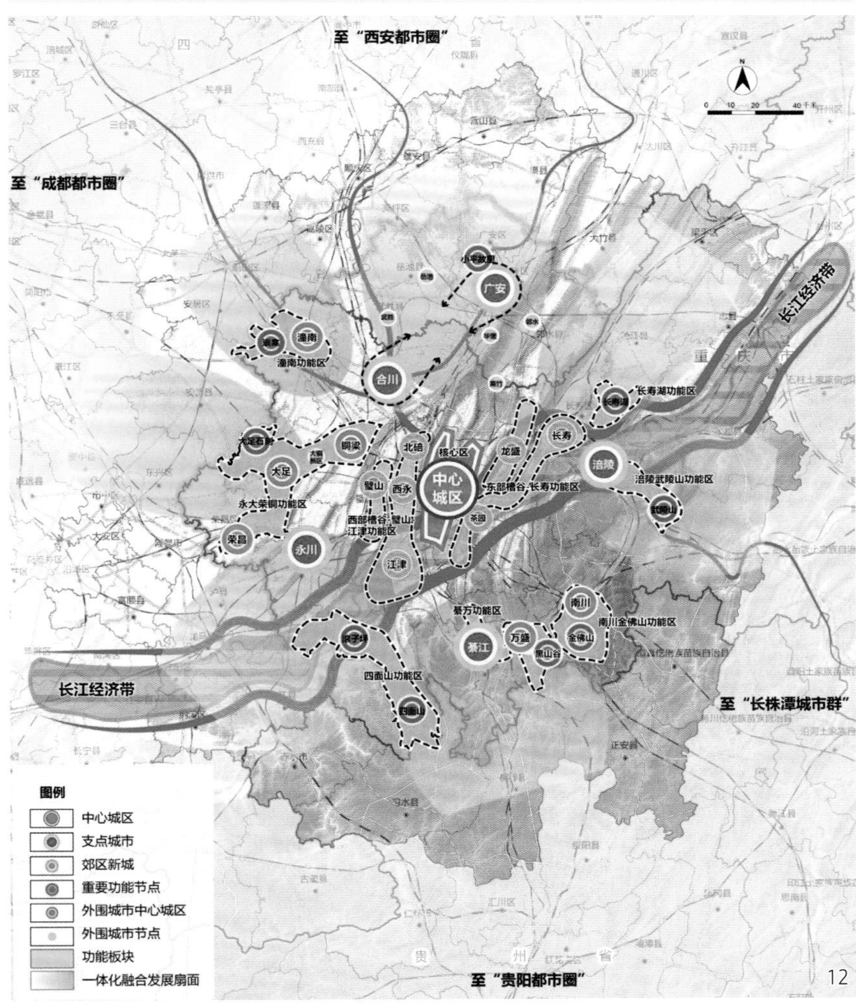

山区小流域连片发展
——乡村空间治理的现实需求与未来想象

Contiguous Development of Small Catchment in Mountain
—Realistic Demand and Future Imagination of Rural Spatial Governance

乔 杰 王 莹 郑 晴
Qiao Jie Wang Ying Zheng Qing

[摘 要] 随着我国城乡资源要素加速流动，乡村传统领域空间正面临政治边界和地域边界不匹配的跨界困境。报告基于中部欠发达山区案例区的产业和人居环境调查与实践分析，在小流域视角下观察产业发展、民族村寨建设、传统村落保护等连片发展现象，探索和分析乡村小流域“产业-空间”组织模式及其理论思考。“连片发展”通过构建乡村地域环境、村庄社会组织和人的生产生活之间的内在关系，为山区乡村空间治理体系创新和治理能力提升提供了新的视角。面对山区发展的历史地理、社会经济、地方治理等现实制约因素，县域乡村空间治理应因地制宜地推进产业兴旺和生态宜居等地域空间组织活动，推进作为公共政策设计的治理单元与实施载体的空间单元的多层次耦合，助力脱贫攻坚与乡村振兴有效衔接。

[关键词] 连片发展；小流域；乡村空间治理；欠发达山区

[Abstract] With the acceleration of the flow of urban and rural resource elements in China, the rural traditional domain space is facing a cross-border dilemma of mismatch between political boundary and regional boundary. Based on the investigation and practical analysis of the industrial and human settlement environment in the case areas of underdeveloped mountainous areas in central China, the report observes the continuous development phenomenon of industrial development, ethnic village construction, and traditional village protection from the perspective of small catchment, and explores and analyzes the "industry-space" organization model of rural small watershed and its theoretical thinking. "Contiguous development" provides a new perspective for the innovation of spatial governance system and the improvement of governance capacity in mountainous rural areas by constructing the internal relationship between rural regional environment, village social organizations and people's production and life. In the face of realistic constraints such as historical geography, social economy, and local governance in the development of mountain areas, county and rural spatial governance should promote regional spatial organization activities such as industrial prosperity and ecological livability according to local conditions, promote the multi-level coupling of governance units as public policy design and spatial units as implementation carriers, and help the effective connection between poverty alleviation and rural revitalization.

[Keywords] contiguous development; small catchment; rural spatial governance; underdeveloped mountainous areas

[文章编号] 2023-93-P-032

本研究获得湖北省社科基金后期项目（鄂西武陵山区小流域聚落空间特征及其“反碎片”治理策略，HBSK2022YB365）资助。

一、研究背景

我国农村改革40年来，山区发展经历了剧烈的社会变革和经济结构重组，乡村人口结构、就业机会、社区组织、生产生活方式、交通可达性、农村文化等地域空间要素的重组，改变了乡村治理的空间基础[1]。乡村的转型不仅拓展了治理空间，还改造和构建着乡村社会的治理话语[2]。连片发展现象的价值在于它提供了一个组织框架，以理解不断变化的治理过程，识别重要的问题、关键的趋势和不同的发展方式[3]。从本质上看，山区社会经济发展过程是以资源为核心的资源开发、利用、配置和管理等复杂的自然和社会过程，是一种多种资源参与、多种资源利用过程交错、多部门利益驱动的资源系统作用过程[4]。乡村规划作为新时期加强基层治理体系和治理能力现代化的重要手段，其空间实践的政治性本质，决定了乡村规划不是一项单纯的工程技术。面对国家治理体系和治理能力现代化建设、落实中央生态文明体制改革的要求[5]，国土空间规划体系改革下的村庄规划应构建适应地域系统特征和地方性知识体系的空间治理话语，推进作为公共政策设计的治理单元与实施载体的空间单元的多层次耦合。

明确有效空间治理边界对于提升山区资源利用效益，破解山区“零散化”“空心化”治理困境提供了重要抓手。当前，武陵山区乡村发展面临旅游开发和生态保护的双重压力。山区资源分布的“单中心”富集和环境治理主体的缺失加剧了山区的碎片化治理困境，严重影响了区域生态安全格局和乡村产业振兴的综合效益[6]。调查研究发现，“碎片化”的集体产权支撑了不同类型的旅游项目开发过程，大量以旅游用地为由的点状开发方式，造成了旅游功能的低效和重复设置、旅游生态空间破碎问题突出。同时，由于山区乡村金融资本缺失，大多数地方政府不具备统一规划、开发、管理和运营的能力，导致一些项目开发被市场资本牵着鼻子走。开发商倾向于流域内的优势资源，如土地增值前景好、投资回报周期短的旅游项目，加剧了流域整体治理困境。因此，明确有效的空间治理边界对于实现山区自然资源管理和引导理性的产业经济行为至关重要。

二、基层认知

从基层认知来看，山区乡村所特有的地域空间和地理格局，在一定意义上决定着其独特的空间发展路径。山区乡村发展是山区乡村地域系统循环累积与动态演化的结果，地缘优势弱化、经济辐射不足、单一化“就村论村”发展思路等成为制约山区乡村发展的关键因素。在各地的实践图景中，“连片发展”开展如火如荼，但究其本质，连片发展不仅仅表现在产业空间用地的连片、党建联合管理的连片，其在“向上”的视野中，更多表现出一种乡村空间治理体系和治理能力现代化的现实需求；在“向下”的视野中，是多元乡村发展行为主体探索乡村未来发展路径的“地方模式”，更是在新经济发展条件下，因地制宜地探索各地乡村发展潜力、发展条件，拓宽发展路径，增强发展势能的有效想象。

2015年我们团队第一次走进鄂西长阳土家族自治县，百里清江画廊让我们感受到的不仅是清江作为土家族母亲河的生态文化内涵，同时清江南北两岸的乡村人居环境特质也深深地吸引了我们；和当地人讨论某个地方时，他们总会用“那一片”这种口语化的表达来替代“某个村”。如用“沿头溪那一片”直接替代了城关镇下面的七个村。后来，地方政府委托我们深入“那一片”做调查，希望挑选几个村子作为规划试点。当我们走进沿头溪，我们发现这里山水相连，唇齿相依，不可分割。在村民的生活世界里，这里不仅是一个历史地理和自然生态的整体，更是一个完整的社会生活单元。一位老村书记告诉我，新中国成立以来当地经历了多次行政区划调整，但大家对沿头溪“这一片”的整体认同并没有变化。大家说起某个村的发展时也总离不开“这一片”的整体情况。不管是产业发展、人居活动还是基层治理，这些村子似乎都遵循着流域关照下的某种“整体逻辑”。我们最初只是想弄清楚这种整体逻辑和遵循是什么。

三、现实需求

从学理溯源来看，随着城乡要素的不断流动，乡村传统固化的领域空间正面临物质流动下政治边界和地域边界不匹配的跨界困境，包括怎样重新构建和有效管理乡村地区，连片发展如何构建了乡村地域、村庄组织和人之间的内在关系，这些为基层乡村“治理”创新提供了新的视角。研究聚焦山区乡村连片发展问题，因为从全球山区发展经验看，治理约束仍是山区发展缓慢的主要原因[6]，其中核心问题是在有争议性的管理体制下，作为决策设计的治理单元与实施载体的空间单元之间存在不耦合[7]。目前，山区发展仍然是我国全面推进乡村振兴的“短板”。山区政治、经济、社会、生态等属性的地方性奠定了乡村空间治理的复杂性基础[8]，山区乡村空间治理的“零散化”和“空心化”问题是实现基层治理体系和治理能力现代化的重要障碍[9]。山区人居环境类型的多样性增加了乡村治理的复杂性。（表1）

四、未来想象

从理论思考来看，山区乡村小流域呈现产业发展、民族村寨建设、传统村落保护等连片发展现象，乡村小流域“产业—空间”组织模式呈现多样化的地域功能组织特征。小流域是山区典型的人居生态单元，小流域连片发展也是国家治理体系下山区“县—乡—村”多维权力交叉与乡村社会组织的地域空间网络，为巩固山区脱贫攻坚和乡村产业振兴衔接效果，推进乡村空间治理机制和治理模式创新提供了一种未来可能。从国际经验来看，流域在土地管理、公共服务和地方治理组织机制方面也表现出自我创新能力和可持续性支撑能力[24]。在生态文明体制改革背景下，我国在流域管理、河流生态系统保护、河长制流域治理上得到了多学科的理论共识和广泛实践，但推进流域的保护与发展面临诸多空间

1.山区自然资源管理和产业经济活动的多尺度空间治理需求示意图

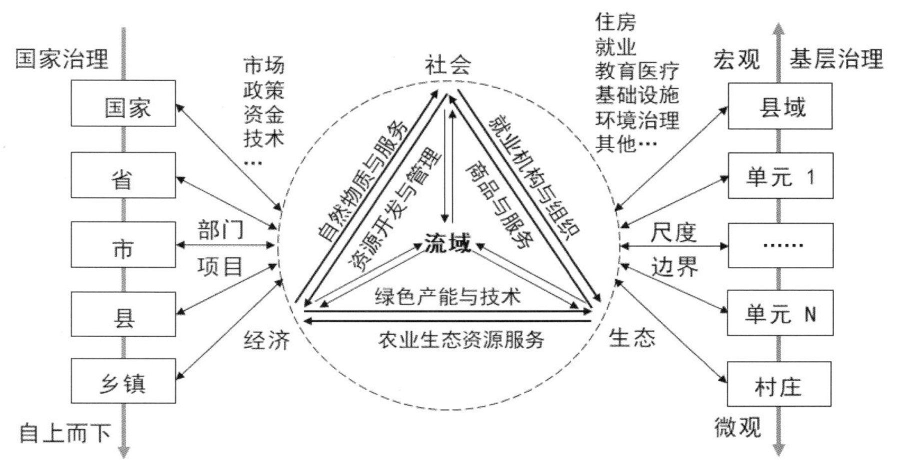

1

表1　城乡规划学科有关连片发展的研究进展

主要研究层面	时间	作者	主要观点
理论层面[5, 10-17]	1961年	Christaller	将集群村庄进行分类
	2012年	张奕	乡村群地域生产生活存在普遍关联性
	2012年	华晨、George S.Allert等	乡村集群以区域合作平台为基础
规划编制层面[18-19]	2010年	王鹏	“区县域-片区—村庄群-村庄”规划尺度层级
	2016年	刘洁贞	乡村片区中主导地位村庄制定设施配置标准
	2016年	叶红	构建乡村片区规划指导多村庄联动建设
产业发展层面[20-21]	2010年	康胜	“乡村共同体”
	2016年	韩苗	乡村旅游产业集群是产业链中企业相互联合
连片治理层面[3, 22-23]	2016年	王灿灿	多村兼并治理联村模式
	2017年	Maria E.M.等	农民决定乡村区域的合作机构
	2018年	Christian等	乡村片区社会网络是由种族嗜同性构成的
	2020年	郭松	乡村毗邻治理
	2021年	乔杰等	将小流域作为乡村空间治理单元

2

3

4

5

6

组织困境，流域背后蕴藏的地方社会、经济、生态机制以及尺度政治等人文地理特征还有待深入分析和研究。武陵山区是长江中游地区重要的生态屏障，也是全国最大的跨省少数民族聚居区。山区小流域的多重空间属性为构建国土空间多维治理体系提供了重要理论基础。推进武陵山区乡村小流域单元“多层一体”空间组织建构，为推进国土空间规划体系改革下村庄规划的多尺度单元编制，创新和完善乡村治理机制、增强乡村空间治理能力提供了典型地域样本和实证经验。通过已有研究经验来看，在流域多尺度、多主导功能下对乡村产业发展、乡村资源管理与规划、乡村发展内涵等展开讨论，为适应时代发展的乡村观察及想象提供理论依据。

2015—2022年，研究团队深入了解鄂西武陵山区乡村小流域的社群关系和公共议题，倾听不同村庄治理主体的核心关切。团队主持完成了《长阳土家族自治县沿头溪流域旅游扶贫发展规划（2017—2030）》，多次动员和协调县级相关部门和地方专家开展流域规划座谈，邀请当地农业、文化等方面专家参与小流域现场调查，深入长阳县巫岭山等深度贫困区进行入户访谈，和旅游开发主体探讨流域整体发展的方向和困境，大量地方性知识帮助我们明晰了小流域治理的现实基础和关键问题。经团队编制完成的“湖北省长阳土家族自治县沿头溪小流域扶贫发展规划（2017—2030）”创新性提出以“小流域”推进乡村规划与建设工作，是湖北省第一个乡村小流域科学发展试验区，对于推进中西部民族乡村振兴和决胜脱贫攻坚具有重大意义。该项目研究响应了生态文明建设和后续的国土空间规划体系改革的重大需求，协同了山区生态治理、旅游扶贫和生态移民等重要国家政策举措实施的矛盾与重点，该项目的示范应用提升了武陵山区乡村振兴的综合效益。[25]

五、总结与反思

本报告的理论思考源于团队对鄂西武陵山区乡村人居环境调查与实践的总结，也是对国土空间规划改革下多规合一的实用性村庄规划编制单元如何确定提出的规划反思。我们都知道治理有效是全面实施乡村振兴的重要社会组织基础。连片发展现象讨论的价值就在于它提供了一个组织框架，以理解不断变化的治理过程，帮助识别乡村振兴中的重要的问题、关键的趋势和不同的发展方式，特别是对于欠发达山区，因为这些地区很难简单复制东部地区发展经验，区域金融资本缺失，生态文化脆弱，试错成本非常高。林毅夫等经济学家曾指出，发展中国家或欠发达地区资源结构的特征是资本的严重缺失，针对这些地区的农村发展政策应将认识地方优势和利用发展机会作为政策制定的重点。同时，对于这些欠发达地区而言，明确最有效的乡村治理模式至关重要。小流域是山区乡村产业发展和人居空间活动的基本单元，肩负着区域生态保护和乡村振兴的双重重任。一方面，我们从地理、社会、治理多个层次认识小流域的空间特征，明晰小流域空间治理的理论逻辑和现实条件；另一方面，我们研究小流域的方法是有效的。小流域是山区人与环境互动最密切的单元。多尺度、全要素的小流域地理空间识别技术已被广泛应用，但国内从社会和治理层面对流域空间的研究明显不足。

在国家基金和部委课题的支持下，研究团队有机会深入鄂西武陵山区十个县市区，开展多层次的乡村小流域空间调查。以小流域单位为代表的乡村连片发展现象为我们认识山区乡村空间治理特征提供了依据。结合中部欠发达山区案例区（大别山区、武陵山区、幕阜山区）调查与实践分析，本研究认为，面对山区发展的历史地理、社会经济、地方治理等现实制约因素，乡村小流域连片发展响应了国土空间规划体系改革要求，因地制宜地推进产业兴旺和生态宜居等地域空间组织活动，统筹经济、社会、生态效益，推进作为公共政策设计的治理单元与实施载体的空间单元的多层次耦合，助力欠发达山区脱贫攻坚与乡村振兴有效衔接。

参考文献

[1]王丽惠. 连片山区乡村的发展式治理——精准扶贫溢出效应及对村治体系的重构[J]. 学术交流, 2018(12): 69-78.

[2]冯应斌, 龙花楼. 中国山区乡村聚落空间重构研究进展与展望[J]. 地理科学进展, 2020, 39(5): 866-879.

[3]乔杰, 洪亮平, 迈克・克朗, 等. 乡村小流域空间治理：理论逻辑、实践基础和实现路径[J]. 城市规划, 2021, 45(10): 31-44.

[4]田毅鹏. “联村发展”：乡村振兴推进的新趋向[J].

人民论坛·学术前沿, 2022(15): 32-38.
[5]华晨, 高宁, 乔治·阿勒特. 从村庄建设到地区发展——乡村集群发展模式[J]. 浙江大学学报(人文社会科学版), 2012, 42(3): 131-138.
[6]邓伟, 南希, 时振钦, 等. 中国山区国土空间特性与区域发展[J]. 自然杂志, 2018, 40(1): 17-24.
[7]宁华宗. 治理空间的再造:边远山区乡村治理的新路径——以黔江生态移民工程为例[J]. 社会主义研究, 2014(6): 145-151.
[8]冯应斌, 龙花楼. 中国山区乡村聚落空间重构研究进展与展望[J]. 地理科学进展, 2020, 39(5): 866-879.
[9]余大富. 山地资源的特点及开发策略[J]. 山地学报, 2001(S1): 103-107.
[10]SUN P, ZHOU L, GE D, et al. How does spatial governance drive rural development in China's farming areas?[J]. Habitat International, 2021, 109: 102320.
[11]张诚, 刘祖云. 乡村公共空间的公共性困境及其重塑[J]. 华中农业大学学报（社会科学版）, 2019(2): 1-7.
[12]李雪萍, 曹朝龙. 社区社会组织与社区公共空间的生产[J]. 城市问题, 2013(6): 85-89.
[13]陆昇. 后“并村”时代乡村共同体的重构——以浙江省兰溪市村庄合并实践为例[J]. 农业农村部管理干部学院学报, 2019(2): 60-65.
[14]封凯栋, 刘星圻, 陈俊廷, 等. 行政边界对振兴连片特困区的影响：区域增长极扩散效应的视角[J]. 中国软科学, 2022(2): 65-73.
[15]阮宇超. 资源导向下珠三角外围地区乡村集群化发展策略研究[D]. 广州：华南理工大学, 2020: 128.
[16]杨瑞玲. 解构乡村：共同体的脱嵌、超越与再造[D]. 北京：中国农业大学, 2015: 177.
[17]瓦尔特·克里斯塔勒. 德国南部中心地原理[M]. 北京: 商务印书馆, 2011: 456.
[18]刘洁贞. 城乡统筹背景下的村庄规划方法探讨——以佛山市城乡统筹规划及系列后续规划为例[Z]. 沈阳: 2016.
[19]叶红, 李贝宁. 群落化视角下的珠三角地区乡村群规划[J]. 上海城市规划. 2016(4): 22-28.
[20]康胜, 吕天生. 兴十四村：田野上的都市村庄[N]. 黑龙江日报, 2011-04-15(2).
[21]韩苗. 乡村旅游产业集群化发展研究[J]. 农业经济. 2016(10): 40-42.
[22]王灿灿. 多村兼并治理的区域化联村模式探索——以浙江省X市的农村为例[J]. 齐齐哈尔大学学报(哲学社会科学版). 2016(3): 48-51.
[23]郭松. 毗邻治理:基于支柱产业的区域合作治理[J]. 华中农业大学学报(社会科学版). 2020(5): 117-124.
[24]孔正红, 张新时, 张科利, 等. 黄土高原丘陵沟壑区小城镇建设的生态经济学意义及其特点[J]. 农村生态环境, 2005, 21(1): 75-79.
[25]乔杰, 洪亮平. 面向产业振兴的乡村人居生态空间治理研究[M]. 武汉：华中科技大学出版社, 2023.

作者简介

乔　杰，华中科技大学建筑与城市规划学院，湖北省城镇化工程技术研究中心讲师、硕士生导师，湖北省民族地区乡村振兴研究与实训基地办公室主任，中国城市规划学会乡村规划与建设分会青年委员；

王　莹，通讯作者，武汉地铁集团综合开发事业总部，注册城乡规划师，工程师；

郑　晴，华中科技大学建筑与城市规划学院硕士研究生。

2.武陵山区资源系统特征下的连片发展现象和空间治理需求实景照片
3-4.武陵山区地域空间格局下乡村连片发展的空间类型特征实景照片（材料来源：五峰土家族自治县政府办）
5.鄂西武陵山区现代农业产业分工带动下的乡村连片发展特征实景照片
6.鄂西武陵山区旅游交通带动下的山区公共服务和基础设施连片建设特征实景照片
7.长阳土家族自治县沿头溪流域连片发展规划编制地方政府与相关村委和部门的讨论现场照片[25]
8.长阳土家族自治县大方山流域驻村干部、村民、专家参与式调查现场照片
9.长阳土家族自治县沿头溪流域巫岭山地区深度贫困空间调查现场照片

沈阳老旧小区有机更新的地域性实践探索

Exploration Regional Practice of Shenyang Old Community Urban Renewal

李晓宇 张 路 宋春晓
Li Xiaoyu Zhang Lu Song Chunxiao

[摘 要] 老旧小区更新改造在城市发展过程中量大面广，在老工业基地的更新过程中往往与城市转型高度叠加。本文以沈阳城市更新试点为切入点，以“工人村、重新供暖计划、院落秀场、两邻社区”为典型例证，研究老旧小区更新的特征、问题与地域性探索，进而提出对新时期老旧小区有机更新的展望。

[关键词] 老旧小区；有机更新；地域性；沈阳市

[Abstract] The renovation and renovation of old residential areas is extensive and extensive in the process of urban development, and highly overlaps with urban transformation in the renovation process of old industrial bases. This article takes the pilot project of urban renewal in Shenyang as the starting point, and takes "Workers' Village, Reheating Plan, Courtyard Show, and Neighborhood Community" as typical examples to study the characteristics, problems, and regional exploration of the renewal of old residential areas, and then proposes a prospect for the organic renewal of old residential areas in the new era.

[Keywords] old residential areas; organic renewal; regional; Shenyang city

[文章编号] 2023-93-P-036

一、相关概念和政策

老旧小区通常是指我国单位制改革之前，由政府、单位出资建设的居住区，与1998年商品房改革之后建设成的居住区相比较，大多已跟不上时代的发展。主要面临着建筑空间老化、各类基础设施老化、景观环境品质欠佳、公共服务配套不足等空间问题，也面临着单位熟人社会瓦解、老龄化趋势显著等社会问题。

国务院办公厅《关于全面推进城镇老旧小区改造工作的指导意见》要求全面推进城镇老旧小区改造工作，满足人民群众美好生活需要，推动惠民生扩内需，推进城市更新和开发建设方式转型，促进经济高质量发展。该文件标志着我国老旧小区更新改造进入了高质量发展的新阶段，文件发布以来，老旧小区的关注度大幅度提升。北京、上海、沈阳、成都等城市结合自身特点和需求，卓有成效地开展了一系列老旧小区改造工作。

二、沈阳老旧小区有机更新的基本情况

沈阳市居住区建设经历了以下几个主要阶段。

1.若干特大城市人口结构统计图（材料来源：各城市第七次全国人口普查公报）

2.“老旧小区”360关注指数趋势统计图（材料来源：360关注指数）

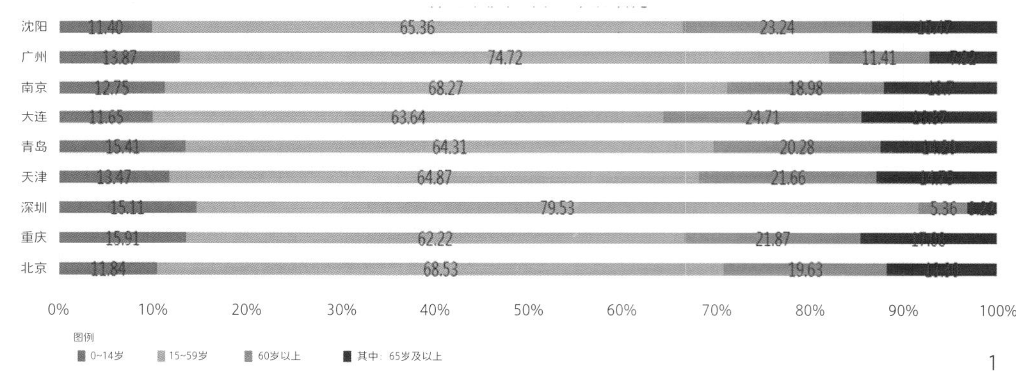

1

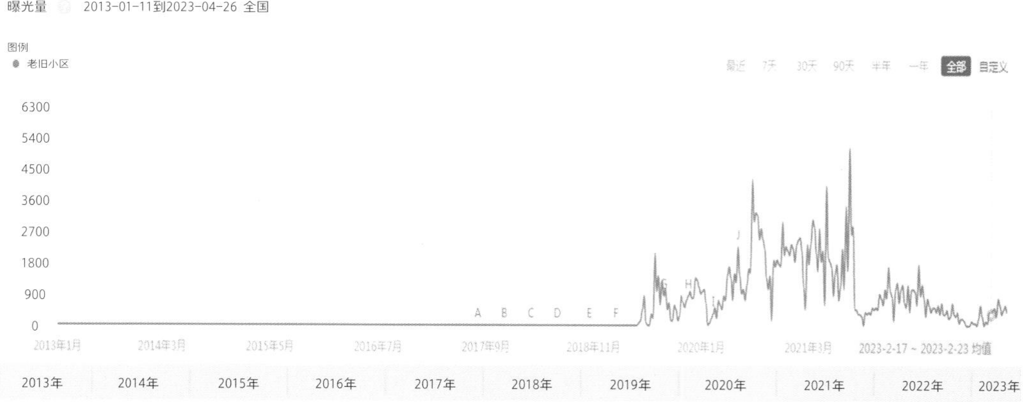

2

（1）20世纪50—70年代的居住区体现了工业城市和计划经济的典型特征，为单位大院内配套建设或邻近工厂配套建设，留存至今的老居住区已经成为历史街区或风貌区。

（2）20世纪80—90年代，为解决住房短缺的“刚需”问题，进行了大规模的棚户区改造建设了大量6~9层住宅，距今房龄30~40年，是现状老旧小区改造的重点。

（3）2000—2012年，拉开空间格局，伴随新区、新城快速建设的商品房开发。

（4）2013年至今，房地产开发速度减缓，全面开展以“两邻理念”为引领的老旧小区改造。

沈阳市20世纪50—70年代的老旧小区体现了工业城市的典型特征。20世纪80—90年代留存至今的小区量大面广，与城市重要的商业商务和文化功能区邻近或交叠。

1.老龄化显著，老城区居住人口密度和就业人口密度双高

沈阳市区老龄化程度超过27%。大东、沈河、皇姑等老城区人口密度高达2.8万/km^2。现状老旧小区主要集中在二环以内、城市最中心的城区中，面积约40km^2，就业人口约占中心城区45%，集中在餐饮、金融保险、住宿服务等，就业密度约1.2万/km^2，居住和就业“单中心集聚”的空间结构性问题仍然突出。

2.社区空间环境品质待提升，“最后一公里”的服务尚不足

老旧小区环境满意度欠佳。城市背街小巷仍存在私搭乱建、占道经营、乱停车、乱搭架空线、设施缺失等现象，精细化治理有待完善。46%的社区当前公共服务配置不健全，局部地区养老、体育、教育等公共服务设施覆盖面还需提高，全龄设施资源短板明显。

3.现代化建设对既有社区风貌造成一定影响

房地产制度改革后，沈阳城市2001年后划拨、出让土地600km^2，影像数据显示，沈阳总用地1000km^2，同期新增180km^2；划拨出让用地中更新420km^2，年均土地供应31km^2。中心城区土地供给规模居高不下，约2/3用地进行了更新，低层和多层的老旧小区被高层建筑环绕，社区既有的空间肌理趋于破碎化，空间尺度和风貌受到严重影响，文化底蕴彰显不足。

三、“铁西工人村”——新中国成立初期老旧小区有机更新探索

“一五”时期，沈阳大型重工业基地选址于有一定现状发展基础、交通运输条件好、地质条件较好、用地面积宽裕的城市近郊区，并借鉴苏联居住小区模式配套建设工业住区。铁西工人村、大东和睦路工人村、皇姑三台子工人村就是这一历史时期建设的，居民多为当时沈阳国营大中型企业的职工、劳模等。工人村成为体现新时代社会主义理念和工人政治地位的空间载体，真实见证了共和国早期工业发展历史及发展进程中工人阶级的生活状态。

1.铁西工人村价值特色

铁西工人村是沈阳建设最早、规模最大的工人居住区。综合商店、食堂、储蓄所、医院、职工疗养所、托儿所、中小学校等配套设施完善，采用方格网基本模数，并使用周边式布局模式，由16栋住宅围合成为一个居住组团，显示出“标准化”与“模块化”的空间特征。由建筑围合形成内聚力比较强的院落空间，居民之间的交往方便，老人、小孩的休息玩耍安全性得到保障。住宅单体以三层为主，均采用砖混结构、坡顶形式、清水红砖墙、立面简洁的建筑样式，且细部处理较为精致。

3.沈阳铁西工人村院落环境及设施现状照片
4-11.沈阳铁西工人村院落环境及设施现状照片
12.沈阳铁西工人村慢行场景效果图

13.沈阳铁西工人村空间格局示意图
14.沈阳铁西工人村道路系统控制引导示意图
15.沈阳铁西工人村绿化景观体系控制引导示意图

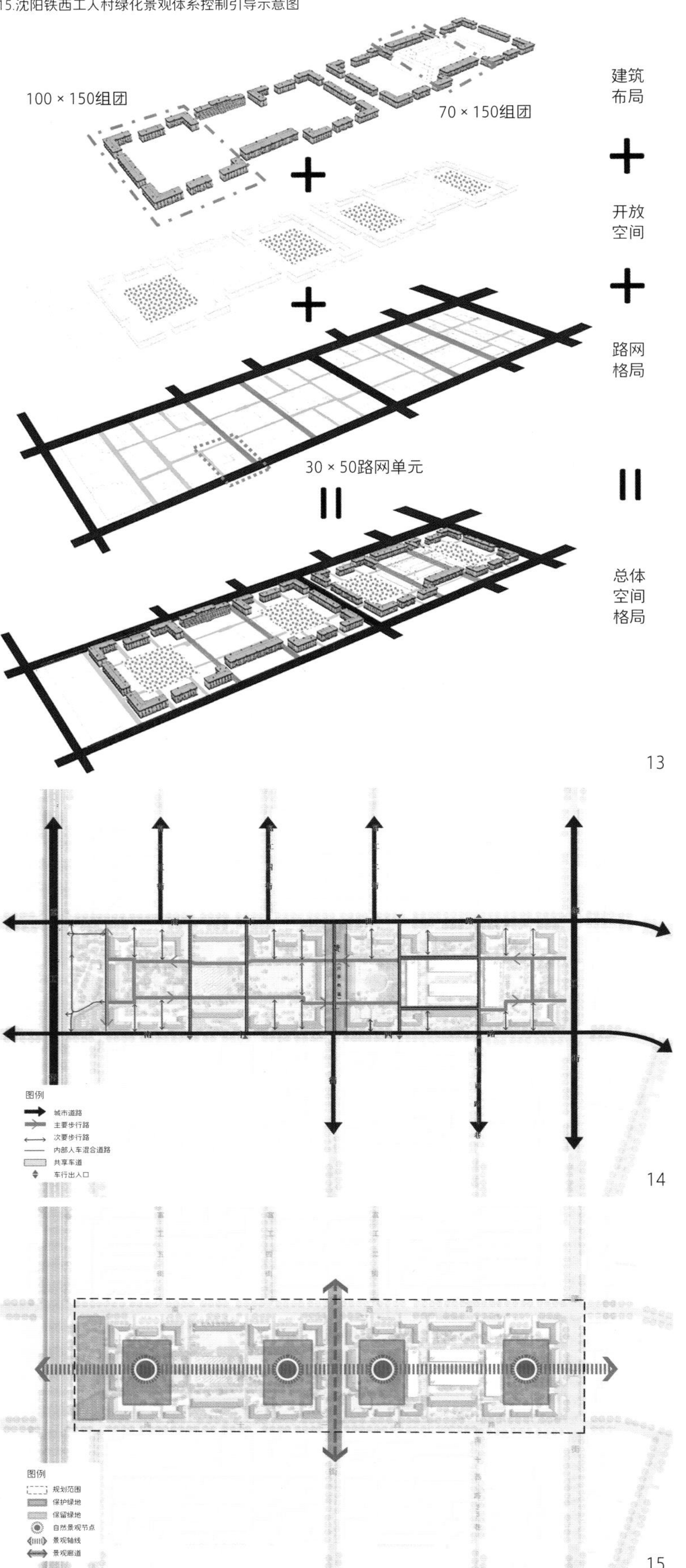

2.面临突出问题

铁西工人村仅留存两个完整的院落单元，原有的配套服务设施已经拆除，社区老龄化严重，原住民大部分外迁，社区活力和工业文化氛围欠佳。由于留存下的建筑多被列为文物保护单位，在“新”与“旧”之间的平衡点和切入点难以寻找。

3.更新对策

（1）保护特色文化，重塑历史建筑

深度挖掘铁西工人村的文化内涵，补全铁西工业旅游居住的关键环节，将铁西工人村建设成为承载国家记忆、有机更新活化的历史街区，再现工人村生活场景，打造新中国工业文明承载地、城市文化新地标、工业文化旅游目的地。

（2）制订设计导则，引导空间品质

延续住区整体格局特色，制订关于住区内建筑更新利用，开放空间、路网等更新的保护控制要求和更新指引，确保上位规划得以有效落实。

（3）植入业态新经济，活化保护利用

从片区统筹的角度，对旧建筑及环境重新进行功能定位，植入创意集市、社区文体沙龙，使其满足新的使用功能、结构上合理，经济上可行，旧建筑和环境等始终处于良好的循环状态，达成生态的可持续发展。

（4）营造空间场景，实现场所再生

尊重并延续住区原有整体风貌特征，保留原有街坊式空间格局、道路格局，保护并提升原有街坊内绿地、临街绿地及临街广场，在原有肌理格局的基础上，通过环境修缮、新功能植入、公共空间品质优化，形成层次丰富、类型多样的公共空间网络，满足不同人群使用需求。

（5）提升公众参与，发挥民间作用

以社区责任设计师为纽带，动员、组织居民广泛参与历史建筑保护与利用工作，通过政府和民间合作，前者提供技术，后者投入资金，以居民自主意愿为驱动，成功地保住地段的历史遗存。

四、“重新供暖计划”——老社区内锅炉房更新改造探索

1.老旧小区内鲜为人知的潜力空间——“锅炉房”

新中国成立初期至今，沈阳市建造了数千座锅炉房。沈阳市近年大力推行“蓝天工程”，取缔了城市内部一些中小型锅炉房。同时，逐步将老城区内分散零散的小型锅炉房周边式供热模式调整为由大型热源厂统一供热，这提高了供热效率，减轻了空气污染。经调研，全市闲置可利用锅炉房共70余处，这些锅炉房未达到建筑使用寿命上限，能带给人们独特的视觉感受，具有结构坚固、举架高、空间宽敞的特点，是一种可有效利用的存量土地资源。通过走访调研，沈阳73所锅炉房一般都位于现状老旧小区内，贴近居民生活的空间场地。

2.老旧小区公共服务设施需求关系分析

从现状服务设施空间供给与社区需求分析来看，文化设施数量与人口密度基本呈正相关趋势，局部区域布局不均衡；体育设施及幼儿园数量与人口密度基本呈正相关趋势，局部区域布局也存在不均衡现象；现状多数养老设施分布于人口密度较低区域，老城区缺口较大，其布局特点与周边环境资源也有一定的关系；医疗设施与人口密度关系明显，老城区局部地区人口密度较大，社区医疗设施缺失明显；其他社区配套服务设施如菜市场等主要集中在人口密集区

16-21.沈阳社区服务设施与老旧小区空间关系图（材料来源：沈阳市社区党群服务中心建设导则）

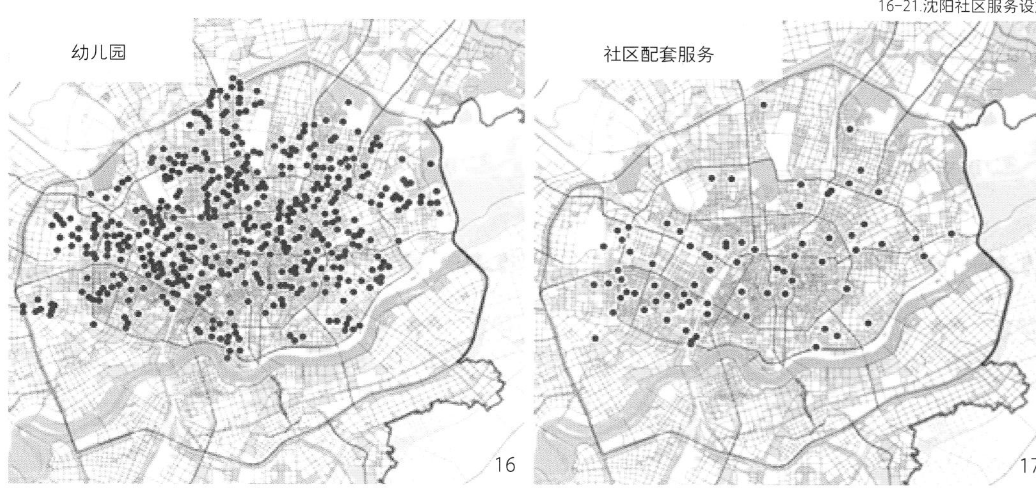

域，规模较小，需求量较高。

3.“重新供暖计划”实践探索

经过多年的探索实践，将锅炉房改造为文化服务设施，改造为社区体育设施、改造为养老、教育、医疗等服务设施得到多方的好评，如刘鸿典博物馆、66号艺术仓、知舍、洛曼酒吧、燕梓巷电竞文创园、51—Zonelivehouse等，都已经成为社区公共服务设施的重要空间，也成为代表北方城市老旧小区改造的一道风景线——“重新供暖计划”。

其中，刘鸿典建筑博物馆位于沈阳市和平区海口街辽宁省建筑设计研究院院内，由旧锅炉房改扩建而成，占地434m^2。改扩建后总建筑面积577.2m^2，建筑高度6.6m，主要入口临海口街一侧，辽宁省建筑院也设有次要入口。改造主入口一侧保留建筑外貌及烟囱，围墙的形式与红砖建筑相呼应，传承了工业文明时代的沧桑感。辽宁省建筑院一侧进行了简单的加建，整合两个集装箱作为辅助空间，以满足使用功能的需求。投入使用后，举办了多次展览、沙龙、读书会等活动，产生了良好的经济社会效益。

五、“社区院落秀场”——老社区内轻工业厂房改造实践探索

1.老旧小区内特殊剩余空间资源——“轻工业厂房”

20世纪60—80年代，沈阳市为解决重化工业零部件配套和居民生活需求建设了大量轻工业厂房。这类工业建筑体量较小，污染相对较小，也便于就近解决就业与招工，往往夹在居住区中布局，独立的单位大院属性不明显，如摩托擦片厂、砂纸厂、绢花厂、手套厂、印刷厂、铝制品厂、针织厂、精密仪器厂等。1990年以后，沈阳轻工业日益衰退，加之旧城改造速度加快，大量的轻工业厂房已经倒闭或搬迁至新区投产，在老城区保留至今的有近100多家（据不完全统计），这些闲置的厂房资源恰恰与文化创意产业、社区服务配套的空间需求相吻合，造就了一系列生活社区里面的“院落秀场”。这类更新改造活跃了老旧小区的经济业态与文化场景，虽然存在增容确权难、停车配套难、审批手续难等现实问题，但积极探索了一种老旧小区与工业遗存的共生模式。

2.十一号院

沈阳十一号院艺术区坐落在沈河区十一纬路，核心区占地约5300m^2，建筑面积约8300m^2，是利用凸版印刷厂老旧厂房改造建设的工业文化旅游与文化创意产业相结合的园区。园区最大限度地保留了原厂区的整体风貌，集酒吧、文化传媒公司、创意设计公司、工作室、文化培训等多业态于一体，并有国家AAA级文化旅游景区、沈阳市文化产业示范园区的称号。

3.叁叁工厂

叁叁工厂音乐主题文化园区坐落于沈河区南三经街，在20世纪五六十年代这里曾是沈阳第一阀门厂所在地。沈阳第一阀门厂院落占地近7700m^2，建筑呈回字形分布在院落内，具备完整的户外公共空间。更新改造后，旧厂区变为沈阳首个音乐主题文化园区，为城市居民带来全新的文化生活体验和音乐文化消费体验，成为城市独一无二的音乐文化商业地标。

22-23.进华社区闲置锅炉房再利用模式图　24-25.十一号院实景照片　26.叁叁工厂实景照片

4.九号院

九号院文创园位于沈阳市中心的热闹路，园区占地面积近1300m²，改造后面积约为2000m²。文创园在保留大量工业痕迹的同时与现代艺术相融合，院内各空间错落有致，工业风格浓郁。文创园分为公共艺术空间、艺术体验活动中心、工作室/文化公司和配套服务四类业态。已入驻企业有开心麻花、九鱼广告传媒有限公司、万有引力互动传媒广告有限公司等企业，呈现当代沈阳人全新的都市文化生活和充满活力的文创产业风貌。

5.铁锚文创园

铁锚文创园前身是1956年公私合营成立的沈阳砂布厂，用地面积约5000m²。更新改造保留了工业建筑原貌的同时，大胆创新建筑设计，呈现出一个具有东北院落特色的LOFT建筑群。目前园区由40%文化业态、30%创意办公、30%配套服务设施和文化公共分享空间组成，是一个集文化体验、休闲娱乐和商务办公于一体的文化旅游商业综合体。

六、“两邻社区实践”——牡丹社区回归“幸福大院”

1.牡丹社区建设背景与面临问题

牡丹社区建于20世纪六七十年代，现有居民1万余人，牡丹社区人口老龄化高达30%，居住的老人大约80%都是沈飞集团的退休人员和家属，是一个典型的原“单位制管理”的开放式老旧小区。

随着单位退出社区治理，面临着老龄化严重、楼宇老化严重、沈飞文化缺乏传承等问题。社区居住环境差、楼梯无保温层、道路狭窄拥挤、设施维护及社区管理等问题严重。2019年来，牡丹社区践行“两邻”理念（以邻为伴，与邻为善），转变以往依赖单位解决管理事务的方式，自发开展社区更新，完成了基础设施改造、完整社区建设和党群服务中心引领的“三级跳”，目前牡丹社区已经成为老年人心中的“幸福大院”。

2.“两邻理念”引领下的牡丹社区更新改造

牡丹社区不仅提升了物质空间环境，还通过党建凝聚自治力量、决策共谋形成发展共识、文化活动培育社区精神等方式，培育复兴了社区文化精神，为单位制社区治理转型探索出了新的思路。

工作机制方面探索形成了“党建聚邻、服务暖邻、科技安邻、社会助邻、和谐睦邻、文化亲邻”模式，打造构建了有爱、有善、有暖、有伴的社区场景。硬件空间方面通过实施“一拆五改三增加”，电线电缆入地，保温门窗上墙，新增城市书房、养老机构、幸福广场、文化亭廊，提升牡丹社区颜值和服务水平，居民的获得感和幸福感也跟着提升。软件服务方面树立“民事共商、社区共建、家园共治、成果共享”工作理念，推行“坚持社区党委一个核心，统筹社区党组织、居委会、大党委、社会组织、自治委员会、两代表一委员等六方力量，解决群众N个诉求”的“1+6+N”工作模式，全力打造四个“两邻品质幸福圈”，让牡丹在“两邻”间幸福绽放。

3.“两邻理念”引领下的老旧小区转型探索

多年来，沈阳市深入践行“两邻”理念，通过党建引领积极开展老旧小区有机更新。在实施过程中，

27-28.铁锚文创园实景照片
29.叁叁工厂实景照片
30-31.九号院改造后实景照片
32.沈阳牡丹社区党群服务中心实景照片

坚持系统集成，融合“党建+政务+就业+教育+医疗+养老+志愿服务+城市书房”等多功能一体，不断满足居民群众急难愁盼的迫切需求；坚持因地制宜，针对社区人群需求、场地条件等不同情况，在既有空间基础上开展切实可行的“微改造”；坚持治理创新，推动亲民化改造，打造空间布局合理、便民功能健全、配套设施完善的服务阵地，不断完善“末梢治理”工作全覆盖。

可以说，“两邻”引领基层治理创新，问题小区蝶变示范社区，是沈阳老旧小区十年变迁的真实写照。2021—2022年，沈阳共开展“两邻”社区建设试点458个，推进邻里项目1161个。如沈阳多福社区的共建共治共享、牡丹社区的服务暖邻营造“幸福大院”、葵花社区的创客直播间、道义街道太阳城社区的“周末课堂”等一系列积极实践，都为当前老旧小区更新改造和治理转型探索出了新的思路。

七、结语和展望

面向存量更新的中国城市化发展模式正在发生深刻转变，从“高速度”转向“高品质”，从“局部好”转向“整体优”，从“蓝图式”转向“渐进式”。就老旧小区更新改造而言，正逐渐超越的安全、卫生、保暖等基本需求，面临着物质空间、功能空间、社会空间改善提升的多重任务。近年来，沈阳在老旧小区有机更新实践过程中，结合地域性特色开展了卓有成效的探索，可为同类型城市提供借鉴。

参考文献

[1]住房和城乡建设部 辽宁省人民政府关于印发部省共建城市更新先导区实施方案的通知[EB/OL].辽宁省人民政府公报.2021(20):2-17.

[2]杨贵庆, 何江夏. 传统社区有机更新的文献研究及价值研判[J]. 上海城市规划. 2017, (5): 12-16.

[3]李百浩. 中国现代新兴工业城市规划的历史研究:以苏联援助的 156 项重点工程为中心 [J].城市规划学刊 ,2006(4):84-92.

[4]周旭影, 张广汉. 工业遗产居住型历史文化街区的保护更新[J]. 自然与文化遗产研究. 2019, 4(7): 23-30.

[5]李晓宇, 王红卫, 孙明君, 等. 沈阳铁西工人村综合保护与有机更新探索[J]. 城市设计. 2022, (2): 28-39.

[6]黄哲霏, 吴杨洋, 罗金晶, 等. 以IPD方法论促进城市更新多专业协同的应用研究——以北京老旧小区改造项目为例[J]. 世界建筑.2023, (5): 32-37.

作者简介

李晓宇，沈阳市规划设计研究院有限公司名城研究所所长，教授级高级工程师；

张　路，沈阳市园林规划设计研究院高级工程师；

宋春晓，沈阳市规划设计研究院有限公司工程师。

传统智慧对现代小镇建设的启示
——从《平凡的世界》到不平凡的小镇

The Enlightenment of Traditional Wisdom on the Construction of Modern Towns
—From *The Ordinary World* to an Extraordinary Town

张军飞 赵文静 赵小威
Zhang Junfei Zhao Wenjing Zhao Xiaowei

[摘 要] 《平凡的世界》是一部全景式展示1975年至1985年中国陕北城乡社会生活的百万字长篇小说，被誉为陕北文化的“百科全书”，蕴含着丰富的陕北地域文化特色和陕北独特的人居智慧。小城镇是乡村振兴的核心，也是我国传统人居智慧的重要载体。近年来，陕西省提出“百镇千村万户”示范建设，要求用五年时间培育一百个乡村振兴示范镇助力乡村全面振兴。清涧县石咀驿镇作为省级示范镇，是著名作家路遥的出生地、《平凡的世界》中石圪节公社的原型地，是陕北特色小镇的典型代表。基于陕北特色小镇传统人居智慧的传承发展，探索乡村振兴背景下的城镇建设发展路径势在必行，意义重大。

[关键词] 《平凡的世界》；传统人居智慧；陕北；城镇建设

[Abstract] *The Ordinary World* is a million word long novel that showcases the social life of urban and rural areas in northern Shaanxi, China from 1975 to 1985 in a panoramic manner. It is known as the" encyclopedia "of northern Shaanxi culture, containing rich regional cultural characteristics and unique living wisdom of northern Shaanxi. Small towns are the core of rural revitalization and an important carrier of China's traditional human settlement wisdom. In recent years, Shaanxi Province has proposed the demonstration construction of "one hundred towns, one thousand villages, and ten thousand households", requiring the cultivation of one hundred rural revitalization demonstration towns within five years to assist in the comprehensive revitalization of rural areas. As a provincial demonstration town, Shizuiyi Town in Qingjian County is the birthplace of the famous writer Lu Yao, the prototype of the Shige Festival commune in *The Ordinary World*, and a typical representative of a characteristic town in northern Shaanxi. It is imperative and of great significance to explore the path of urban construction and development in the context of rural revitalization, based on the inheritance and development of traditional residential wisdom in characteristic towns in northern Shaanxi in the new era.

[Keywords] The Ordinary World; traditional residential wisdom; northern Shaanxi; urban construction
[文章编号] 2023-93-P-042

一、《平凡的世界》中的传统人居智慧

《平凡的世界》主要围绕双水村中孙家、田家和金家展开叙述。书中是以家族和宗族为单元所组成的村落结构，村落空间是路遥小说叙事的承载体，其经历漫长的发展，承载了村民对于自然环境、社会文化的营造理念，具有丰富的人居环境营造智慧。

1.适地适居智慧

书中的双水村依河而建，东拉河和哭咽河穿村而过。在描述田家圪崂时，书中写道：“一个山窝里，土窑石窑，挨家挨户，高低错落，层层叠叠。”可见双水村的布局依山傍水，顺应地形。书中的农田主要在河流两侧，体现了村庄选平建窑，近河耕种的特色。以垂直视角来看，则形成了“山顶树林—村落—河流”的景观格局。陕北地处黄土高原干旱区，地表水资源相对缺乏，水源便成了村庄选址的重要因素，双水村在沟谷山峁之间开展农耕作业，自给自足。这种规划布局形态是典型的山地聚落空间营建与发展的选择，因借地形，依地而生，因地制宜，减少营建成本。

2.空间营建智慧

《平凡的世界》电视剧实景中的道路以“人”字形、“之”字形道路串接处在山峁沟壑各处的聚落团块和生活组团，山体、建筑、道路形成相互依附，

1.《平凡的世界》中的民间风俗示意图

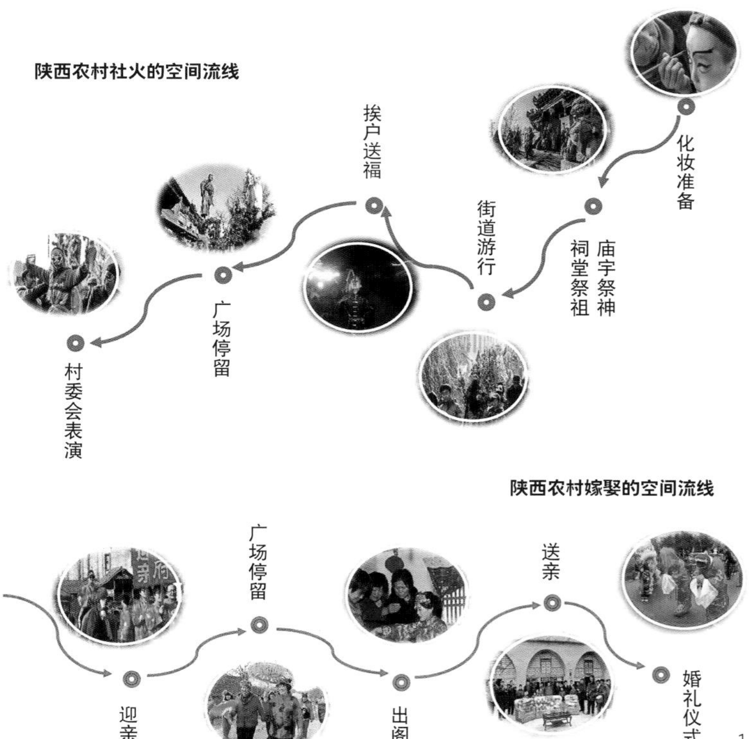

沿着等高线蜿蜒盘旋，高低错落，使得乡村空间与自然环境形成了交融一体的聚落景观。

书中所描述到的公共服务设施总共有三类，第一类是以庙坪、双水村小学、乡间小路、东拉河、哭咽河以及金家祖坟为主的生活服务设施；第二类是以农田、砖厂、基建会战工地为主的生产服务设施；第三类是以拦水坝、水库为主的安全服务设施。双水村因经济发展水平较为落后，相较于书中的县城公共服务设施较为匮乏，但是种类较为齐全能够满足村民的日常生活。

书中窑洞的级别是贫富的标准，分为土窑、石窑、砖窑。孙少安一大家就挤在一孔土窑当中。与窑洞紧密相连的土炕，在书中扮演了重要的角色，是招待客人的重要场地，孙少安和贺秀莲结婚的酒席就是在炕上办的。土炕和灶台是窑洞主要的室内设施，两者相连，做饭的热量在土炕中积蓄，很好地降低了能耗。

3.人文传承智慧

在《平凡的世界》中，路遥通过对民间传说、信天游、“链子嘴”（快板）、酒曲等民间文化艺术的引用和创造，对陕北农村打枣节、正月里闹秧歌、婚丧嫁娶等民俗的描写，为我们描绘出了一幅陕北社会生活的风俗画。

4.乡村治理智慧

书中传统伦理道德的继承、基层政权的影响和农民的创业精神这三股力量相互影响，体现了双水村在社会转型过程中的治理状况。乡村以血缘和亲缘关系聚族而居的现象普遍存在，如孙少平在双水村时严格把自己放在孙玉厚的二小子的位置上，在家里时，他敬老尊大爱小；在村中，他主要按照世俗的观点有分寸地表现自己的修养和才能。基层政权的影响主要体现在改革开放前双水村党支部领导等对于村民发展的影响。农民的创业精神是指由于农村的极度贫穷而自发地产生的改革现状的强烈愿望。《平凡的世界》中传统伦理道德的继承是中国农村社会生存和运行的基础，基层政权的影响由于农村联产承包责任制的实行而渐趋式微，它需要富裕起来的农民加入以保持其活力；而农民的创业精神则在承包责任制中显示出越来越大的力量，但富裕起来的农民也需要基层政权提供支持和引导。

5.可持续发展智慧

书中所体现的陕北农民利用现有资源实现效益，形成一种可持续发展的状态。如在耕地方面用好现有的耕地资源和水资源，在窑洞建造方面，依山就势，节地省材。用产生极少废料与污染物的工艺，减少能源和自然资源的消耗就是一种可持续发展的智慧。

二、乡村振兴背景下陕北小镇现代建设思考

1.陕西乡村振兴示范镇建设概述

陕西省为加快推进镇村建设，助力乡村振兴，提出了乡村建设“百镇千村万户”重点工程，包括100个乡村振兴示范镇、1000个美丽宜居示范村、1万户宜居农房。其中乡村振兴示范镇是在“两镇”基础上，打造“产业兴旺、生态宜居、乡风文明、治理有效、生活富裕”高水平服务农民的区域中心。坚持“镇村同步、产城融合”的发展原则，聚焦“集镇镇区、产业园区、旅游景区、乡村社区”四区建设，打造高水平服务农民的区域中心。其中镇区要从市政设施、公共服务设施、镇容镇貌等方面提升镇区承载力，园区景区要从配套设施、服务平台等方面提升发展带动力，农村社区要从基础设施、农房建造、村容村貌以及乡村治理等方面提升人居环境水平及治理水平。

2.陕北文旅型小镇的现代建设思考

清涧县石咀驿镇是著名作家路遥的出生地、《平凡的世界》中石圪节公社的原型地，是陕北特色小镇的典型代表。石咀驿镇是全省100个乡村振兴示范镇之一，被确定为文旅型示范镇，要求从承载力、带动力、人居环境水平、治理水平四个层面发挥文旅资源优势，探索陕北地区现代乡村振兴之路。本研究以《清涧县石咀驿镇乡村振兴示范镇建设规划》为例，在充分挖掘《平凡的世界》中所蕴含的传统人居智慧，结合石咀驿镇现状发展实际，旨在探索基于乡村振兴战略下的传统人居智慧在陕北特色小镇建设过程中的现代传承路径。

规划提出在承载力提升方面，将适地适居、空间营建以及人文传承中的智慧应用到设施提升和风貌提升当中，例如设施的选址要适合未来镇村的发展，要与陕北自然地形相适应，风貌的建设要延续陕北特有的地方特色，

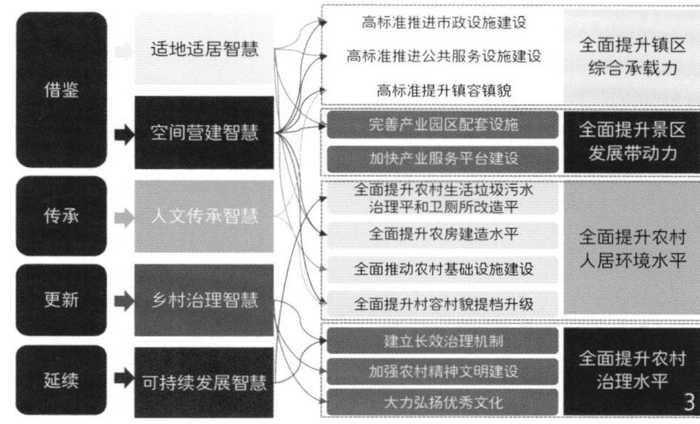

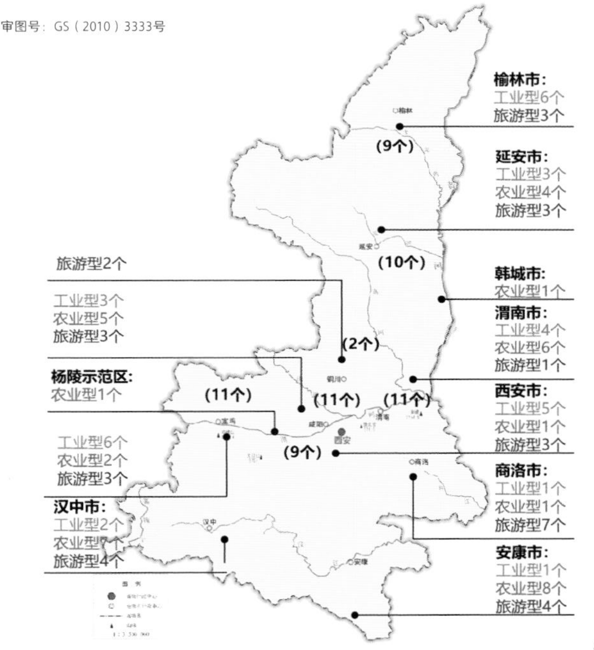

2.《平凡的世界》中的公共服务设施示意图

3.陕西乡村振兴示范镇现代建设中人居智慧的传承路径图

4.陕西100个乡村振兴示范镇分布图

5.石咀驿镇对于《平凡的世界》中人居智慧的应用逻辑图

6.石咀驿镇镇区规划平面图

7.石咀驿镇对于《平凡的世界》中人居智慧的应用要点示意图

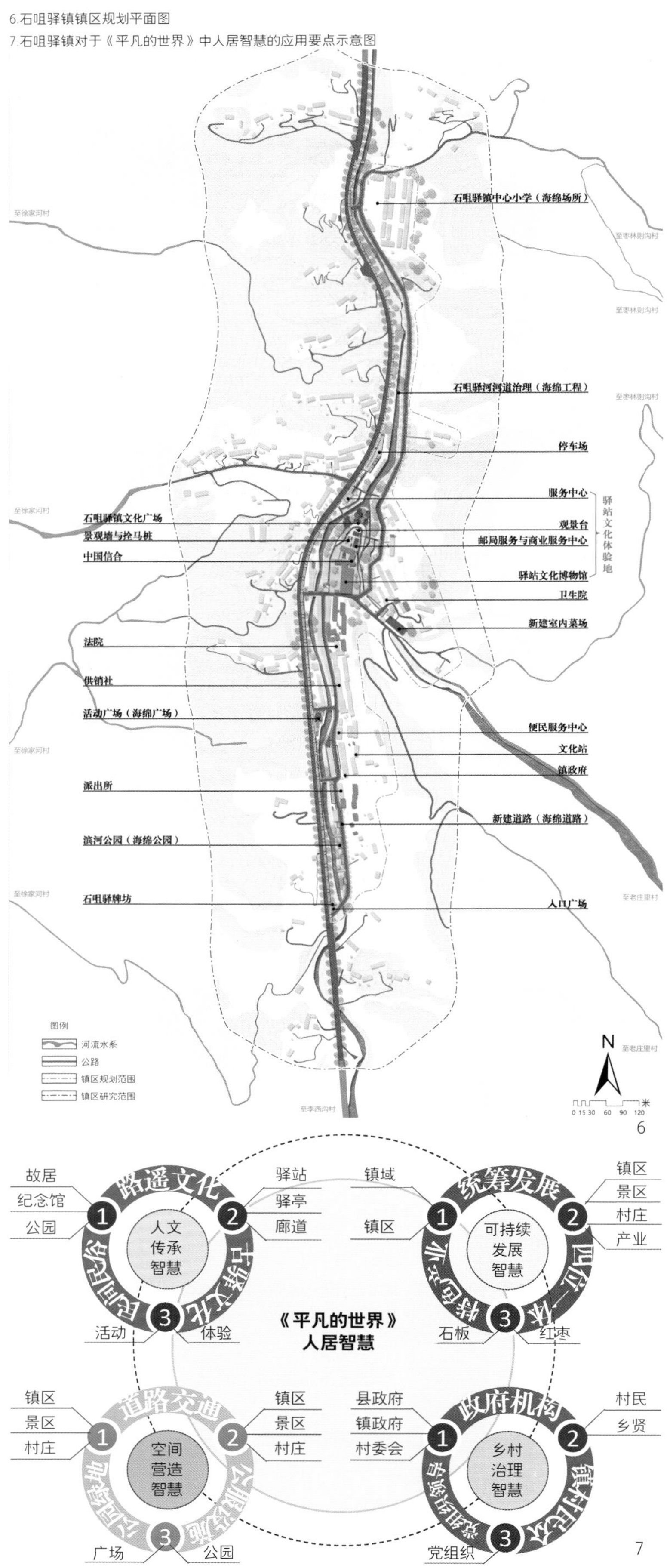

比如窑洞、院里布局、建筑立面装饰等。

园区发展的带动力提升主要涉及产业园区以及旅游景区的发展，在未来建设中可以将适地适居、空间营建、人文传承以及可持续发展的智慧应用其中，比如园区与景区的选址要考虑整体村、镇、县甚至更大区域范围内的发展，在园区与景区建筑的建造要考虑传统建筑的延续以及特色文化的传承，同时也要考虑到产业发展中可持续的问题，注重资源的有效利用。

乡村人居环境水平的提升中结合书中涉及的人居智慧，处理好建筑与环境的关系，就地取材，利用乡土建筑提升农房设计水平，传承特色，构建干净、整洁、有序的乡村空间。

在农村治理水平的提升上，借鉴多方参与对村庄治理的推进，积极引导村民参与农村治理，建立长效的治理机制。同时挖掘地域文化资源，延续传统的良好乡风、家风与民风，制定乡规民约。

三、《平凡的世界》原型地石咀驿镇的现代传承实践

1.“价值引领的唯一性”，乡土人文智慧的传承

石咀驿具有三个重要的文化价值，即路遥的出生地、《平凡的世界》石圪节公社的原型地以及千年古驿标识地。路遥出生于石咀驿，石咀驿镇也是《平凡的世界》石圪节公社原型地的唯一体验场地。石咀驿镇还是千年古驿站，古代石嘴驿地理位置非常重要，被称为“延绥孔道”。石咀驿镇承载着古代中国驿站管理制度、驿站文化和商业通道的历史脉络，是陕北地区为数不多且保存较为完好的古驿站地理标识地。在镇区与景区的打造上，充分应用石咀驿所具有的文化价值，传承乡土人文智慧，打造特色景区，改造特色镇区。

2.“资源利用的联动性”，可持续发展智慧的延续

（1）镇域与镇区统筹一体发展，助力镇村体系一体化

以特色空间环境为生命，加快小城镇建设，构建新型特色小城镇体系。利用鲜明的主题特色和功能的差异互补，避免石咀驿小城镇建设同质化，以分片整合效益实现共赢发展。为此，以“主题建镇、差异发展”的思路，启动了镇区、景区和五个示范村为一体的示范镇建设，目前已初见成效。以镇区为发展带动核心、以五个示范村为发展支撑点，引导农村人口逐步向示范村适度集聚、向城镇有序转移，梯次承接、主题鲜明、功能互补的陕北特色新型居住形态正在形成。

（2）构建“镇区+景区+村庄+产业”四位一体的镇村发展整体格局

以整体产业格局为引领，科学定位发展方向。石咀驿镇坚持全域的规划发展理念，把镇区、景区和农村作为整体设计，打破镇村行政区划，高起点编制完成了覆盖城镇、村庄和产业集聚区的全域规划体系，基本形成了“四位一体”的全域发展构架。同时，根据石咀驿资源禀赋和优势特色，突出主题引领和功能分区，镇域产业发展主题和方向，初步形成了“主题文化旅游、特色林果农业、绿色健康养殖”相融合的镇域产业整体发展格局。

（3）特色产业推动可持续生态农业整体转型

以特色产业为核心，推动可持续生态农业整体转型，增强城镇发展支撑。产业是城镇发展的基础，在石咀驿发展建设过程中必须因地制宜地植入可持续生态产业，才能避免小镇发展“空心化”。规划将小城镇建设与特色产业发展有机结合、协调推进，充分借鉴“山上为田、山下为居”的人居智慧，以产业特色化、旅游精品化为方向，跨村连镇、集中成片大力培育发展休闲观光的可持续生态农业，并配套发展餐饮、娱乐等乡村旅游服务业，促进传统农业向生态

8.石咀驿镇王家堡村路遥故里设计效果示意图

旅游农业整体转型，推动形成旅游添彩、农业增效、农民增收的新时期石咀驿乡村振兴模式的新格局。

3."品质提升的独特性"，空间营建智慧的借鉴

（1）交通联动，基础设施提升

以交通基础为带动，完善配套基础设施功能，改善石咀驿发展条件。规划着眼关乎长远发展的重大基础建设，新建镇区北向联系道路，改造景区产业道路和通村道路，进一步提高镇域路网密度，镇区"人字"路网、镇域外联内畅的路网体系基本形成，镇村通达率实现全覆盖。同时，着力提升镇区承载能力，加快推进电力电信工程、镇区供水管网延伸工程以及示范村供排水设施、电网改造等工程建设，推动镇区基础设施服务功能向示范村延伸，促进镇村发展条件的一体化和群众生活水平同质化，加速石咀驿镇村一体化融合发展进程。

（2）公共服务设施品质提升

以公共服务均等化撬动乡村振兴，提升公共文化服务品质。牢固树立城乡一盘棋理念，推动品质镇区与全域乡村振兴示范村联动联建，全域优化功能品质，不断提升镇村一体融合格局。着力推进公共服务能力优化。启动镇区公共服务设施建设多项，加强防疫体系、能力建设，提升应急处置水平。

（3）公园绿地建设

围绕建设石咀驿镇镇区、景区、园区和农区融合为一体，实现美丽宜居宜业的园林城镇，以公园城市理念规划布局绿地系统，满足人民日益增长的优美生态空间需要，促进人与自然和谐共生，形成均衡共享的绿地空间布局，彰显石咀驿镇区特色园林景观，建设成为陕北美丽宜居小镇示范。通过新建2个公园绿地、改造1处广场和新增3处广场绿地提高石咀驿镇建成区绿化覆盖率和人均公园绿地面积，促进陕北地区特色舒适人居环境的形成。

4."乡村治理的人本性"，乡村治理智慧的传承

石咀驿镇通过借鉴《平凡的世界》中乡村治理多方参与的智慧，以新时期深化改革为动力，深化石咀驿农业农村治理改革，加速整合全域乡村治理资源，激活乡村传统智慧优势要素，充分激活发展治理主体内生动力，实现多元主体参与乡村治理，把加快乡村治理改革作为重点突破。规划加快平安乡村建设数字化平台，提高"雪亮工程"覆盖率，开展乡村治理工作、设立公共卫生委员会，并优化财政资金管理制度，同时积极开展党风宣传、健全村规民约、定期开展"文化进村"等活动来加强农村精神文明的建设。

四、结语

乡村聚落空间一直是我国传统营建智慧的宝库，汇聚着丰富的空间营建经验。研究基于《平凡的世界》中聚落营建的人居智慧，结合陕西省乡村振兴示范镇的建设，对具有重要文化内涵的石咀驿镇进行挖掘与分析，将书中所提到的人居智慧应用于石咀驿镇未来的建设，为陕北黄土沟壑区同类型镇村提高空间品质与生态人居效益提供借鉴。

项目负责人：张军飞

主要参编人员：赵小威、赵文静、刘梦、种岚妮、蒋博文、窦桐桐、郭西倩、何大笠、梁程程、张伟、袁悦、曹钟瑾

作者简介

张军飞，陕西省城乡规划设计研究院城乡治理与文化传承研究所所长；

赵文静，陕西省城乡规划设计研究院城乡治理与文化传承研究所职员；

赵小威，陕西省城乡规划设计研究院城乡治理与文化传承研究所职员。

人口净流入城市住房供给新思维
——基于广州市住房保障制度创新及规划实践思考

New Thinking on Urban Housing Supply with Net Population Inflow
—Based on Guangzhou Housing Security System Innovation and Planning Practice

朱秋诗 方武冬 郑 焓
Zhu Qiushi Fang Wudong Zheng Han

[摘 要] 解决好大城市的住房突出问题，关键在于供给侧发力。以人口净流入代表性城市广州为例，分析梳理其住房保障的发展历程及现实困境，重点结合近年利用集体建设用地建设租赁住房的试点实践，对新时期人口净流入城市保障性住房供给思路提出优化建议，包括从政府主导到多元共治、个案推进到系统思维、普适管控到精准供给的三个转变，推动加快建立“多主体供给、多渠道保障、租购并举”的住房供应新格局。

[关键词] 住房保障；供给侧改革；人口净流入城市；广州

[Abstract] The key to solving the prominent housing problems in large cities is to exert efforts on the supply side. Taking Guangzhou as an example, a representative city of net population inflow, to analyze and sort out the development process and practical difficulties of its housing security, focusing on the pilot practice of using collective construction land to build rental housing in recent years, put forward optimization suggestions on the supply of affordable housing for the net inflow of population into the city in the new era, including three changes from government led to multi-governance, case promotion to systems thinking, universal control to precise supply, Promote the acceleration of the establishment of a new pattern of housing supply with " Multi-entity supply, multi-channel guarantee, and simultaneous rental and purchase".

[Keywords] housing security; supply-side reform; net population inflow to cities; Guangzhou

[文章编号] 2023-93-P-046

保障性住房的供给问题一直是国家高度重视的主要民生问题。经过长期努力，我国已建成世界上最大规模的住房保障体系。随着新型城镇化的纵深推进，当前我国的住房问题已从总量短缺转为结构性供给不足，住房保障的重点已从解决户籍居民住房困难转向解决大城市新市民、青年人等群体的住房困难问题，住房矛盾主要集中在一些人口净流入的重点城市。特别是“十四五”规划以来，《国务院办公厅关于加快发展保障性租赁住房的意见》等多项重要政策制定出台，北京、上海、广州、深圳等多地“十四五”住房发展规划接续发布，解决好大城市住房突出问题上升至前所未有的高度。新时期住房供应保障体系如何完善，需要在实践中通过不断探索实现丰富和创新。本文以人口净流入代表性城市广州为例，重点结合其近年利用集体建设用地建设租赁住房的试点，分析供给侧层面的住房保障制度创新及规划实践，并对新时期人口净流入城市保障性住房的供给思路进行探讨。

一、广州市保障性住房供给现状及困境

广州是全国净流入人口排名前列的城市，也是我国最早开展城镇中低收入人群住房保障工作的城市之一，其实施住房保障具有典型性和代表性。自1986年解决人均居住面积2m²的住房解困工作算起，工作保障性住房建设可主要划分为三个阶段（表1）。经过37年的发展，广州先后建设了一批解困房、安居房、廉租房、经济适用住房、公共租赁政府住房、限价商品房以及各类棚户区改造住房，形成以政府为主导保障性住房供应结构并长期延续，在为弱势群体提供住房保障、提高大城市包容性、维护社会稳定等方面起到重要作用。

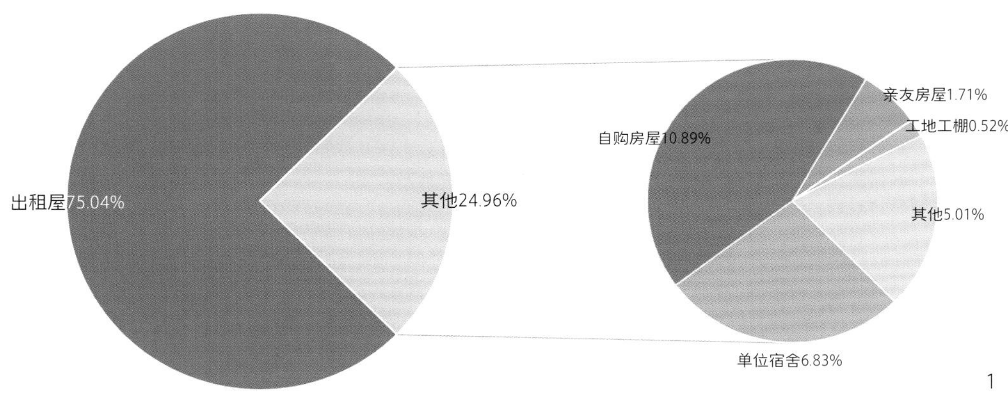

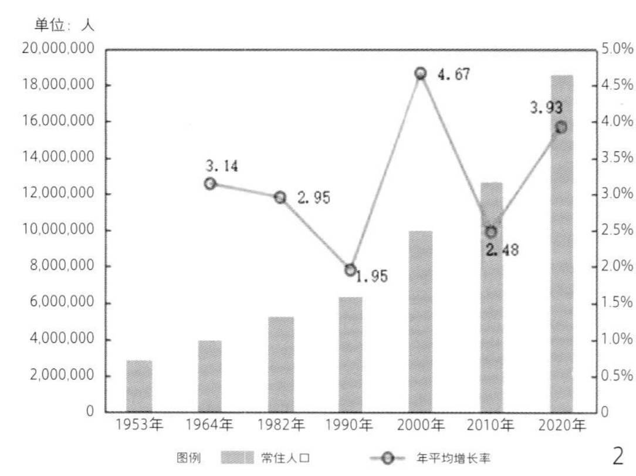

1.广州市来穗人口居住处所类型统计图
2.广州市历次人口普查常住人口及年均增长率统计图（资料来源：广州市第七次全国人口普查公报）

但也看到，住宅供给量偏少、房价偏高、租赁市场结构不合理等问题，造成新市民、青年人等群体的住房困难问题比较突出。人口规模方面，“七普”显示，广州市常住人口1868万人，过去10年平均每年流入人口接近60万，年均增长率达4%，每两个常住人口中就有一个跨市流入，常住人口增量大、人口吸引力强劲；人口结构方面，广州市常住人口平均年龄35.4岁，人口结构“两头小、中间大”，大量跨市流入的青壮年人口选择广州作为安居乐业的落脚点，“80后、90后”是来穗人员主体，40岁以下的来穗人员占比达到70%；住房状况方面，来穗人员自购住房比例低，仅少部分来穗人口符合落户条件且收入水平较高，通过购买商品住宅解决居住问题。

如何切实增加保障性住房有效供给，缓解新市民、青年人等群体日渐突出的住房难题，提升对人才的吸引力，成为摆在广州面前的时代命题。特别是面对量大面广的住房保障需求，过去依靠政府为单一主体投资建设、国有土地单一渠道供应的住房保障模式已难以覆盖，亟须加快建立“多主体供给、多渠道保障、租购并举”的住房供应新格局。

二、新时期住房保障工作要求及改革探索

2021年，国务院办公厅《关于加快发展保障性租赁住房的意见》首次明确以公租房、保障性租赁住房和共有产权住房为主体的住房保障体系顶层设计。其中，保障性租赁住房由政府提供支持政策、以市场主体为主，主要面向新市民、青年人，其租金低于同品质同地段的市场租金，实现“企业可持续、市民可负担”，是当前住房保障工作的重点（表2）。

在此背景下，广州市持续探索拓宽保障性租赁住房的筹建渠道，主要包括新供应国有建设用地新建、产业园区配套用地新建、企事业单位自有存量土地新建、非居住存量房屋改建、城中村存量房屋整租运营、城市有机更新项目配置、集体经营性建设用地新建等多种渠道。其中，2017年，广州市被确定为国家第一批13个利用集体建设用地建设租赁住房的试点城市之一。以利用集体建设用地建设租赁住房（以下简称“集租住房”）试点实践为切入点，致力于实现从“单一主体供给、单一渠道保障、以购为主”到“多主体供应、多渠道保障、租购并举”的突破，探索

3.集体建设用地建租赁住房的政策演进示意图
4.住房保障发展阶段转变示意图
5.耦合改革要求和地方实际的思路设计示意图
6.多元协同共治平台与村企合理收益模式探索示意图
7.兼顾社会效益与土地机会成本的智慧选址方法示意图

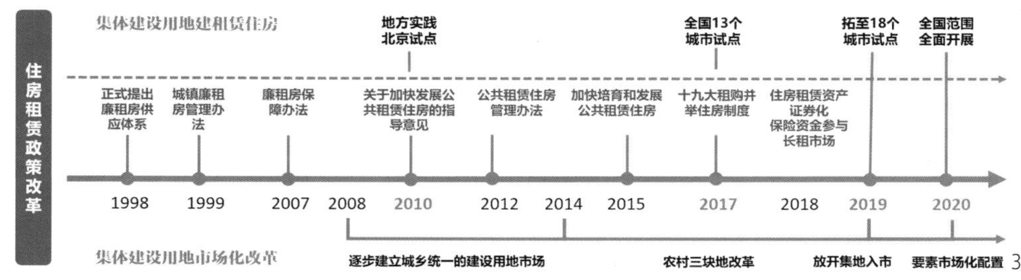

3

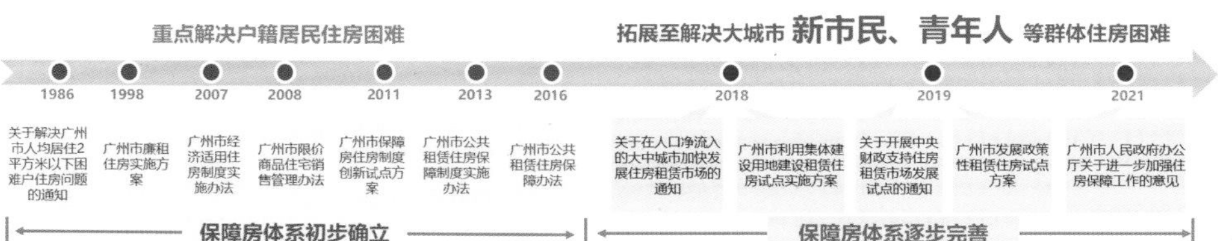

4

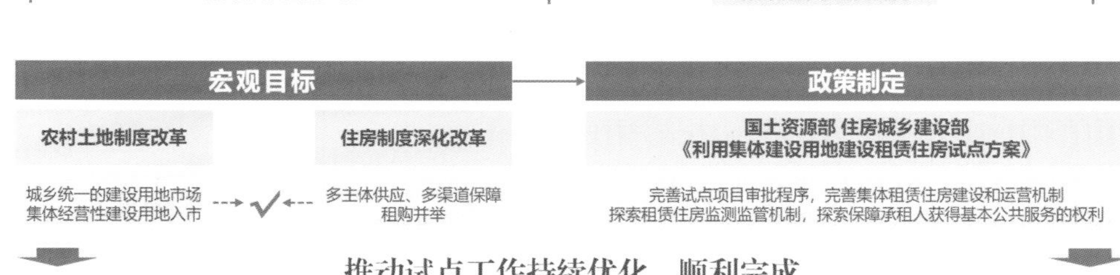

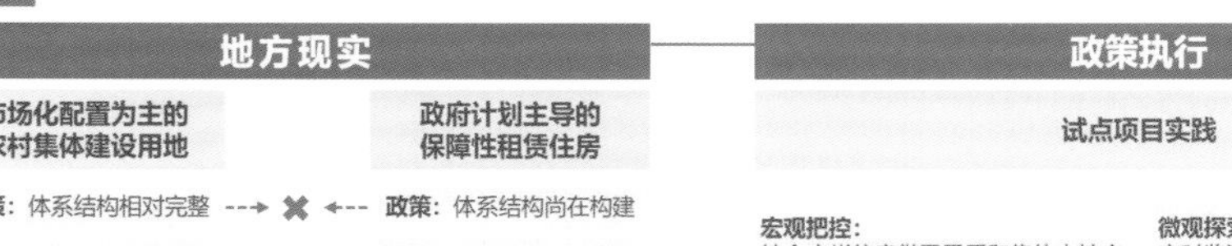

5

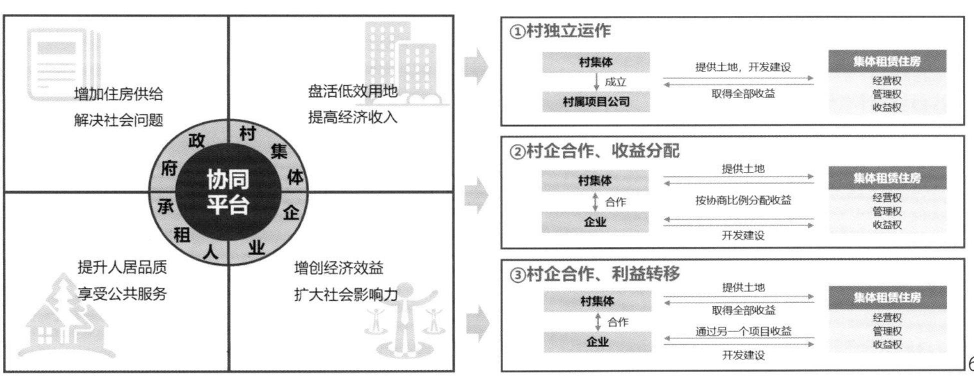

6

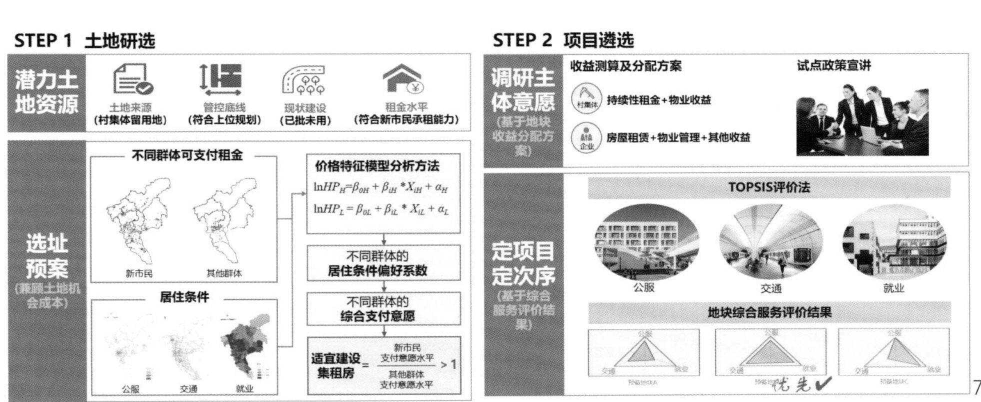

7

表1　广州市保障性住房建设主要历程

序号	阶段	主要类型	阶段特征
1	改革揭幕：深化城镇住房制度改革（1986—2008）	以经济适用房和廉租房为主	从1986年起，广州就开始探索建设面向单位体制内特困户的解困房、安居房。随着城镇住房制度改革的推进，初步确立以经济适用房和廉租房为主的住房保障体系，但覆盖范围有限
2	并轨提速：大规模推进保障性安居工程建设（2009—2014）	以公共租赁住房为重点	大力推进保障性安居工程，公租房逐步成为住房保障体系的核心。住房保障的覆盖范围和供给量不断扩大，在实现户籍低收入住房困难家庭应保尽保的基础上，保障对象逐步从低收入家庭扩大至中等偏下收入家庭，并从户籍向非户籍延伸
3	扩面提质：推行政策性租赁住房（2015至今）	加快发展保障性租赁住房	推进以“满足新市民”为出发点的住房制度改革，积极探索多渠道供应租赁住房试点。先后开展完善住房保障体系发展政策性租赁住房、培育和发展住房租赁市场、利用集体建设用地建设租赁住房、中央财政支持住房租赁市场发展等多项国家试点

表2　保障性租赁住房与公租房情况对比

项目	公租房	保障性租赁住房
性质	国家基本公共服务 政府承担兜底保障责任	普惠性公共服务 市场自发供给不足，需政府政策支持引导
对象	城镇住房、收入困难家庭具体范围和条件由市县人民政府确定	无房新市民、青年人，不设收入线门槛，具体条件由城市人民政府确定
责任主体和筹集方式	政府负责提供实物房源和货币补贴	政府给政策支持，充分发挥市场机制作用，引导多主体投资、多渠道供给
实施区域	各市县	主要在人口净流入的大城市和省级人民政府确定的城市发展
准入退出管理	严格的准入、退出管理	适度政策支持，适度约束管理 不同建设方式应有不同的准入退出管理
监测评价	城镇户籍低保低收入住房困难家庭应保尽保，其他家庭在合理轮候期内给予保障	重点评价城市发展保障性租赁住房对于促进解决新市民、青年人等群体住房困难所取得的成效

形成更加完备的多层次、系统性住房保障体系。

三、广州集体土地建租赁住房制度设计及试点实施

1.思路设计

（1）耦合改革要求和地方实际，系统性设计广州试点工作。集租房是农村土地管理制度改革、住房制度深化改革的一项创新，牵一发而动全身，需要系统设计。在中央明确的改革方向和任务下，如何结合多元主体诉求和地方语境，系统性设计广州试点工作是核心。

（2）聚焦破题关键，探索广州集租房的可持续发展模式。首先，在多主体供给的宏观导向下，探索可持续的集租房发展模式，破题点在于如何兼顾政府、村集体、企业、承租人等各方利益，实现合作共赢，其中维护农民权益、激发市场活力是试点成功的关键。

（3）政策执行跟踪调适，推动广州集租房的有效供给。其次，在集体建设用地及保障性住房资源配置方式尚未耦合的地方语境下，通过公共政策执行过程的持续调适，形成广州集租房的有效供给，一是着重研究试点政策落地中的顶层设计，衔接国家试点要求，紧密结合广州住房供需矛盾和集体土地实际，从总量和布局进行引导、从程序和规则进行衔接，宏观把控试点方向；二是着重研究试点方案执行中的优化设计，从试点项目切入，通过实时监测和定期评估实施效果，推动试点工作持续优化、顺利完成。

（4）形成利用集体建设用地建设租赁住房的广州路径。最终，通过政策调适、机制激活、方法创新，促进保障性住房供给从单一国有渠道向国家、集体双轮驱动拓展，率先探索出一条以政府引导、市场运作、村民自愿、需求适配为导向的广州路径。

2.创新举措

（1）政策调适：聚焦村集体留用地，探索高效供给规则。通过“跟踪—评估—反馈—优化”的政策执行，围绕用地准入、审批程序关键环节，结合试点实际，聚焦村集体留用地一个主要来源，完善供给规则，拓展准入类型，实现以点带面开启住房供给来源与集体建设用地用途的双重拓展。创新容缺机制，完善方案编制，优化审批流程，形成项目审批规程并印发实施，规范后续项目申报建设。

（2）机制激活：保障村企合理收益，探索协作共赢机制。面向政府、村集体、企业、承租人，构建多元协同共治平台，探索出村独立运作、村企收益分配、村企利益统筹三种主导模式，形成保障村企合理收益的良性发展机制。一是立足维护农民权益，对比集租房建设、传统出租、使用权流转、收储出让、货币物业补偿五种留用地开发利用模式，探索出建设集租房具有前期投入少、收益可持续、保留土地权益的特征，同时，在相较产业更适宜发展居住的区域，具有收益优势；二是从调动企业意愿出发，构建收益率动态测算模型，选取两类区域、两种土地来源、四大建设运营主体的不同项目，研究成本和收入端参数调节下的企业收益，评估项目试点可行性，提出政策措施，可为破解集租房领域市场主体活力不足的共性难题提供解决思路。

（3）方法创新：兼顾土地机会成本，探索智慧选址方法。通过土地研选和项目遴选，构建聚焦新市民群体需求，兼顾社会效益与土地机会成本的智慧选址方法。一是梳理已批未用、符合两规、预期租金价格契合目标人群支付能力的留用地，形成潜力土地资源库；采用价格特征模型分析方法，测算不同收入群体可支付租金对应的居住条件偏好系数，寻找新市民群体支付意愿高于其他群体的地块，形成选址预案；二是形成面向村企的地块收益分配方案，开展试点政策宣讲，调研主体意愿；运用TOPSIS方法评价地块周边综合服务条件；结合集租房规模布局要求，确定试点项目及优先序。

3.实施成效

广州市集租房建设在助力增加租赁住房供应、缓解住房供需矛盾的同时，进一步拓展了集体建设用地利用途径，切实增加农村和农民收入，不断提高集体建设用地节约集约用地水平，实现了落实乡村振兴战略、建立健全城乡统一的建设用地市场等多重价值目标以及经济社会效益有机统一。在政府层面，增加住房供给，解决民生问

题；村集体层面，盘活低效用地，提高经济收入；承租人层面，提升人居品质，享受公共服务；企业层面，增创经济效益，扩大社会影响力。同时，从第一批城市试点到第二批城市试点再到全面推广，“探索利用集体建设用地建设租赁住房”已写入国家“十四五”规划纲要，嵌入国家住房保障体系顶层设计。

四、住房保障供给侧创新的讨论及展望

作为典型的人口净流入城市，广州市通过集租房试点探索形成了城乡融合发展过程中的租赁住房筹集新思路和集体建设用地利用新模式，推动其构建更加完备的多层次、分梯度的住房保障体系和政策框架。这既是广州在探索具有自身特色的住房制度改革实践中的生动实践和缩影，也为全国其他大城市解决住房突出问题提供了“广州经验”。面向未来，针对新时期人口净流入城市如何加快建立多主体供应、多渠道保障、租购并举的住房制度，推动“住有所居”迈向“住有宜居”的重要议题，总结提出以下三方面保障性住房供给的优化建议：一是，从政府主导到多元供给，以重点改革探索为突破，探索多层分梯度住房保障制度的实现路径；二是，从个案推进到系统思维，以统筹规划实施为抓手，贯通空间供给的规划建设协同的工作机制；三是，从普适管控到精准供给，以智慧选址技术为依托，形成需求端与供给端有效对接的方案支持，推动加快建立“多主体供给、多渠道保障、租购并举”的住房供应新格局。

作者简介

朱秋诗，广州市城市规划设计有限公司主创规划师；

方武冬，广州市城市规划设计有限公司规划师；

郑　焓，广州市城市规划设计有限公司规划师。

8-9.试点项目效果图
10.试点项目实景图

创新论坛
Innovation Forum
空间转型治理
Spatial Transformation Governance

基于混合用地管控体系的详细规划改良方向思考
——上海新城实证研究

Reflection on the Improvement of Detailed Planning Based on the Mixed Land Use Regulation System
—With a Case Study of Shanghai New Town

方文彦 吴 虑 崔蕴泽 韩胜发
Fang Wenyan Wu Lü Cui Yunze Han Shengfa

[摘 要] 随着社会经济发展对用地空间提出日趋高度复合化和立体化的混合要求，混合用地及其管控成为提升城市活力和企业应对市场需求的关键策略。混合用地管控目前存在管控要素不全、用地比例缺乏弹性和用地性质频繁调整等问题，本研究从规划管理、土地管理和建设管理全流程视角构建混合用地管控体系，提出功能、规模、时间、经济和审批五个混合用地管控要素，加强规划管理政策和土地管理政策的衔接，建立详细规划图则管控和配套政策管控的路径机制，探索规划蓝图管控与市场动态需求的平衡机制。

[关键词] 动态管控；全流程管理；分层管控；分时管控

[Abstract] With the increasingly complex and three-dimensional mixed requirements of social and economic development for land use space, mixed land and its control have become key strategies to address urban vitality and enterprise response to market demand. There are problems in the management and control of mixed land, such as incomplete control elements, lack of elasticity in land use proportion, and frequent adjustment of land use. This study aims to construct a mixed land management and control system from the perspective of the entire process of planning management, land management, and construction management, proposing five mixed land control elements: function, scale, time, economy, and approval, and strengthening the connection between planning management policies and land management policies, Establish a path mechanism for detailed planning plan control and supporting policy control, and explore a balance mechanism between planning blueprint control and market dynamic demand.

[Keywords] dynamic control; full process management; hierarchical control; time-sharing control
[文章编号] 2023-93-P-050

一、前言

混合用地作为应对市场需求而设置的一种用地类型，在增强城市活力和发挥土地价值方面起到了重要作用。由于市场需求动态变化和详细规划编制静态刚性之间存在固有的实效性问题，一方面如何增强详细规划中的用地性质、混合比例的弹性以适应市场动态需求成为重要议题，另一方面详细规划编制是土地使用全流程的一个前期环节，详细规划需要从规划管理、土地管理和建设管理全流程的角度完善管控内容，加强前后环节的衔接，进而增强规划编制和管控的科学性和系统性。研究围绕详细规划指标的弹性和管控要素的系统性进而探讨详细规划改良的方向，提升规划编制与规划需求的协调性。

二、规划管理政策特征与问题

上海相继指定公布了《上海市控制性详细规划技术准则（2016年修订版）》《上海市详细规划实施深化管理规定》（2020），文件中明确了混合用地的概念、混合比例计算方法、用地混合适宜性指引和混合用地管理审批五种情形，用地混合适宜性指引包括宜混合、有条件可混合、不宜混合和禁止混合四类。目前的规划管理政策框架已基本形成，通过控制性详细规划对地块的用地比例、建设规模、混合条件进行了明确，用以指导后续土地开发和城市建设，对城市快速发展起到了重要的支撑作用。

混合利用管控碎片化、管控要素缺失、指标缺乏弹性的政策问题。阶段性碎片化管控问题表现在规划管理政策注重土地出让前的混合用地比例和混合用地类型的管控，而对于土地出让后面临的长时期混合用地比例和用途调整缺乏全周期管控，进而导致非正式城市更新普遍存在的现象，造成规划管理的缺位和用途调整导致的土地资产流失。管控内容和管控要素不足体现在现行政策主要控制混合用地比例和用地性质构成，缺乏对土地出让金、混合比例动态调整、高度混合用地的管控，导致详细规划难以适应市场需求而被频繁调整，规划的科学性受到了挑战。管控指标缺乏弹性体现在混合用地比例和用地类型是在控制性详细规划图则中确定，其内容调整需要较为繁琐的规划调整和审批流程，难以应对较为复杂的市场动态需求，尤其是后疫情时期市场需求和变化动态多元。

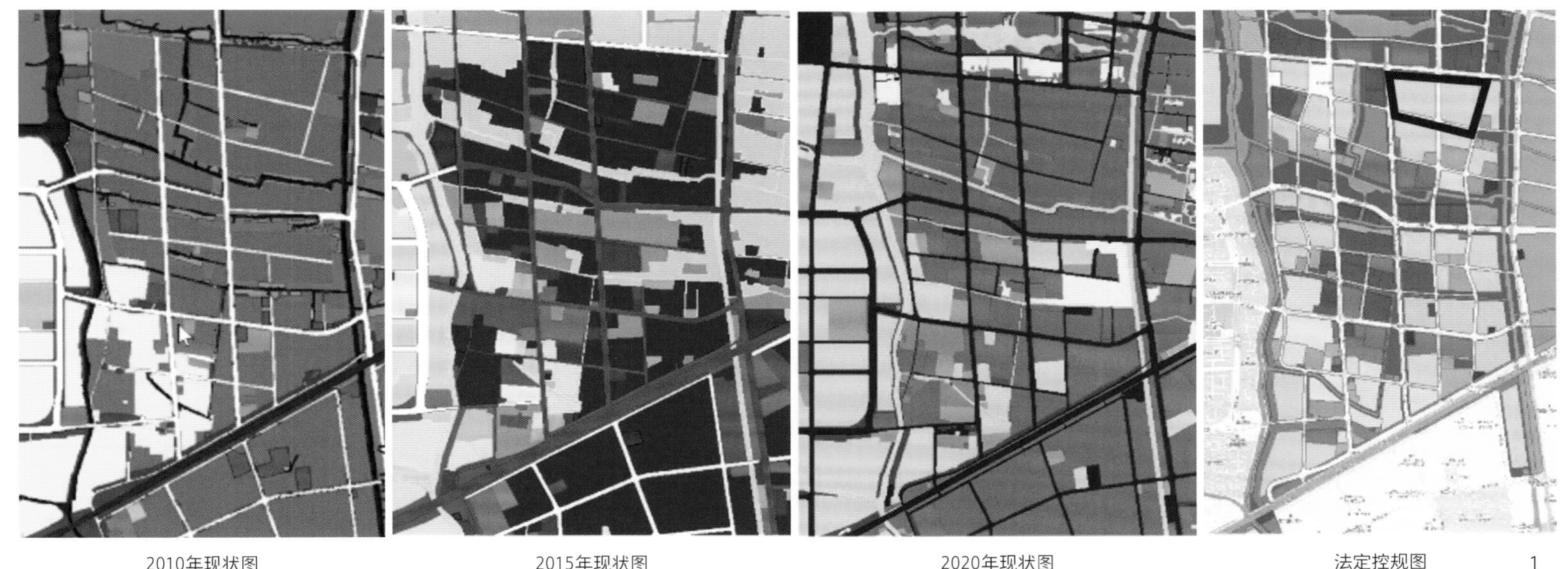

1.上海新城用地图

三、混合用地全流程管控的研究思路

1.混合用地发展趋势——共享混合、平面混合、垂直混合、动态混合

随着生活活动丰富化、用地功能精细化、时间利用多元化，用地混合利用也呈现出多样化的特点，包含共享式混合、水平方向上的混合、垂直方向上的混合和时间维度的动态混合等类型。共享式混合是指在一个空间内同时存在多种功能，随着城市功能的复杂化、综合化，这种混合使用类型越来越多，家庭式办公就是最具代表性的共享式混合。水平方向上的混合主要指建筑、用地层面水平方向上不同功能的混合，是最常被感知的混合类型，住宅区与商业区的混合就属于这个类型。垂直方向上的混合主要是不同楼层间功能的混合，典型的例子是底层商业与高层住宅的混合。时间维度上混合指在不同时间段内同一个空间可能被用作不同功能，随着城市的扩张和产业周期影响，某一地块的功能和用途会随着时间而动态变化。

动态混合的用途需求对规划编制提出了挑战，首先，用地性质在详细规划批准后变为静态的用途管控条件，难以适应市场动态多元需求，开发主体在获取土地后会根据市场需求不断调整用途以谋取竞争优势，这就对混合用地的性质提出了在土地出让前和土地出让后的弹性应对要求。其次，混合用地比例也会面对市场需求的挑战，静态的混合比例数值难以应对开发主体不断调整业态以适应市场的经营策略，不同开发主体的运营策略差异也会对混合比例提出更高的弹性要求，混合比例的差异会影响土地出让金的规模，这也正是混合用地比例是政府和市场非常关注的控制条件的原因，这就要求详细规划中对于混合比例确定的时间和数值需要考虑公平性和实效性。

2.基于“规划管理—土地管理—建设管理”的全过程和动态化管控逻辑

土地混合利用与用途转换应体现“全过程、动态化”管控逻辑，全过程指需要从只关注城市规划技术指标向统筹考虑土地使用全流程管理转变，将规划管理、土地管理和建设管理统筹起来，结合规划编制与审批、土地出让、地价核算、不动产登记等管理环节，形成全过程的技术规定与管控逻辑。动态化是指土地的用途管制是一个动态过程，随着社会经济的发展，土地会进行多轮规划审批和土地出让转让，土地的规划管理、土地管理和建设管理是不断循环的过程。基于全过程的管理思路，研究从功能、规模、时间、经济和审批五个方面提出对详细规划进行改良的策略。

四、基于空间规划和土地管理政策衔接的详细规划改良

着眼于空间规划和土地管理政策的有效衔接，土地混合利用与用途转换的全流程场景管控要素包括功能、规模、时点、地价和审批五要素。

功能要素指单一地块在主导使用性质之外可以兼容或混合的其他使用性质的类型，这是兼容和混合管控指标体系建立的必需要素，采用用地混合引导表来进行控制。规模要素指可以兼容或混合的其他使用性质的建筑面积，采用混合比例进行控制。时间要素是指土地混合比例的确定受到市场和开发主体影响较大，改变原有的控规确定混合比例的前置性确定方法，采取土地出让前和用途转换前确定比例的方法。经济要素是指混合用地比例和用途转换涉及地价、土地出让金规模和缴纳方式，地价是影响混合用地比例与用途转换的核心因素，采取土地出让金的方式进行控制。审批要素是指根据用途转换方向、混合比例调整幅度需要进行差异化的规划审批和建管审批程序，采取控规调整、实施深化和自主转型三种方式。

1.功能管控改良——合并相似地类进行大类管控、优化土地混合指引

用地性质频繁调整的一个主要原因是用地管控过细，在无法预知未来市场需求的前提下，用地性质规定过细与未来发展的多元可能存在固有矛盾。合并功能相似、混合频率高的用地分类，对于商业、居住等经营性用地进行大类管控，非经营用地进行中类管控，进而增强用途管控的弹性。借鉴雄安、深圳等经验，将商业服务业、商务办公用地合并为商业服务业用地，商业服务业用地、工业用地等经营性用地在详

细规划中确定用地性质时以大类混合为主，在土地出让合同签署前的地价评估阶段明确中类用地性质。非经营性用地在详细规划中以中类用地性质进行编制，便于指导公园、市政设施、交通设施和防灾设施建设。

优化土地混合与功能兼容的规划编制引导。用地混合与用地兼容在管控指标上都是对于建筑面积占比的管控，管控的基本原理则是根据建筑面积的占比确定主导功能，建议合并成为"规模区间—负面清单"。其中，规模区间是指规定混合用地的比例区间，为后续土地出让前的比例确定提供指引，为土地出让后业态调整在建设管理阶段进行审批奠定基础。负面清单是指除了不允许混合的其他均为可以混合，避免了多元判断的模糊性，增加了详细规划的土地混合弹性和管理科学性。

2.指标确定节点改良——分时控制、分层控制

为了避免规划优先于土地开发而导致的指标确定实效性问题，将混合比例的确定时间调整为土地出让前的合同签署阶段，详细规划仅提出混合用地比例的指引，不作为强制性内容。

土地出让前：在控制性详细规划编制阶段不确定混合用地的具体比例数值，仅在用地混合和兼容引导表里确定引导比例，在土地出让前开发意向明确后，以专题形式确定混合用地比例，以此增强控制性详细规划的弹性，改变"逢入必调"的现状，减少制度成本和时间成本。

土地出让后：随着产业周期变化和经济社会环境发展，土地开发主体会根据市场需求和自身经营状况调整土地用途，土地出让后的混合用地比例调整是动态持续的，结合混合用地比例专题在建设管理阶段进行审批。

3.规模管控改良——分层管控和动态管控规模要素

混合用地比例调整采取分层管控和动态管控的方式。分层管控制是指单元规划控制总量，控规确定混合引导比例区间，土地出让前以专题形式确定混合比例的方式。动态管控是指土地出让后的用地比例调整和用途转换需要进行动态持续管控。

单元规划层面，控制混合用地总建设规模和分布，如产业单元控制总工业用地建设规模和可混合用地的建设规模。街坊规划层面，通过用地混合和兼容引导表确定用地混合负面清单和建议比例，但是控制性详细规划图则中不确定混合用地比例具体数值，在土地出让前根据市场的实际需求和政府管控意图，通过专题形式确定混合用地比例。

4.土地收益改良——建立用地性质、混合比例与土地出让金协同机制

传统的控制性详细规划指标和土地出让金制度之间缺乏互动联系，土地用途和比例会影响土地出让金核算价格，因此需要建立详细规划和土地出让制度的动态关联机制。一方面详细规划对混合比例不进行强制性规定，仅给出比例区间作为后续开发指引。另一方面探索地价核算和土地出让金缴纳的新机制，在土地出让阶段按照最高地价核算价格，进而减免后期的土地出让金补交，探索抵费地等新的土地回收政策，增强政府对土地的控制权。加强规划管理政策和土地管理政策在用地性质、混合比例和土地出让金之间的政策衔接，完善详细规划指标制定的经济测算内容。

5.审批弹性改良——建立分类、分区的审批弹性政策

结合后疫情时期城市发展现状和市场开发主体诉求，简化规划审批程序。建立正向调整和逆向调整分类清单，逆向调整严格按照控制性详细规划调整流程进行审批，对于正向调整按照简易程序进行审批，《上海市详细规划实施深化管理规定》中提出了走简易程序的多种情形，提升了规划审批效率。研究提出建立不同地区的简易审批程序，结合分区特征和城市发展战略定位，重点分为战略地区、机遇地区和提升地区三类地区。战略地区包括历史风貌保护空间、公共活动空间、交通枢纽空间、商业办公空间，机遇地区包括产业空间、交通空间、地下空间，提升区域包括居住空间、市政和公共服务空间。

五、结语

混合用地的用途管控、比例管控、时间管控、地价管控和审批管控是基于土地使用的全流程视角构建的管控要素体系，这对详细规划的编制、实施提出了全新的要求。一方面要加强规划管理政策和土地管理政策的衔接，将管控要素整合到详细规划中，完善详细规划的管控框架；另一方面要建立规划图则管控和配套政策管控的管控体系，弱化图则管控，加强政策管控，破解规划静态蓝图与市场需求动态变化的矛盾。

混合用地是关于尺度、规模、时间、经济的概念，具有非常丰富的内涵，在规划编制和实施的视角下，应该在既有的规划管理体系下完善其时间和经济管控要素，提升空间治理能力，为详细规划的改良探索一条新的道路。

参考文献

[1]唐爽,张京祥,何鹤鸣等.土地混合利用及其规建管一体制度创新[J].城市规划,2023,47(1):4-14.

[2]江浩波,唐浩文,蔡靓.我国城市土地混合使用管控体系比较研究[J].规划师,2022,38(7):87-93.

[3]李晓刚.混合用地规划管控的制度创新——基于厦门自由贸易试验区的案例[J].城市规划,2017,41(7):111-113.

[4]陈阳.土地混合利用路径良性演变机制[J].城市规划,2021,45(1):62-71.

[5]程哲,蔡建明,杨振山等.半城市化地区混合用地空间重构及规划调控——基于成都的案例[J].城市规划,2017,41(10):53-59+67.

[6]焦佳成,傅白白.混合开发模式下墨尔本土地利用量化分析及经验启示[J].规划师,2021,37(7):82-88.

作者简介

方文彦，上海同济城市规划设计研究院有限公司五所高级工程师；

吴　虑，上海同济城市规划设计研究院有限公司五所高级工程师；

崔蕴泽，上海同济城市规划设计研究院有限公司五所规划师；

韩胜发，上海同济城市规划设计研究院有限公司五所高级工程师。

柔性生产驱动的空间非正规化研究
——以广州市康鹭片区为例

Research on Spatial Informalization Driven by Flexible Production
—A Case Study of Kanglu District in Guangzhou City

张 佶 高慧智 林晨薇 招 晖 王雪婷
Zhang Ji Gao Huizhi Lin Chenwei Zhao Hui Wang Xueting

[摘 要] 近年来，在金融危机和逆全球化的催化下，全球产业链、供应链正在剧烈重组，加之互联网平台经济的快速发展，我国的制造业正在由大规模批量化生产转向小规模定制化的柔性生产。本研究构建了柔性生产驱动空间非正规化的内在逻辑，以广州市康鹭片区为例论证了柔性生产驱动的非正规空间是经济结构性转型的结果，认为柔性生产的信息、速度和风险三重挑战，分别驱动了非正规空间的形成、固化和脱嵌。

[关键词] 柔性生产；非正规空间；内生性；康鹭片区

[Abstract] In recent years, under the catalysis of the financial crisis and anti-globalization, the global industrial chain and supply chain are undergoing drastic reorganization. Coupled with the rapid development of the Internet platform economy, China's manufacturing industry is shifting from large-scale batch production to small-scale customized. flexible production. This study constructs the internal logic of the informalization of flexible production-driven space, taking the Kanglu District of Guangzhou as an example to demonstrate that the informal space driven by flexible production is the result of economic structural transformation, and believes that information, speed and risk of flexible production are triple. These challenges drive the formation, solidification, and disembedding of informal spaces, respectively.

[Keywords] flexible production; informal space; endogeneity; Kanglu district
[文章编号] 2023-93-P-053

一、引言

近年来，国内外形势发生了深刻、深远的变化。在金融危机和逆全球化的催化下，全球产业链、供应链正在快速、深刻地重组。外贸订单大幅减少，大件订单快速向东南亚转移，我国的制造业企业逐渐聚焦于国内市场和小批量定制化的跨境业务，市场需求逐渐不稳定和碎片化，加之互联网平台经济的兴起，以市场需求为起点，小批量、多批次的柔性生产转型已然发生。“十四五”规划更是明确提出，“推动产业数字化转型”“培育发展个性定制、柔性制造等新模式”，柔性生产的空间效应有待研究。

“非正规”是一个相对的概念，依附于对“正规”的界定，核心是脱离正规的政府管制[1-5]。因此，非正规空间亦可被定义为突破用途管制的空间，既包括突破功能管制，也包括突破强度管控。从20世纪70年代起，非正规空间即得到学术界长期而广泛的关注，并经历了二元主义、新马克思主义和新自由主义的学术争鸣和思想流变，研究地点也经历了从“全球南方”到“全球北方”的转向[6]。新自由主义学派认为，后福特主义定制化、柔性化的生产特征与非正规性天然耦合，当今时代非正规性已经泛化，不能再用二元主义或新马克思主义的边缘论来解释，而是必须认识到非正规性之于正规性的所独具的灵活、自由的优势，是内生于柔性经济转型的现象[7]。萨斯基雅·萨森基于对美国的非正规性现象观察也指出，非正规经济是发达资本主义源源不断的动力，同时也是最具企业家精神的一部分[8-10]。

本文试图建构柔性生产的内在挑战与空间非正规化的耦合逻辑，并对广州著名的制衣村——康乐村、

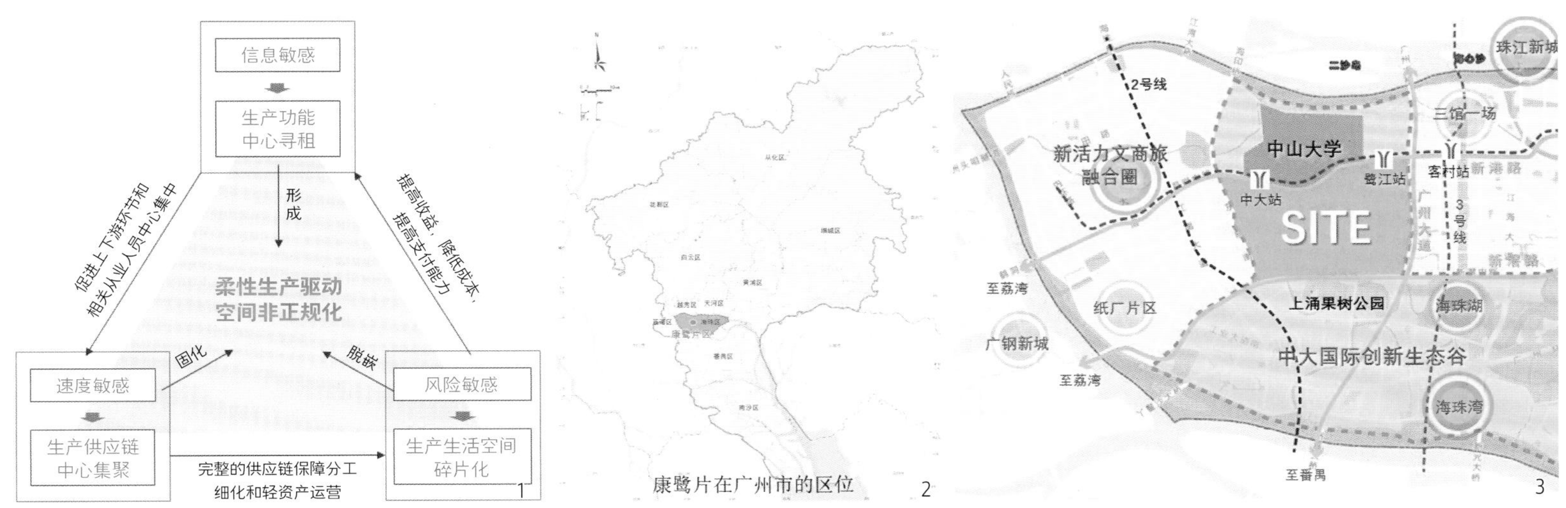

1.柔性生产驱动空间非正规化的内在逻辑示意图
2.康鹭片区在广州市的区位图
3.康鹭片区在海珠区的区位图

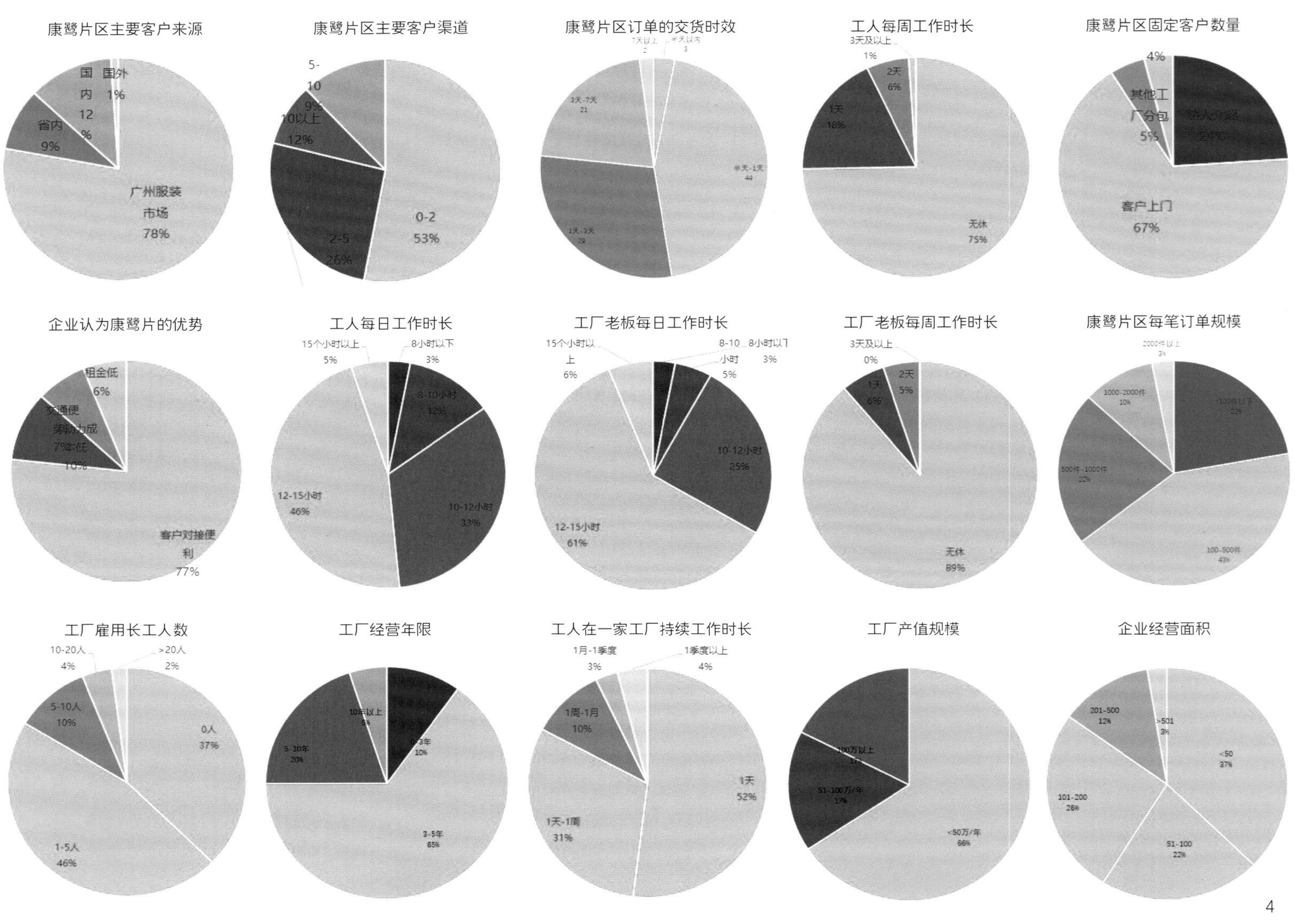

4.康鹭片区各指标数据统计图

鹭江村（下文称“康鹭片区”）进行实证和效应反思，以期加深对非正规空间内生性、普遍性和长期性的认知。

二、柔性生产驱动空间非正规化的内在逻辑

1.柔性生产的三重挑战

以“以需定供”为基本逻辑的柔性生产为生产企业带来三重挑战。其一是信息挑战，即生产企业需要及时掌握最新、最精准的用户需求，辅助生产决策；其二是速度挑战，即生产企业需要快速协同上下游供应链、快速组织生产，以抢占市场；其三是风险挑战，由于市场需求变化大、订单规模小，生产企业需要频繁地生产个性化、多品种、小批量的新产品，这增加了企业设备投入和生产组织的成本，也提高了生产的不确定性风险。

2.柔性生产驱动空间非正规化的内在逻辑

应对信息挑战，柔性生产企业倾向于中心寻租，与居住、商业等功能在城市中心地区交织分布，形成突破用途管制的非正规空间。这是因为生产企业需要通过邻近商业中心、与客户进行及时、面对面的反馈和沟通来获取和应对瞬息万变的市场需求。城市中心地区密集的人流、物流也带来大量的信息流，生产企业从而形成更大的中心黏性和中心寻租的动力，塑造着突破用途管制规则的非正规空间。

应对速度挑战，柔性生产需要供应链中的供货商、生产商和配套加工商等各个环节通过空间集聚灵活又密切地协作，实现整条供应链的快速运转。更多管制之外的功能的中心集聚和快速运转使得已经突破管制的非正规空间进一步固化。

应对风险挑战，柔性生产转型后的企业往往选择更加灵活的经营方式，包括通过生产链条拆解压缩企业规模、减少生产工序，降低厂房、生产设备等固定资产的投入；通过临时招工应对不稳定的生产节奏。经营模式的转变令空间呈现出碎片化、临时化特征，非正规性和治理难度进一步加剧。

3.康鹭片区的柔性转型与空间表征

（1）康鹭片区的基本情况及其柔性转型

康鹭片区是位于广州市海珠区的一片城中村，距离珠江新城CBD不到3km。服装制造是这片城中村的命脉，20世纪90年代以来，其借助背靠华南地区最大的服装面辅料市场“中大纺织商圈”的地理优势起步。

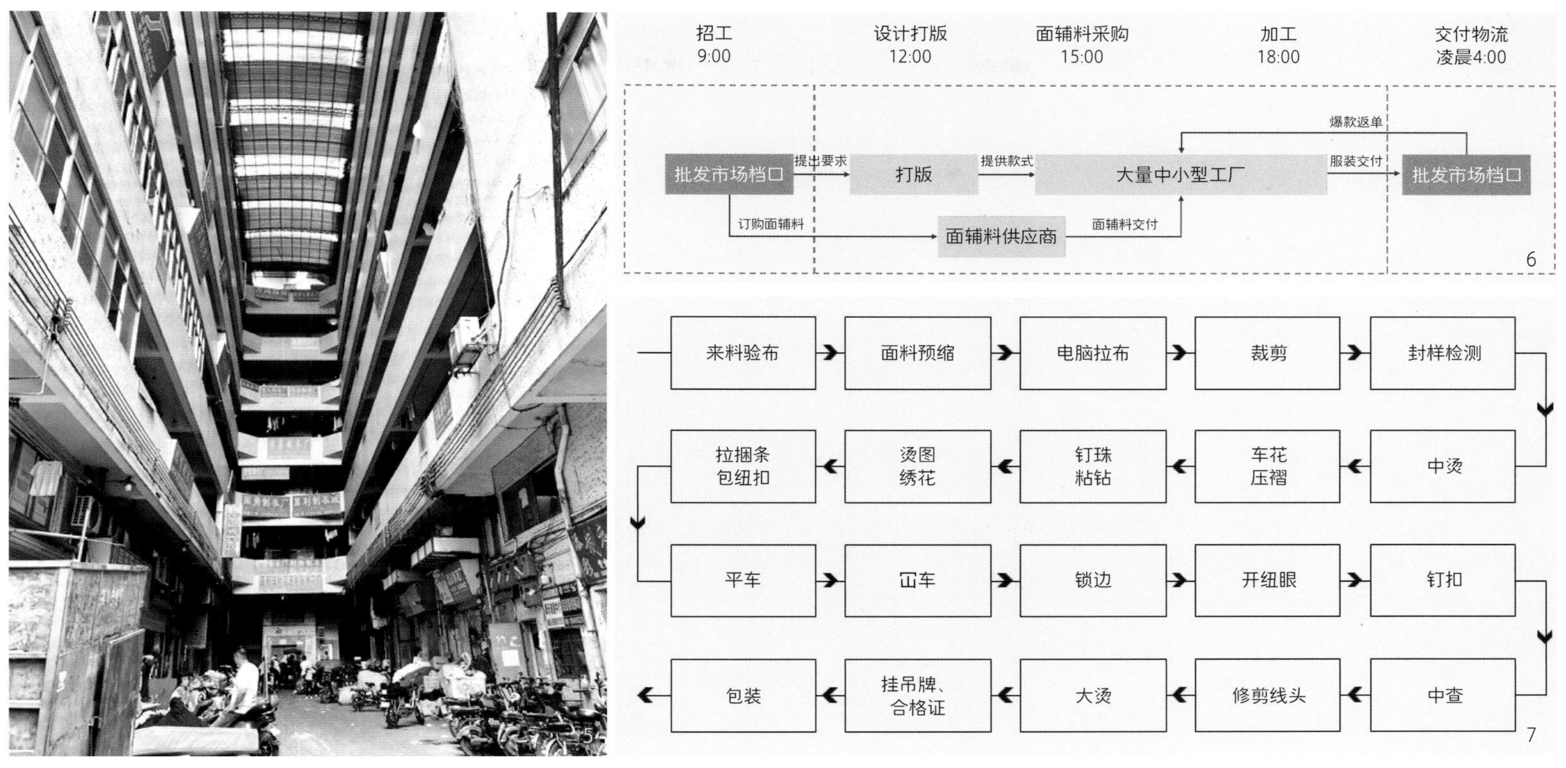

5.居民楼里"数不清"的制衣厂实景照片　6.康鹭片区"柔性快反"的生产流程示意图　7.康鹭片区制衣环节拆分示意图

2008年金融危机以来，随着全球市场购买力的普遍性下降以及部分国家采取的贸易保护政策，国际纺织品市场快速萎缩，康鹭片区的服装制造企业开始将主要市场转入相对不稳定的国内[11]，加之近年来互联网的发展加速了流行趋势的传播，市场需求愈加变幻莫测[12]。因此，康鹭片区便逐渐从之前的长周期、低频、大规模生产向短周期、高频、小订单的柔性生产模式转型，并对物质空间进行重塑。

（2）康鹭片区是"信息交换中枢"

康鹭片区的制衣厂采用现货现卖的经营模式，主要通过广州各个服装批发市场销往全国各地。相较于过去的按季生产的外贸模式，这种模式更加依赖市场信息和市场反应。具体而言，工厂先生产小批量的产品拿到市场上测试，如果遇到"爆款"就需要"追单"，工厂就有生意；而市场反响平平的款式则要对其"砍单"，这意味着制衣厂需要找下一个客户。据调研，康鹭片区53%的制衣厂的固定客户少于2家，订单非常不稳定。康鹭片区距离十三行、沙河等服装批发市场10km左右，车行半小时可达，这样的距离可以让生产企业和档口商家进行频繁的面对面沟通和交易。

就具体的获取订单的方式而言，村内一条东西向、长约1km的康隆大街—南约大街是康鹭片区甚至周边制衣厂与市场档口老板的"信息交换中枢"。制衣厂老板常年在街上招揽客户，一块小黑板代表了老板强项，服装市场档口老板带来样衣，双方确认服装的制作细节、价格、工期之后，交易在几分钟内迅速达成。据调研，通过这种客户上门、面对面敲定合作方式取得订单的比重达到67%。

正是由于便捷的信息交换功能，多年来，康鹭片区吸引了源源不断的制衣厂集聚，其中，77%的制衣厂老板认为康鹭片区的经营优势是对接客户方便。生产功能与城市中心地区的居住、商业功能交织布局，形成突破城市空间用途管制的非正规空间。

（3）康鹭片区是"24小时产业社区"

在柔性生产的逻辑下，所有环节都被迫卷入对速度的追逐。市场需求多变逆向驱动销售端快速上新；销售端的现货上新需求倒逼后端生产企业及时生产。尤其在大肆追求个性的女装领域，服装版型日新月异，没有谁有自信掌握"爆款"的秘诀，快速生产、现货交易、减少订单积压是更加稳妥的做法。据调研，康鹭片区的订单基本是来自服装市场档口的小单，每单几十到几百件，"半天到24小时必须出货"的订单占到一半，在这样的生产节奏下，供应链高度集聚、顺畅衔接有助于极大地压缩时间成本。

康鹭片区内部拥有完整的服装生产链条，可实现从接单到出货的全流程。同时，康鹭片毗邻中大布匹市场，步行5分钟即可获得面辅料供应；距离服装批发市场也只有10km，车行半小时即能完成产品交付。电动车是康鹭片区最常见的运输工具，一辆辆电动车载着辅料、配件、布匹穿梭于布匹档口、制衣厂、配件厂和服装批发档口之间，保障了供应链各个环节之间能够顺畅衔接。

完整的供应链条以及快捷的物流方式，创造了"24小时出货"的极致"康鹭速度"。具体的生产供应流程为，服装批发档口基于及时的销售情况挖掘"爆款"后，在康鹭片区的制衣厂快速下单。制衣厂老板早上9：00开始招工；中午12：00左右在村里的打板工作室进行打板；下午3：00左右在中大布匹市场进行面辅料采购；晚上6：00—23：00开工制作；凌晨至次日4：00进行服装的尾部处理和成品包装；天亮之前运输至档口，确保档口早上营业即上架最新的款式。

在全天候运转的"康鹭时区"下，康鹭片区的老板、工人不得不保持高强度工作，"这里没有周末、节假日，甚至'没有晚上'"（被访谈者X老板）。据调查，工人没有固定的休息时间，大部分工人的休息时间视工厂每天的订单情况而定，每天的工作时间在8小时以下的工人仅占3%，高达85%的工人每日工作都在10小时以上，甚至有52%的工人工作时长在12~15个小时。75%的调查对象表示基本没有休息日。工人描述自己的工作状态，"基本上需要从早上

9：00工作到晚上11：00才能把工作做完，有时还需要加班到凌晨一二点”；工厂老板也坦言“有需要的话，凌晨5：00也能抓到工人”（被访谈者D老板）。

工厂老板并没有因为是雇主而获得比普通工人多的休息时间，尤其是小工厂和小作坊的老板。他们大部分都是自雇佣状态，因此除了“出力”，他们还要“劳心”大多数老板的描述都是，“每天都要从早上9：00工作到凌晨1：00左右，不工作就没钱赚”（被访谈者X老板），“旺季忙的时候每天几乎只有四五个小时休息”（被访谈者D老板）。

“康鹭速度”是康鹭片区最大的竞争优势，是制衣厂在柔性转型时代安身立命的根本，“‘有现货’是康鹭老板最大的底气”（被访谈者B老板）。这份优势起步于康鹭片区优越的地理位置，后续供应链各个环节和相关从业人员的不断集聚则对其不断强化。由此，康鹭片区非正规空间也愈发固化，并随着供应链的外溢而不断扩大。

（4）康鹭片区是“蚂蚁工厂集群”

康鹭片区的工厂经营状况极度不稳定，“永远都不知道下个订单在哪里”（被访谈者Z老板）。新企业不断涌现的同时，每年均有一批企业因利润过低、加工量不足被迫关闭，“靓厂转让”的告示每天都在更新。在99家被调研工厂中，无照经营的制衣厂有74家，7成工厂经营年限不超过5年。经营的不稳定，加之女装的款式变动非常大，每个订单涉及的生产环节又各不相同，规模越大意味着投入成本越大，风险也越大，因此康鹭片区的工厂老板抱着“做一天是一天”的心态，倾向于更加灵活的轻资产运营。

在康鹭片区，一条完整的制衣生产链被拆分成20余个细分环节，每个环节都由若干个规模极小的“蝌蚪工厂”组成，这些小型工厂通过紧密协作，达到了与大型制衣厂相似的生产效果。据调研，康鹭片区的工厂的年产值主要集中在10万~50万元区间，大约占被调研工厂的66%，年产值超过百万元的工厂仅占17%。

此外，康鹭片区还倾向于灵活用工，按件计酬。据调查，37%的工厂为自雇+短工计件的用工模式，雇用长工人数5人以下的工厂占46%。具体而言，制衣厂只有在从批发市场获取生产订单后，才按照订单所要求的生产种类、生产数量临时雇用工人，订单完成意味着合作关系解除。对工人的调研显示，83%的工人在一家工厂工作1周以内，52%工作不到一天即换工厂。据相关机构估算，康鹭片区非正规用工已经达到20万人。

灵活的经营模式催生了大量碎片化、临时化的生产、生活空间，巨量又频繁变动的空间使用主体让正规的管制手段无所适从，康鹭片区成为“脱嵌”的非正规空间。据估算，康鹭片区1km^{2}的土地上聚集了7000余家小型工厂①，调研中发现，将近40%的制衣厂经营面积不足100m^2，5m^2、10m^{2}的包纽扣厂、钉珠厂等“微型”配件厂更是密布整个片区。此外面向20万临时工人的居住需求，康鹭片区也演化出临时的居住空间——“十元店”，即以10元/天的价格出租床位的家庭宾馆。

三、反思与结论

近年来，国际国内发展环境发生了巨大的变化，中国面临“百年未有之大变局”。作为国家的立国之本和强国之基，制造业也在新的政治、经济和技术背景下悄然转型。因此，进行柔性生产转型背景下的空间响应和治理研究恰逢其时。

柔性生产转型阶段，生产企业开始直面不稳定的市场，它们不仅需要快速获取市场需求、快速组织生产，还要应对随时可能出现的无订单、无营收的状况，可以说，生产企业的生存逻辑发生了根本转变。面对柔性生产的信息、速度、风险三重挑战，康鹭片区的制衣业通过中心寻租、中心集聚和灵活经营应对，从而驱动了空间的非正规化。

对于城市管理者而言，既要充分认识柔性生产驱动下的非正规空间的内生性和趋势性，也要积极面对这一特定的非正规空间带来的治理挑战。

注释

①不同的报道不一样，侧面说明统计和管制难度。

参考文献

[1]MASON S O. Spatial decision support systems for the management of informal settlement[J]. Computer, Environment and Urban System, 1998(3): 189-208.

[2]UN-Habitat. The Challenges of Slums: Global Report on Human Settlements[M]. London: Earthscan Publication Ltd, 2003.

[3]ABBOTT J. A method-based planning framework for informal settlement upgrading[J]. Habitat International, 2002(6): 317-333.

[4]WEKESA B W, STEYN G S, OTIENO F A O. A review of physical and socio-economic characteristics and intervention approaches of informal settlements[J]. Habitat International, 2011(35): 238-245.

[5]CASTELLS M A. World underneath：The origins Dynamics and effects of the informal economy.[M]//Portes A Castells M and Benton L A. The Informal Economy：Studies in Advanced and Less Developed Countries Balti-more and London: Baltimore: The Johns Hopkins University Press, 1989. 11-37.

[6]黄耿志,薛德升.国外非正规部门研究的主要学派[J].城市问题,2011(5):85-90.DOI:10.13239/j.bjsshkxy.cswt.2011.05.017.

[7]DE SOTO H. Structural adjustment and the imformal sector[J]. Microenterprises in Developing Countries, 1989, 58(4):1-12.

[8]SASSEN S. New York City's informal economy[EB/OL]. UCLA: Institute for Social Science Research. (1988)[2019-02-10]. https://escholarship.org/uc/item/8927m6mp.

[9]MUKHIJA V, LOUKAITOUSIDERIS A. The informal American city: beyond taco trucks and day labor[M]. Cambridge, MA: The MIT Press, 2014.

[10]SASSEN S. The global city: New York, Tokyo, London[M]. Princeton: Princeton University Press, 1991.

[11]结绳志. 不稳定的悬浮，易碎的附近：康乐村调研[EB/OL]. [2022-11-18]. https://mp.weixin.qq.com/s/TkzTH5KX03gUKm36x63P4Q.

[12]高慧智. 移动互联网时代柔性生产的边缘重构与边界治理——基于广州市的实证[C]// 2023中国城市规划年会论文集. 北京：中国建筑工业出版社,2023.

作者简介

张　佶，广州市城市规划勘测设计研究院创新中心副主任，高级工程师；

高慧智，广州市城市规划勘测设计研究院创新中心城市规划师；

林晨薇，广州市城市规划勘测设计研究院创新中心城市规划师；

招　晖，广州市城市规划勘测设计研究院海珠分院高级工程师；

王雪婷，广州市城市规划勘测设计研究院海珠分院城市规划师。

城市更新背景下历史地区形态变化干预的逻辑方法体系刍议
——基于上海和伦敦高度管理的实践比较与反思

Research on the Intervention Logical and Method System for Change of Urban Form in the Historical Area Under the Background of Urban Regeneration
—Comparison and Reflection Based on Height Management in Shanghai and London

陈 鹏
Chen Peng

[摘 要] 文化已经成为目前全球城市竞争力的新维度，而富有底蕴特色的历史地区是彰显城市文化魅力的重要载体。本次研究结合目前我国"以适度增量换品质"的城市更新导向，反思上海目前历史地区更新中高度等形态变化失控、整体风貌格局碎片化的问题和原因，比较伦敦在更新发展中建立全域风貌特征分区、构建视线管控框架、聚焦肌理体块管控的高度干预管理经验。研究提出历史地区更新中对建筑高度变化的干预应以"彰显城市风貌特质和整体高低格局特色"为目标，形成包括历史性城镇景观、现代城市设计理论、类型学的理论基点，构建包括生长脉络、价值判读和系统融合"三位一体"的逻辑体系，在城市宏观、街坊和地块中观、建筑微观三个层面创新可以融入国土空间规划体系、衔接实施，传承历史文化、复兴功能、延续活力，实现更新发展目标的干预技术方法体系。

[关键词] 历史地区；城市更新；形态管控；逻辑体系；方法体系

[Abstract] Culture has become a new dimension of the competitiveness of global cities, and the historical areas with rich characteristics are the important carriers to highlight the charm of the cities. The research reflects on the problems and causes of uncontrolled form change in the historical area of Shanghai which damage the overall urban landscape and a fragmentation in the culture sensation. In combination with the current urban regeneration orientation of moderate increment for quality in China, the paper also compares the urban form management experience of London in establishing the comprehensive urban feature analyze, building the sight control framework and focusing on the texture and form control in the process of regeneration and development. It proposes that the intervention of height and form change during the regeneration of historical areas should aim at highlighting the unique characteristics of urban landscape, and form a theoretical basis point including historical urban landscape, modern urban design theory and typology, building a logical system that includes the trinity of context development, value interpretation and system integration. It provides an intervention technology and method system at three different scale levels which can be integrated into the planning system, link up the implementation, inherit the history and culture, revive the function, continue the vitality, and achieve the comprehensive goal of urban regeneration.

[Keywords] historical area; urban regeneration; form control; logic system; methodology system

[文章编号] 2023-93-P-057

富有特色、吸引力的城市建成环境是全球城市文化软实力的象征，也是吸引人才、彰显城市魅力的重要维度。伦敦、巴黎、东京等历史资源集聚的全球城市都提出了要积极发挥历史资源优势，结合建筑高度、形态上具有辨识性的地标建筑，打造具有标志性的城市景观。随着保护理念和价值观的逐步完善，保护对象的空间范畴也从建筑单体、街区向城区乃至遗产城市拓展，而如何兼顾保护和地区更新发展的要求，有效引导新建、改建活动，促进风貌的新旧融合是许多遗产城市需要直面的难题。

近年来国际国内都开展了许多聚焦历史性城镇景观方法体系的创新和实践。而更新后形态的变化尤其是历史地区的高度调整是国际和国内保护领域关注的焦点。2017年维也纳历史中心因为一栋66m的新建高层对整体景观和价值的负面影响而被列入"世界濒危遗产名录"。

我国北京、上海、广州等既是全球城市，也是历史文化名城。在城市更新背景下，这些城市如何加强对历史地区高度调整等形态变化的干预，塑造新旧风貌协同的风貌特色，加强历史文化传承，讲好城市故事、中国故事，成为需要迫切寻找答案的难题。但相关干预方法的理论、逻辑体系研究一直是我国当前研究领域的空白，亟待补充完善。

一、研究背景：保护和更新工作"一体两面"

1.整体保护价值观下的城市即"老城"

2022年是我国历史文化名城保护制度建立40年，随着保护理念和价值观的完善，我们对城市历史文化遗产的理解和认识也更加全面。许多城市都提出要建立"要素全囊括、空间全覆盖"[1]的保护传承体系，将近现代、当代建设成就的事件、建筑和地区都纳入了保护对象和空间范畴，其中不乏多层住宅，工业遗产、大型市政、交通设施甚至现代高层建筑。可以

1-2.高层对维也纳历史中心的影响示意图

3.上海中央活动区（CAZ）与历史城区的空间关系图
4-5.上海历史地区形态干预的规划方法图

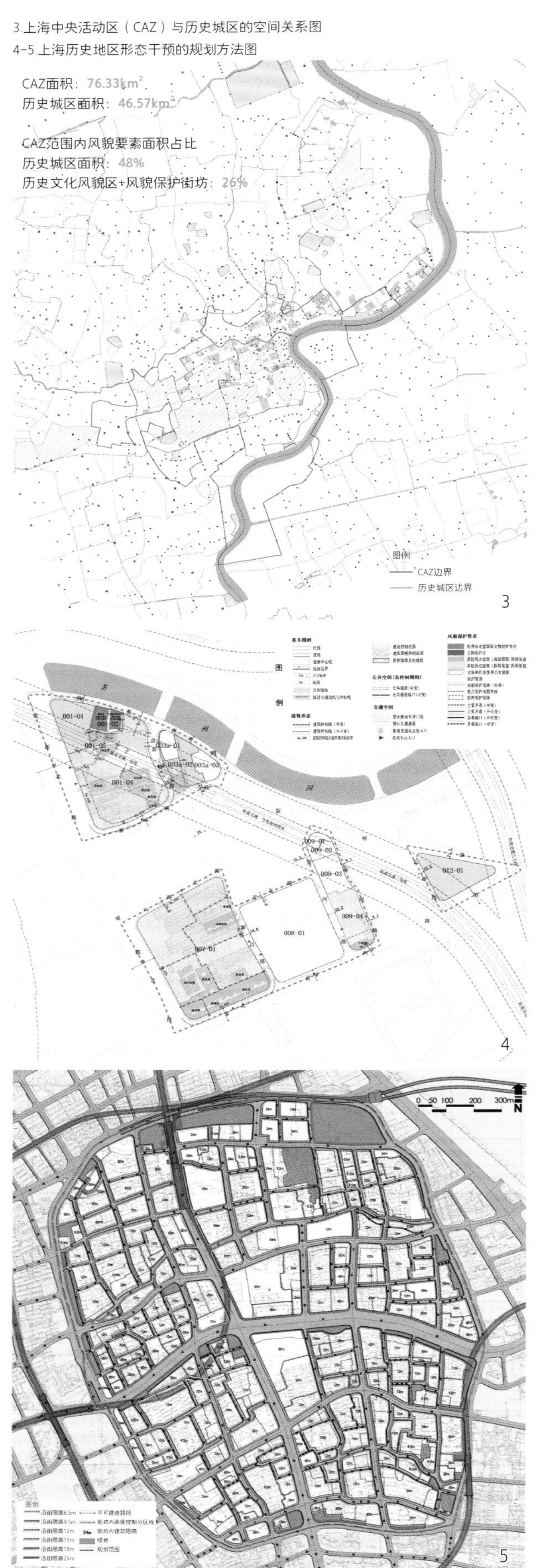

表1　　我国城市更新地方立法中相关条文

《上海市城市更新条例》	《北京市城市更新条例》	《广州市城市更新条例》
第二十八条 开展城市更新活动，应当遵守以下一般要求： （四）对地上地下空间进行综合统筹和一体化提升改造，提高城市空间资源利用效率； 第四十条 更新区域内项目的**用地性质、容积率、建筑高度**等指标，在保障公共利益、符合更新目标的前提下，可以按照规划予以优化。 对零星更新项目，在提供公共服务设施、市政基础设施、公共空间等公共要素的前提下，可以按照规定，采取转变用地性质、**按比例增加经营性物业建筑量、提高建筑高度等鼓励措施。** 第四十三条 ……城市更新项目实施过程中新增不可移动文物、优秀历史建筑以及需要保留的历史建筑的，**可以给予容积率奖励**	第四条 开展城市更新活动，遵循以下基本要求： （四）落实城市风貌管控、历史文化名城保护要求，严格控制大规模拆除、增建，优化城市设计，延续历史文脉，凸显首都城市特色； （六）统筹地上地下空间一体化、集约化提升改造，提高城市空间资源利用效率； 第三十一条 ……改建项目应当不增加户数，可以利用地上、地下空间，补充部分城市功能，适度改善居住条件，可以在符合规划、满足安全要求的前提下，**适当增加建筑规模**作为共有产权住房或者保障性租赁住房。 对于位于重点地区和历史文化街区内的危旧楼房和简易楼，鼓励和引导物业权利人通过腾退外迁改善居住条件	第十六条 在规划可承载条件下，对无偿提供政府储备用地、超出规定提供公共服务设施用地或者对历史文化保护作出贡献的城市更新项目，**市、区人民政府可以按照有关政策给予容积率奖励。** 第二十一条 城市更新项目实施方案明确的建设量与国土空间详细规划明确的建设量相较的节余量，由市、区人民政府统筹安排，优先用于异地平衡、项目组合实施、城市更新安置房、保障性住房、重大基础设施等公益性项目

说，历史城市的核心建成区即为需要加强整体保护传承的历史地区。

而对历史地区整体空间形态，尤其是高度的干预控制更是我国城市历史文化保护工作的“重中之重”，在2021年住建部关于在实施城市更新行动中防止大拆大建问题的通知中也提出需要保护老城尺度，严格控制建筑高度，最大限度保留老城区具有特色的格局和肌理[2]。

2.“以适度增量换品质”的城市更新导向

目前我国超大城市已经迈入了聚焦存量空间、精细化治理的更新发展新阶段，北京、上海和广州等城市都出台了促进更新活化利用的地方法律规章（表1），其中都提出可以对优化地区功能、空间品质，加强历史风貌保护的建设行为给予适当的容量奖励[3]。这些增量小部分通过配套的容量转移政策机制进行跨地区平衡或进入容量“蓄水池”，但大部分规模会直观地转化为地块建筑形态体量变化。同时增加服务设施和开放空间也必然会带来建成环境的形态变化。

而历史文化资源富集、同时范围也在不断扩大的历史地区正是最需要开展城市更新，优化功能、提升生活和环境品质的核心地区。

3.建立“彰显城市风貌特质和整体高低格局特色”为目标的干预方法体系

本次研究在整体保护理念下历史地区空间范围不断拓展、历史地区通过城市更新提升品质诉求愈发强烈的背景下，总结过去实践中的问题，学习全球城市的实践经验，探索如何以“彰显城市风貌特质和整体高低格局特色”为目标，更好地干预更新带来的建筑高度及形态变化，创新建立融入国土空间规划体系、衔接实施的历史地区建筑高度和形态干预的逻辑和方法体系，助力上海等全球城市在可持续更新中更好地彰显历史风貌特色，提升文化魅力和综合竞争力。

二、上海历史地区更新中形态“失控”的困局及反思

上海是国家第二批历史文化名城，有着丰富的历史文化资源，同时也有着多元拼贴的城市意象。在2022年的世界城市日时，上海市委书记陈吉宁就提出，“城市，让生活更美好”是上海发展的重要理念，“这里有着多姿多彩的高品质生活，摩天大楼与里弄小巷交织，文艺范与烟火气并存，博物馆与咖啡馆毗邻，让人充分感受现代文明和传统文化交相辉映、相得益彰”。

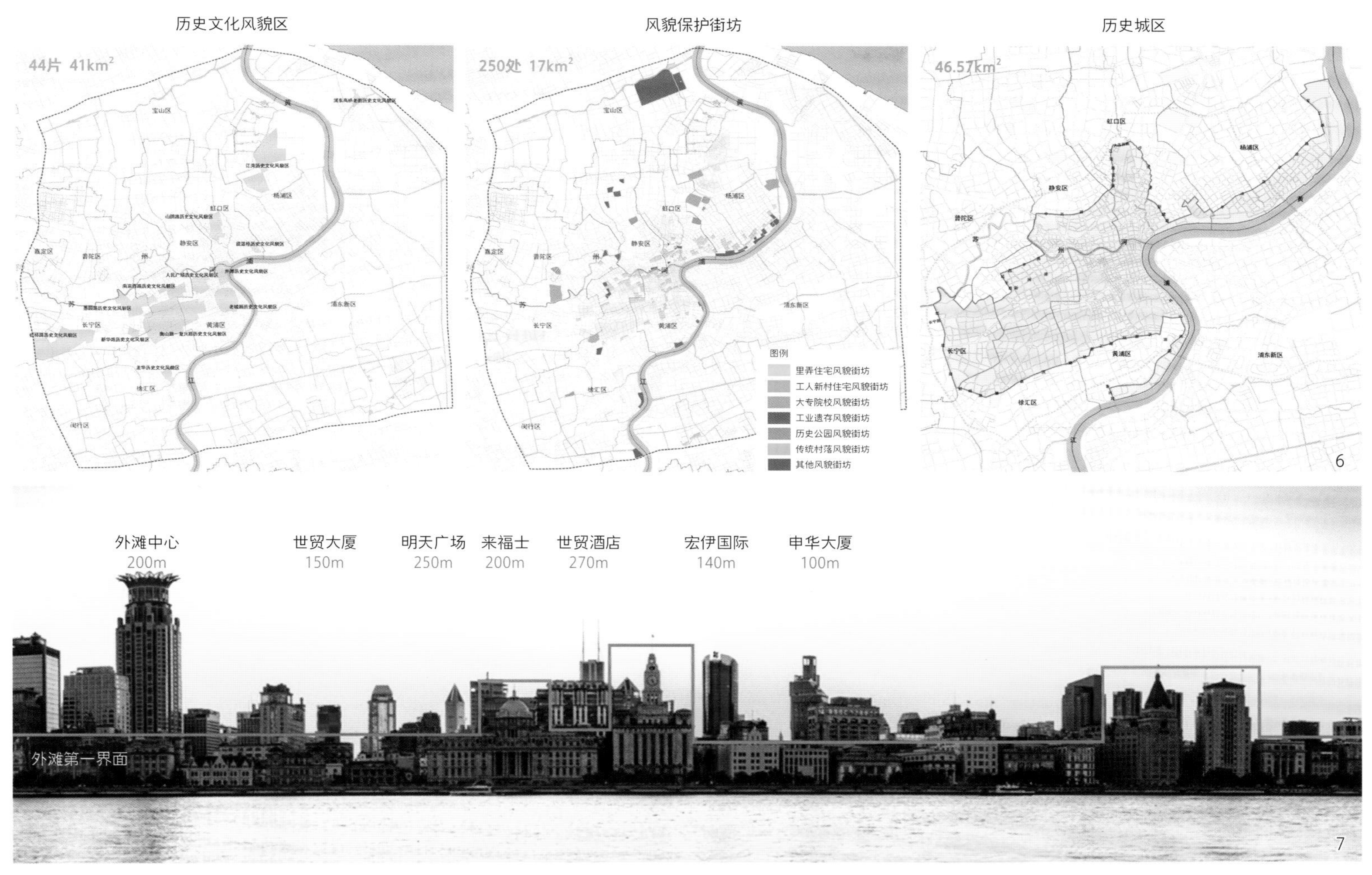

6.上海历史风貌整体保护的历程示意图

7.早期无序高层对外滩等重要城市景观界面的影响示意图

1.从历史风貌区到历史城区：保护和发展的空间竞夺

2003年开始上海划定了中心城12片、郊区32片历史文化风貌区，加强对“历史建筑集中成片，建筑样式、空间格局和街区景观较完整地体现上海某一历史时期地域文化特点的地区”[4]的整体保护。

2016年起上海提出在城市更新建设中要从“拆改留”改为“留改拆”，鲜明地亮出“整体、成片保护”的旗帜，并在外环线内公布了两批250处约17km²的风貌保护街坊，聚焦对石库门里弄、工业遗产、大型公共建筑等体现城市风貌基底和特色要素的抢救性保护[5]。

2017年“上海2035”第一次提出了以1949年城市建成区为基础，总面积约46.57km²的“历史城区”，这其中既有低层的成片石库门里弄建筑、外滩小高层为主的近代公共建筑群、多层为主的工人新村，更有体现改革开放成就的高层建筑。

“上海2035”也第一次提出了以外滩—陆家嘴地区为核心，集聚国际金融、贸易、航运和总部商务等全球城市功能，以世博—前滩—徐汇滨江地区引领创新、创意、文化等全球城市功能集聚，面积为76.33km²的中央活动区，其中历史城区面积约占一半，并有超过四分之一的范围为历史文化风貌区和风貌保护街坊。

这些相互叠加的城市空间成为了历史风貌整体保护和更新发展相互竞夺的空间“战场”，而历史地区建筑高度、形态的改变成为最显性和直接的结果。

目前上海历史地区的建筑高度通过规划和建管两个层次控制。规划层面在保护规划或控详规划中以地块为单位，明确规划地块高度和沿街建筑高度，结合反映城市设计意图的附加图则控制高层建筑具体的可建范围。在建管阶段，可以依据实施方案明确具体的建筑高度指标。

2.上海历史地区的高度和形态“失控”

从整体保护视角来看，上海历史地区更新发展中已经出现以建筑高度为代表的形态“失控”的问题：

首先是一些早期建设的高层建筑和大体量建筑缺乏从景观和空间格局的整体考量，相对无序性和随机性的布局，对风貌整体性、感知连续度，城市重要景观界面或重要视点带来了较大负面影响，导致风貌意象碎片化。

其次是早期对历史文化遗产价值认识不足，导致在法定规划编制中忽视了对里弄、工业遗产等的保护。例如新增里弄类型的风貌保护街坊在2009年中心城控规编制全覆盖工作中，完全没有考虑保护保留的要求，失配的功能植入、过高的容积率和规划建筑高度对更新中落实整体保护、开展抢救性保护等工作带来巨大困难。

再次是新旧风貌的冲突。缺乏对新建改建活动的控制引导，导致关键感知点位上的肌理类型、体量和形态突变，破坏了人群对历史风貌、公共活力的感知体验。在金陵路沿线、老城厢地区机械化地将历史风貌表面化、符号化作为更新保护的核心手段，“部分

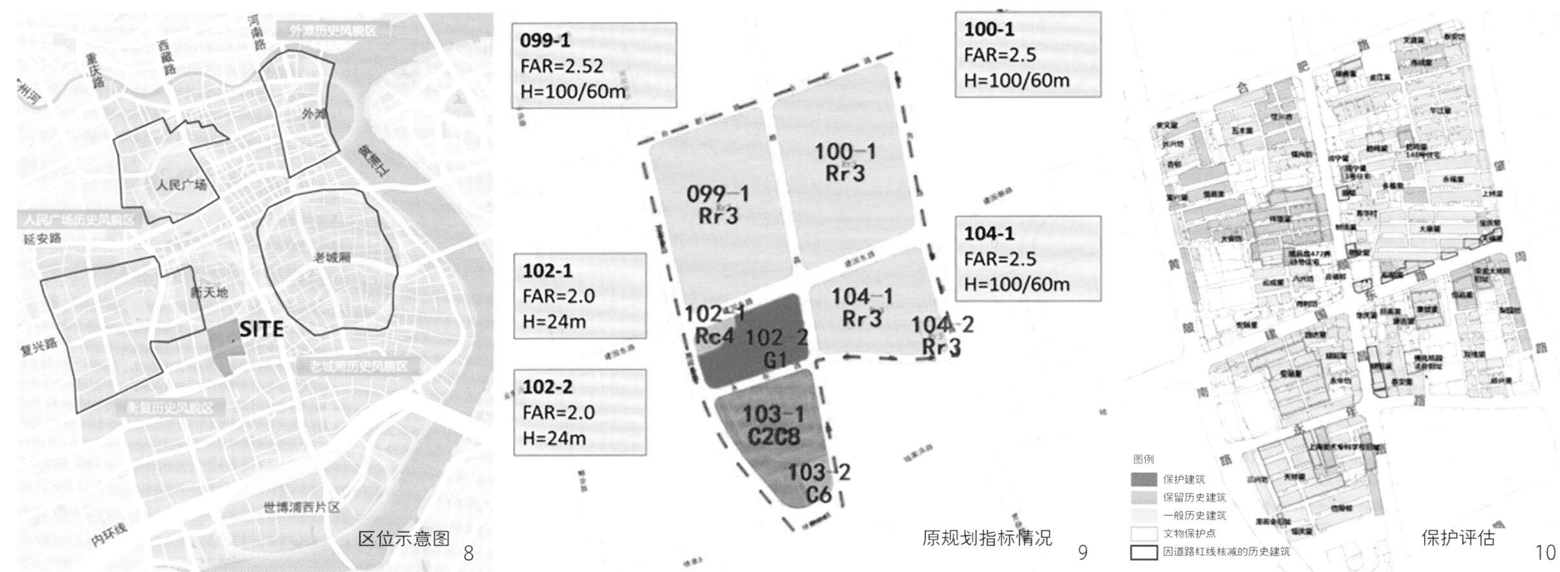

8-10 既有规划指标中缺少对历史文化的传承示意图

保留历史建筑残破的躯壳”[6]，实则整体拆除，将过去充满活力和烟火气的历史地区变成一种“物似人非”的布景式“城市景观”。

最后，近年来集中推进的成片旧改中，许多规划仍以经济价值为第一关注点，希望通过将里弄等居住类历史建筑全部拆平并改造为江南宅院风格的低层豪宅和超高层住宅建筑的组合，就地平衡旧改成本，这样的形态变化严重破坏了老城厢和周边地区的历史发展脉络、整体空间风貌特色和上海的文化根基。

3.原因分析

首先是没有以对历史文化价值的全面认知作为开展空间形态干预的重要基点。目前空间形态干预的逻辑体系和方法的短板都源于缺少对历史文化在上海城市更新发展中综合价值和带动作用的全面认知，往往只注重片面的经济价值，而忽视了文化、社会等综合价值。

其次是就物质谈物质，缺少对形态背后逻辑体系的思考。目前的形态干预多为单一、片面、表象特征为主的物质空间方法引导，没有全面深入挖掘历史地区形态生长、演化和形成，与城市功能、活力融合复兴，公共活动体验以及社区、场所精神传承关系的系统关系等内容，无法把握影响形态的关键要素。

再次是就地块谈地块，干预的指标体系的“颗粒度”不够。目前干预要素还是以规划地块为单位，包括传统的建筑高度、容量为主，管理的颗粒度、精细度都不能实现对历史地区丰富多样的形态肌理以及空间组合关系的传承。

最后，形态干预配套与治理机制和政策体系的契合度不足。历史城区的形态干预不仅是保护规划的“孤军深入”，更需要各方在标准规章、配套政策、管理平台和技术手段上的协同创新，形成合力。

三、伦敦：基于提升历史环境、提升空间特质魅力的控制引导

1.历史环境，实现“优质发展”目标的场所基础

从2008年起，英国历史文化的保护对象已经从登录建筑、保护区、历史古迹拓展到了更整体、全面的历史环境。伦敦范围内不仅世界文化遗产、登录建筑等高能级的保护对象密度高，最能集中、整体体现历史环境特色的保护区更是占到了大伦敦地区约三分之一的面积，且中央活动区更是几乎全部属于各类保护区。而历版大伦敦规划中提出的需要重点提升功能、业态、形象的战略机遇区与历史环境也有着很高的空间重合度。因此如何协调更新建设活动和历史环境的关系也是伦敦面对的问题。

2021年的《伦敦规划》提出“优质发展”（Good Growth）的目标，明确高品质的城市建成环境是伦敦作为全球城市综合竞争力的物质保障，需要发挥城市设计对空间布局、服务设施、历史风貌、住宅布局、开放空间等各个系统的整体引领作用[7]，重点关注两个方面：

一是发挥伦敦独特历史环境的“资源”作用。独特且不可再生的历史环境是伦敦参与全球城市发展竞争的重要战略资源，在促进城市经济、文化发展和提升市民生活质量方面有着积极的作用和意义。它们不仅属于伦敦，更是英国和全人类的瑰宝。保育历史环境的格局特色是维持伦敦可持续活力的“压舱石”。

二是以识别性强的高层现代建筑丰富城市天际线的层次。合理认识超高层建筑在塑造新地标，促进新旧风貌融合，营造具有包容性、丰富性城市意象的作用。重要战略机遇区域的高度或形态提升对促进更新功能要素集聚、推进地区整体更新都有着突出的作用。

2.基于全域风貌特征分区，提出高度布局的宏观导向

《伦敦规划》从地区发展历史脉络、社会经济情况、住房类型和分布、城市形态肌理和空间结构、交通体系和慢行系统、生态环境、历史遗产、自然地形、视线体系和未来发展诉求等要素开展地区特征分类，并提出不同类型地区对更新建设活动的敏感程度，以此为研究相关更新建设活动规划审批的重要依据。

基于特征分区，规划提出了不同地区差异化的基准高度控制要求和建议新增高层的引导，例如在伦敦金融城范围内需要控制的高层基准高度为150m，伦敦城范围内其他地区为30m，而泰晤士河沿线地区为25.6m。

规划建议未来新增高层应符合伦敦城市整体功能结构和空间格局，优先在亟待更新的“战略机遇区（OA）”和地区中心布局，并需要在规划申请中分析三大因素的影响：

视线因素，建筑（累积）视线、功能、环境上的影响；

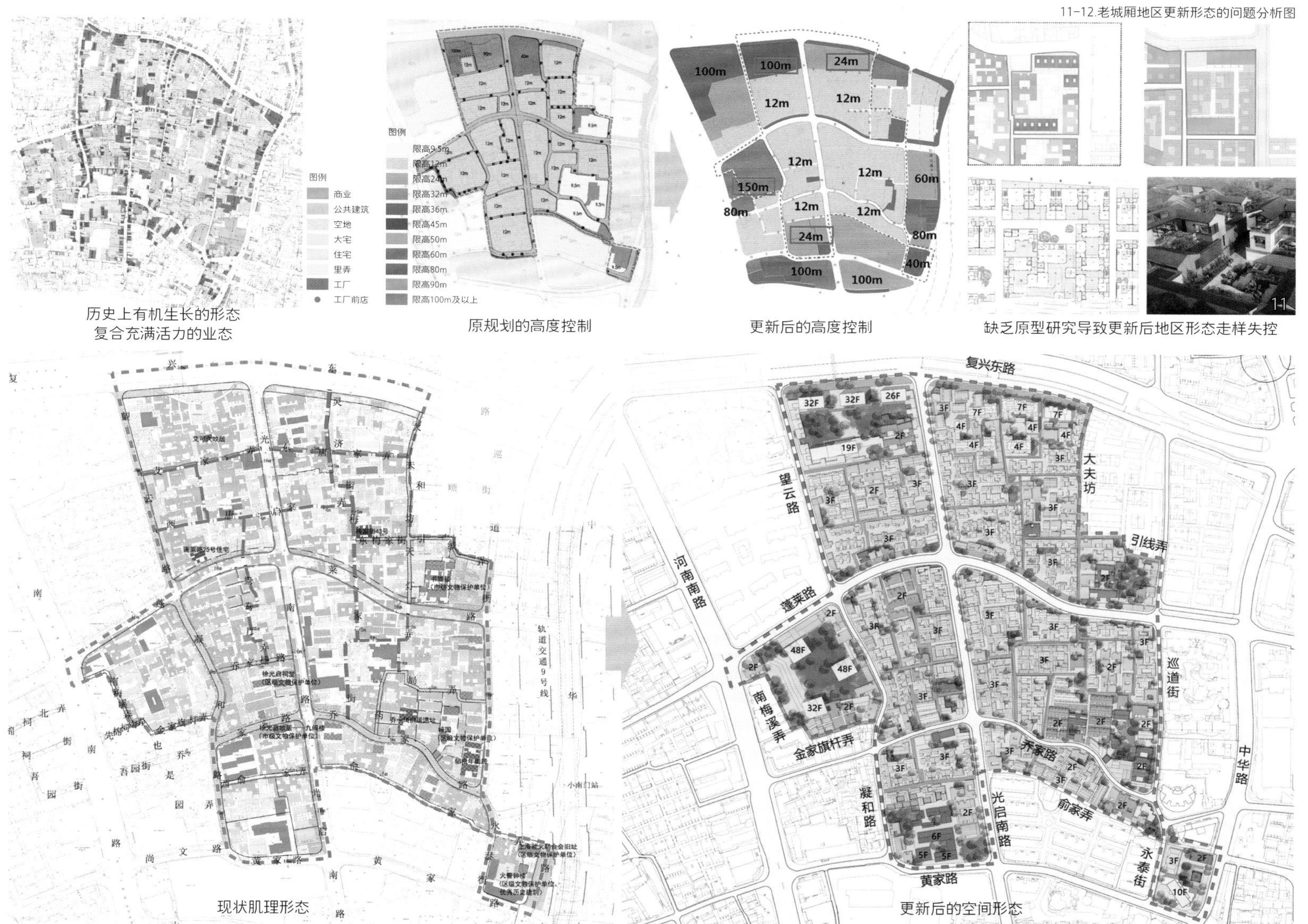

11-12.老城厢地区更新形态的问题分析图

①缺乏逻辑体系引导，导致整体高低格局失控，增加的高层建筑严重破坏风貌格局的整体性。②缺少系统认知，更新后单一的高档住宅功能破坏了地区过去充满活力的烟火气和场所记忆。③缺少对地区发展脉络的梳理，仅关注围合式、庭院式的建筑组合模式的机械化延续。更新中改变了地区有机生长的脉络和公共活动的体验方式，更是试图通过宽阔的道路、绿化带、街头绿地等不属于地方西方设计要素去阐释传统江南城厢的生活图景。该处老城厢范围内的项目集中体现了上海目前更新中形态变化的各类问题，对城市未来发展带来了巨大的影响，破坏了老城厢作为上海文化根基的地位。

12

功能因素，对地区更新、住宅供给、经济发展的贡献度；

交通因素，公共交通的支撑服务能力。

对新增高层建筑的景观和形态影响，规划提出不仅要分析单体的影响，更要研究和既有高层叠加后对整体景观、生态环境、交通承载的影响。在建筑层面必须开展三段式分析：

顶层部分重点控制建筑高度，屋顶形式以及与周边城市天际线的关系；塔身部分分析与周边街坊地块、街道的关系，研究日照、风向、视线的影响；最后在近人的低层沿街区域，研究与街道轮廓、公共界面的关系，确保提供一个集约、有趣、舒适的步行环境体验。

3.构建保护城市重要景观意象感知的视线管理体系

为了更好地阐释伦敦独特的历史意象，加强对风貌的感知，在基准高度基础上，伦敦建立了保护特色全景、重要城市标志建筑群和背景景观、泰晤士河沿线景观感知的视线管理框架。

视线管理体系重点控制三类战略景观视点：对体现伦敦城市景观全景的视点，强调保护景观的整体性，视域内整体空间格局、肌理形制应统一协调，符合发展脉络，不应发生过度突变；对市域内重要的标志性视线廊道要严格控制引导两侧高层建筑的位置、布局和数量，避免造成“峡谷效应”。第二类是城镇景观或线型景观的视点，通过对目标被视点周边环境和两侧建筑的控制引导，减少新建活动影响。最后一类是泰晤士河沿线的试点分析，强调分析更新活动对沿河带状视野的影响，重点聚焦前景、标志建筑和背景景观的整体协调。

管理的具体方法是管理视点和战略地标之间的线型视线廊道和地标背后的整体背景协调区，确保更新建设活动不破坏或者可以增加可识别性、辨识性，为凸显战略景观标志提供积极的作用；在视点前景和中景范围内的建设活动不可以影响或者加剧既有景观体验问题的严重性；位于远景范围内建设活动不可以破坏整体景观的完整性和场所文脉特征。

4.从建筑单体到地块肌理，加强历史环境整体保护的类型学角度干预

为了更好地协调更新建设和历史环境的有机融

13.地块层面：上海历史地区形态变化的三种模式示意图

14.地区层面：上海历史地区形态“失控”的情形示意图

15-16.历史地区旧改中对历史风貌整体性的破坏示意图

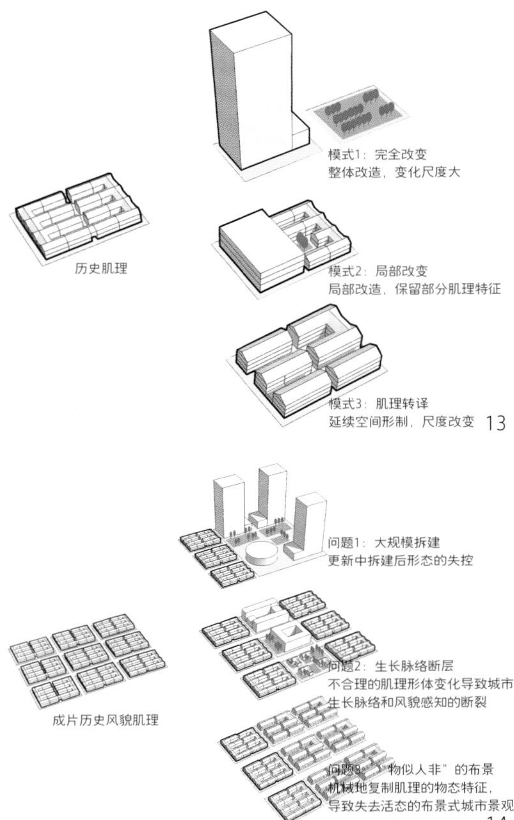

合，传承彰显魅力的风貌特质，伦敦提出更新建设的方案不仅要满足整体高度格局和视线控制体系的框架，更需要在分析中将干预视野从建筑单体提高到对地块三维空间肌理的类型学分析，比对形态变化对周边功能业态、空间结构、肌理形式和组合的影响，要求必须符合地区特色的基本空间“原型”，延续建筑和空间组合布局，与周边公共活动的融合，重要活力界面的位置和布局以及人视角对地区风貌特质的整体感知。

正是通过城市宏观层面多系统、全覆盖，融合功能提升和风貌保育要求的整体格局管控、重要视线管理体系的建立以及促进新形态变化融入历史环境发展脉络的类型学干预方法，伦敦实现对历史地区更新建设的有效干预管理。

四、历史地区形态干预逻辑体系的构建

未来城市更新背景下，对城市存量空间资源挖掘再利用和适当奖励是实现功能复兴、改善民生、提升环境品质等目标的重要方法。高度固然是对历史地区最直观、最敏感的影响要素，但是通过对上海反思和伦敦经验总结，需要对更新诉求最集中的历史地区建立不仅局限在建筑高度，还对空间形态变化有所关注的干预体系。

1.明确干预的理论基点和原则

（1）理论基点

首先梳理形态干预应遵循的理论基点。

历史性城镇景观：历史性城镇景观是指文化和自然价值及属性在历史上层积而成的城市区域，在内涵和空间范畴上超越了过去的历史中心，包含更广泛的城市背景及其地理环境。其理论体系和方法论强调关注城市遗产的历史性和动态形成过程，将“过去的”遗产置于当代城市发展的整体框架，面向未来的动态性城市可持续发展。

现代城市设计理论：汲取传承现代城市设计理论体系的精髓。在宏观和中观的空间层面都要关注区域、地标、廊道、界面等重要城市设计体系性要素，同时在微观层面注重人对城市特色、历史风貌的感知和体验，保护传承近人空间的尺度、功能和公共活动发生和体验方式。

类型学的思考方法：需要深入挖掘历史地区空间形态形成背后的文化、艺术、社会、经济、法规和技术标准等多系统成因，从类型学的视角提炼“原型”，作为后续干预方法的“基因单元”。

（2）“五个融入”的原则

历史地区空间形态更新需要遵循以下原则：

融入城市的总体发展目标、功能定位和空间结构；

融入城市完整的生长脉络，强调时空的延续性，完整讲述城市故事；

融入整体景观格局，塑造更具特色、意象鲜明的风貌特征；

融入公共活动体系，保持功能混合度和多样性，传承人们对历史风貌的感知和活力；

融入社会网络体系，延续场所精神和具有烟火气的市民日常生活图景。

2.建立“三位一体”的干预逻辑体系

（1）生长逻辑体系

以生长逻辑体系认知形态的原型。形态是由外部环境和内生逻辑，在完整时间线上共同作用后的空间印记，也是承载功能发展、规划设计、生活情态的重要物态体现，也是干预管控的逻辑出发点。干预应以地块为基本单元，分析其所处历史空间在城市历史发展脉络中生长形成的过程，提炼原型和影响因素的外部动因和内生逻辑。

外部动因是指影响形态产生和变化，人与建成、自然环境不断互动的外部环境要素，包括城市和地区定位、发展方向、山水环境和宏观尺度，规划理念，社会、经济、产业情况和背景，市民生活习俗和活动模式和自然或不可抗力因素的影响等。

内生逻辑是在街坊和地块内部构成场所特质的因子，包括地块划分方法，功能布局模式，空间营造理念，规划管理要求、法律法规、技术标准等。

通过逻辑体系构建，明确形态的基本原型、构成因素以及应对更新变化的应激能力。

（2）价值框架体系

在更新背景下，以价值框架体系作为判断形态变化必要性和导向的重要准绳和思考原点。

形态的内涵价值主要包括要素自身蕴含的历史、艺术、科学和使用等价值；外延价值主要为形态要素和城市更新发展相关的文化、社会、教育、经济、风貌景观等方面的价值。

价值框架主要从更广泛、综合的视角去权衡形态变化后的影响情况，更好地发挥保护传承对更新发展、社区复兴、提升综合竞争力的带动作用。

每个更新项目都需要通过相应的价值判定体系进行权衡。

（3）系统层级体系

通过对上海目前历史城区形态“失控”问题的

肌理类型	居住	商业	展示	商务	休闲	其他公共服务
独栋式	○	○	√	√	√	○
散点式	√	○	○	○	√	×
行列式	√	×	×	×	○	○
围合式	√	○	○	√	○	○
组合式	×	√	√	√	√	√

肌理类型	独栋式	散点式	行列式	围合式	组合式
独栋式	×	×	○	√	√
散点式	×	○	○	√	√
行列式	○	○	○	√	√
围合式	√	○	√	√	√
组合式	√	√	√	√	○

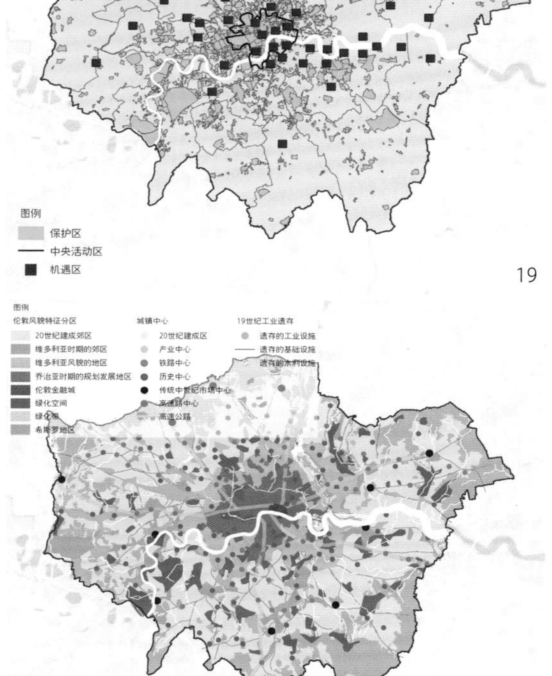

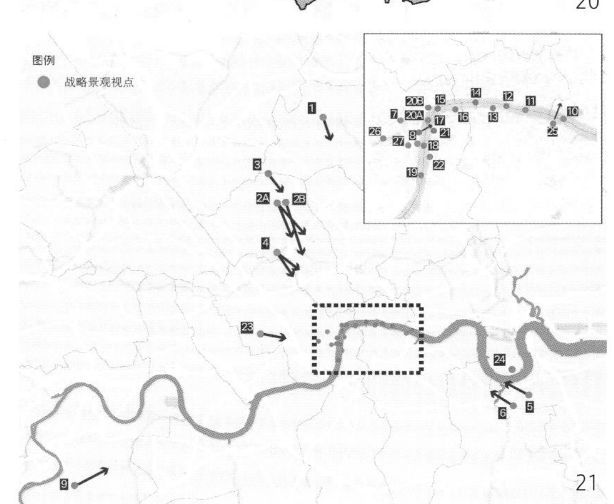

17.肌理组合、功能匹配的引导示意图
18-19.伦敦历史环境要素和战略机遇区的关系图
20.伦敦全域风貌特征分区图（材料来源：作者译自《伦敦规划》）
21.伦敦视域管控框架图（图纸来源：作者译自《伦敦规划》）

经验分析，可以发现单一的规划高度指标管理不能应对历史地区更新的需求，需要跳出传统“以形态论形态”“就保护谈保护”的思维模式，加强空间景观和城市社会、文化、经济、居住等系统的整体协同，建立多系统、多层次的干预方法体系。

方法体系需要拓展空间范围，基本控制单元从过去的建筑单体扩大到地块和街坊，从发展脉络完整时间线的角度，整理变化逻辑、提取基本原型、挖掘特质基因要素并分析应激能力，依据价值框架体系，将形态的规划指标从数字拆解为包括功能、公共活动、空间肌理等更系统复合的管理要求。

五、历史地区形态更新的干预方法创新

结合三位一体的逻辑体系，可以从不同空间层级创新历史地区形态更新的方法。

1.宏观层级：价值判读，以整体格局形成形态更新的引导和基准

宏观层级是在城市或者地区空间范围内统筹历史发展脉络、功能结构布局、总体城市设计和城市更新行动计划等系统，提出整体空间格局管控的原则，明确风貌特色连绵、需要整体保护的区域，形成更新形态变化必要性和基准幅度的导向，并依托国土空间规划体系的统筹和传导进行具体落实。

例如针对上海目前旧改更新中形态变化失控的问题，在黄浦区等更新和保护要求冲突严重的历史地区补充完善宏观层级的研究。首先需要落实地区作为上海建设全球城市核心功能重要承载区、建设人民城市的功能布局和空间格局。通过对历史发展脉络梳理、场所特质分析，提出风貌连绵成片、需要提升历史魅力和文化感知度、进行整体保护的历史空间区域，提出分片区的基准高度控制要求，形成大尺度的高低管控引导。

同时结合黄浦江、苏州河等大型开放空间，豫园、城隍庙、文庙等重要地标视点，外滩、人民广场周边等重要城市景观界面，建立视线引导框架，通过高宽比、视线廊道和视点背景区的控制对更新形态变化提出引导要求。

宏观层面的管控引导需要通过国土空间规划体系和目前各个城市推进的地区城市更新行动方案具体落实。以上海为例，需要在区级单元规划中协调新增保护对象的要求和既有控详规划在高度、容量、功能、设施配套的指标矛盾，并在控详和实施层面深化落实。在市、区级层面，城市更新计划可以有效排摸梳理空间资源，通过开发权、规划容量转移来减少形态变化的区位和幅度。

2.中观层级：整体研究，聚焦形态原型的意义、演进过程和传承因子

街坊和地块的中观层级是历史地区更新形态干预中最需要加强研究的部分。在目前对地块和建筑的管控中，缺少对地区肌理形态形成背后生长逻辑和周边关系的思考，也会造成“物似人非”的街区布景化，效果和目标南辕北辙的问题。

因此在更新中必须结合历史脉络分析梳理，提出更新对象所处的街坊或地块在城市、地区、社区和市民等不同语境，在经济、社会、文化不同维度，在经历完整时间线后的定位、作用和意义。将更深入了解的场所精神，作为干预形态变化的基本原点。

分析地块或街坊与城市在功能、公共活动产生互动方法和区域，聚焦各类功能在平面、立体上的布局和复合形式，体验活力的重要地点和界面，公共活动的主要路径选择，从公共到私密如何实现功能和场所的过渡等，作为提炼形态原型，明确传承因子的基础。

中观层面的干预引导包括明确场所在各个系统维度的定位和意义，基本功能和混合功能的布

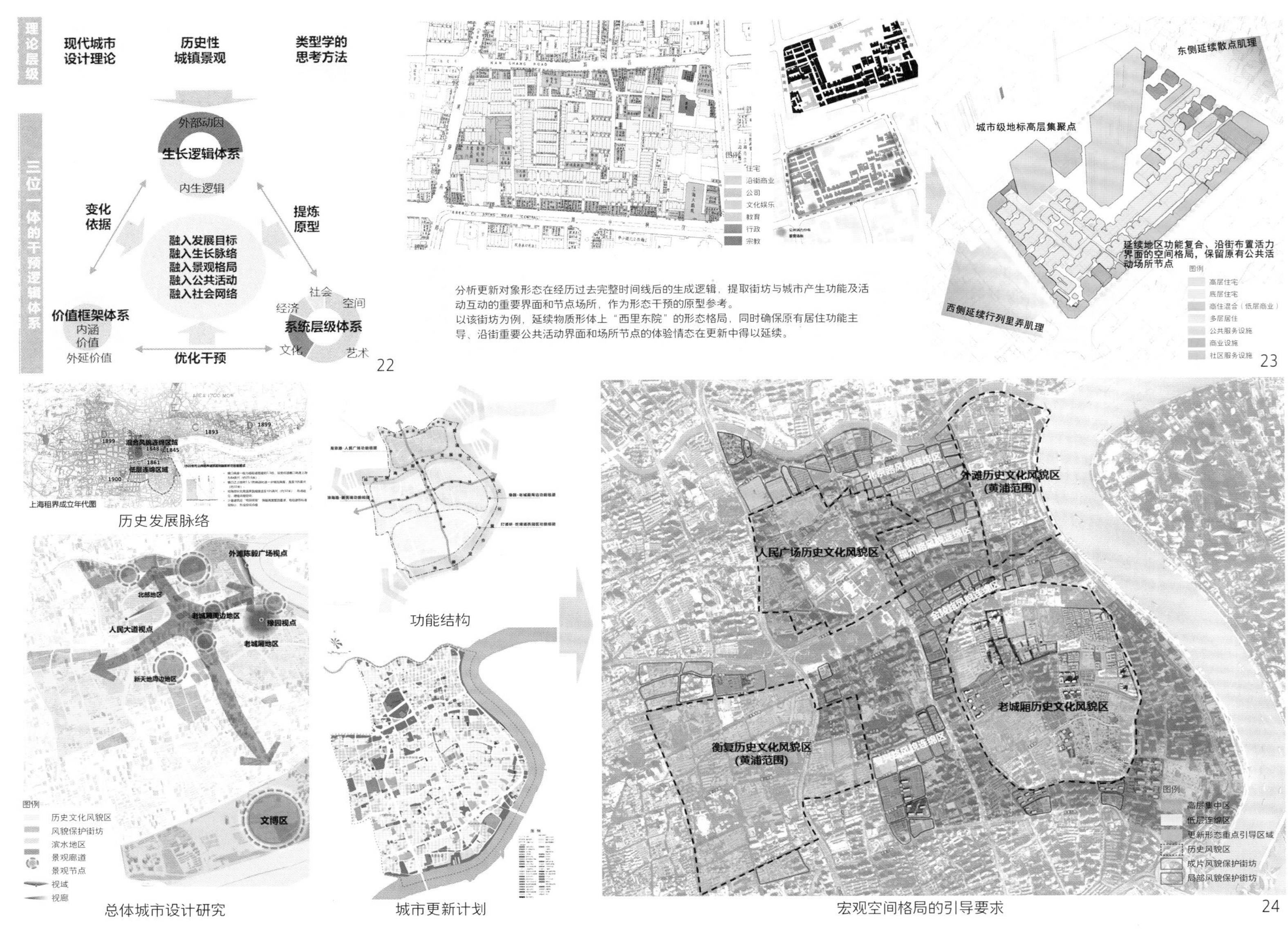

22.历史地区形态干预的逻辑体系图　23.中观层级格局引导图　24.宏观层级格局引导图

局方式，与城市活动体验相关的界面、地点等要素，旨在将形态变化融入地区整体有机生长，延续场所精神、风貌感知和公共活力。

3.微观层级：衔接实施，拆解原型的基因，综合系统的延续

在明确地区空间形态生成的逻辑后，微观层面需要以传承演绎特色肌理为目标，将过去基于建筑思维，传统、单一的规划高度、容积率等指标转译拆解为可以传承风貌特质、承载更新功能、延续场所感知的管控"工具包"。

针对上海历史地区可以将城市肌理类型总结为里弄的行列型、公共建筑类型的周边型和点状、江南传统住宅的宅院型、花园别墅为主的散点型等，同一种肌理类型也需要根据建造时期、区位条件、技术标准、建造工艺的差异进行细分。例如上海在老城厢周边地区、苏州河以北地区、衡复（过去法租界）地区的里弄住宅在建筑布局、空间尺度、组合形式、装饰细部、功能布局都存在一定差异性，因此更需要从类型学的角度提取形成管控要素。

基于肌理类型、价值综合评估以及形态特质对功能变化的应激性，采用整体更新、局部更新、微改造等不同干预程度的形态优化设计手法，加强更新功能和空间肌理的适配性的同时，减少形态变化后对风貌整体感知和城市整体景观意象的影响，甚至还可以通过新旧建筑的对比提供更积极的特色风貌。

在微观层面，对于形态管理需要更整体、精确地确保肌理特质的传承和演绎，同时更有效地衔接项目实施。例如上海通过体现城市设计理念的附加图则，以刚性数据指标、图面管理要素和弹性引导措施，明确更新对空间形态干预的幅度和底线，延续特色肌理[8]。

4.从规划指标到系统综合的完善配套政策

对历史地区更新中形态变化的引导不仅依靠规划指标和方法的创新，更需要建立完善的配套政策机制，包括：

容量转移政策，发挥规划的统筹平衡作用，创新跨区域、多主体协作的开发容量转移政策，重点完善价值评判标准和补充系数以及财政转移的政策瓶颈，形成市、区级的开发规模"蓄水池"，减少大规模开发对历史地区形态完整性的影响。

城市更新政策，将历史风貌保护作为城市更新奖

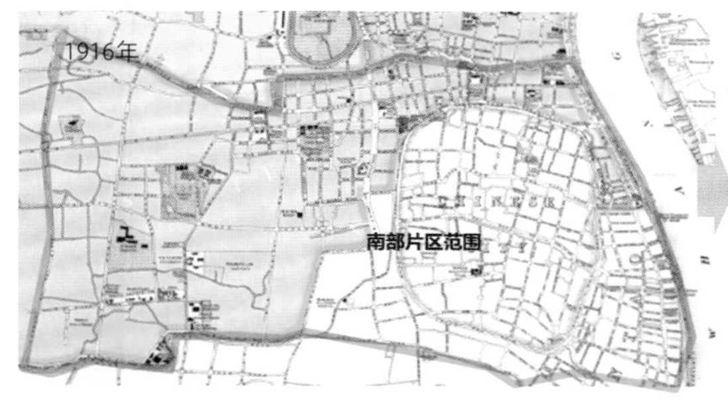

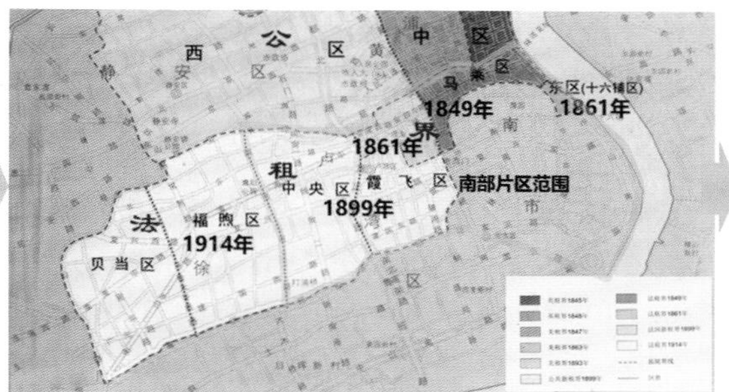

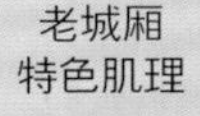

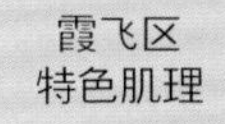

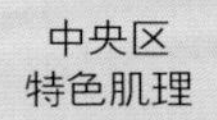

25.不同区域里弄肌理原型提取示意图

励的重要举措，鼓励对新增保护保留建筑活化再利用的相应奖励机制。

法规标准突破，将风貌区作为特定政策区，对涉及传承历史风貌特征、空间尺度、功能业态的建设标准、消防安全、道路设计、地下空间、绿化指标、设施最小规模等指标进行相应的突破或设立特别论证程序[9]。

三维模拟论证，发挥数字孪生城市等新技术的应用，从单一的视点静态管控，向重要风貌感知界面、路径的体验、巡游效果的模拟，减少形态变化对城市风貌感知的影响。

参与协同设计，建立多元主体参与、伴随式的治理平台，鼓励文化研究、社区居民、运营策划主体的全程参与，让形态变化和可持续的地区更新、功能提升和社区复兴结合更为紧密。

六、结语

城市是一个不断发展的有机生命体。正如卡尔维诺所述："城市不会泄露自己的过去，只会把它像掌纹一样隐藏，被写在街巷的角落、窗格的护栏、楼梯的扶手、避雷的天针上，每一道印痕都是抓挠、锯锉、刻凿、猛击留下的痕迹。"城市更新中历史地区的形态变化或许无法避免，也很难寻求平衡保护要求和更新发展诉求矛盾的"最优解"，但是希望可以通过逻辑体系构建和方法创新，更好地引导形态变化，传承历史风貌特质，全面提升城市的魅力、文化软实力和综合竞争力。

参考文献

[1]中共中央办公厅 国务院办公厅. 关于在城乡建设中加强历史文化保护传承的意见[Z].2021.

[2]住房和城乡建设部. 关于在实施城市更新行动中防止大拆大建问题的通知[Z]. 2019.

[3]上海市人民政府.上海市城市更新条例[Z].2022.

[4]上海市人民政府.上海市历史风貌区和优秀历史建筑保护条例[Z].2019.

[5]上海市人民政府.关于深化城市有机更新促进历史风貌保护工作的若干意见[Z]. 2017.

[6]阮仪三. 国家历史文化名城研究中心历史街区调研——上海市黄浦区金陵东路骑楼街[J]. 城市规划, 2022(10): 10003-10004.

[7]伦敦市政府. 大伦敦规划——大伦敦地区空间发展战略[Z]. 2011.

[8]陈鹏, 时寅, 潘勋.城市更新背景下对上海历史文化风貌区保护规划的再思考[C]//面向高质量发展的空间治理 2021年中国城市规划年会论文集.

[9]陈鹏. 新时期上海历史风貌保护地方立法初探——《上海市历史文化风貌区和优秀历史建筑保护条例》修订导向研究[J]. 上海城市规划，2018（2）:53-58.

作者简介

陈　鹏，上海市城市规划设计研究院历史文化名城保护规划研究中心规划总监，高级工程师。

践行“两邻”理念 打造全国城乡基层治理现代化标杆城市策略研究

Practice the Concept of "Building a Good-Neighborly Relationship and Partnership with Its Neighbors" Research on the Strategy of Building a Modern Benchmark City for Urban and Rural Grassroots Governance in China

盛晓雪
Sheng Xiaoxue

[摘 要] 本研究以社区空间治理为核心内容，践行习近平总书记提出的“两邻”理论，提出基层社区治理现代化的规划思路与策略。

[关键词] “两邻”社区；基层治理现代化；社区规划与建设

[Abstract] The proposed "Building a Good-Neighborly Relationship and Partnership with Its Neighbors" theory proposes planning ideas and strategies for the modernization of grassroots community governance.

[Keywords] "building a good-neighborly relationship and partnership with its neighbors" community; grassroots governance; modern community planning and construction

[文章编号] 2023-93-P-066

2022年沈阳市社科联课题：践行“两邻”理念 打造全国城乡基层治理现代化标杆城市策略研究（课题编号SYSK2022-01-072）

2013年8月30日，习近平总书记来到沈阳市沈河区多福社区看望居民，在与居民座谈时指出：“社区建设光靠钱不行，要与邻为善、以邻为伴。”践行“两邻”理念、推进城乡社区治理现代化、激发基层治理活力，是市委、市政府作出的重大部署，是推动沈阳产业、城市、社会发展与转型的基础工程，是新时代沈阳全面振兴全方位振兴实现新突破的重要实践。沈阳市对标北京、广州等城市基层治理的经验做法，立足沈阳基层治理实际，确定了打造全国城乡基层治理现代化标杆城市的总目标。

“与邻为善、以邻为伴”基层治理是一项系统工程，本研究从空间规划角度，研究“两邻”社区的建设范式，形成可复制、可推广的经验，深入推进全市社区治理体系朝现代化方向迈进。

一、政策解读

解读《中共中央 国务院关于加强和完善城乡社区治理的意见》《中共中央 国务院关于加强基层治理体系和治理能力现代化建设的意见》《住房和城乡建设部等部门关于开展城市居住社区建设补短板行动的意见》《“十四五”城乡社区服务体系建设规划》等国家政策文件，领会党的十八大以来党中央关于城乡基层治理的精神，把握工作方向。

目前，国家相关部委发布了社区生活圈规划、建设标准等规则和标准，自然资源部制定的《社区生活圈规划技术指南》，对城镇社区生活圈、乡村社区生活圈的要素配置内容和标准、空间布局提出了指引，住建部印发的《完整居住社区建设指南》，提出了完整居住社区的公共服务设施、便民商业设施、市政配套设施、公共活动空间、物业管理和社区管理六方面的建设标准和建设要求，沈阳市亟需结合城市特色制定地方标准和行动方案进行细化落实。

二、案例研究

研究上海、成都、广州、北京等国内社区治理方面有特色名片的城市，学习借鉴关于社区建设和空间治理的手段和方式。

上海市2019年开始选取15个试点街道全面推动“社区生活圈行动”。在2021年举办的上海空间艺术季期间，《“15分钟社区生活圈”行动·上海倡议》发布，进一步强化社区生活圈顶层设计，结合“上海2035”“一张蓝图”实施落地，进一步扩大全市“15分钟社区生活圈”覆盖规模，推动上海“人民城市”建设进入新阶段。

成都市以2016年《成都市民政局关于开展城乡社区可持续总体营造行动的通知》为开端，依托“三社互动”“院落自治”成果，启动城乡社区可持续总体营造行动，在全市100个社区开启“温暖社区”营造行动。2018年为推进城乡社区发展治理，发布城乡社区发展治理“1+6+N”政策体系的相关配套政策。从在全国率先成立城乡社区发展治理委员会，到推出极具含金量的“城乡社区发展治理30条”，探索出了一条从外来引入到本土内生，从参与陪伴到赋权增能的人人参与、人人尽责、人人共享的可持续社区治理之路。

广州在治理体系和治理能力现代化的大背景下，于2017年4月起在全市开展“四标四实”（标准作业图、标准地址库、标准建筑物编码、标准基础网格和实有人口、实有房屋、实有单位、实有设施）专项行动，目前已从全面建设转入全面应用、完善阶段，城市治理标准化、精细化、系统化、一体化、智能化进一步提升。

北京将责任规划师制度、成都将乡村规划师制度写入了地方城乡规划条例，通过法制化保证了规划师制度的实施效果。其中成都市2010年首创了乡村规划师制度，经过多年探索和经验积累，形成了刚性与弹性相结合的8项乡村规划师职责体系，乡村规划师驻镇开展工作，促进了镇政府规划职能的具体落实，乡村地区的规划、建设、管理水平得到了显著提升。

三、沈阳现状情况

为了使“两邻”理念落地生根，沈阳市坚持把“两邻”社区建设作为创新开展城乡社区治理的主线，成立践行“两邻”理念、推进基层治理现代化工作委员会，出台《深入践行“与邻为善、以邻为伴”理念推进城乡社区治理现代化专项行动方案》《沈阳市建设“两邻”社区分类实施方案》《沈阳

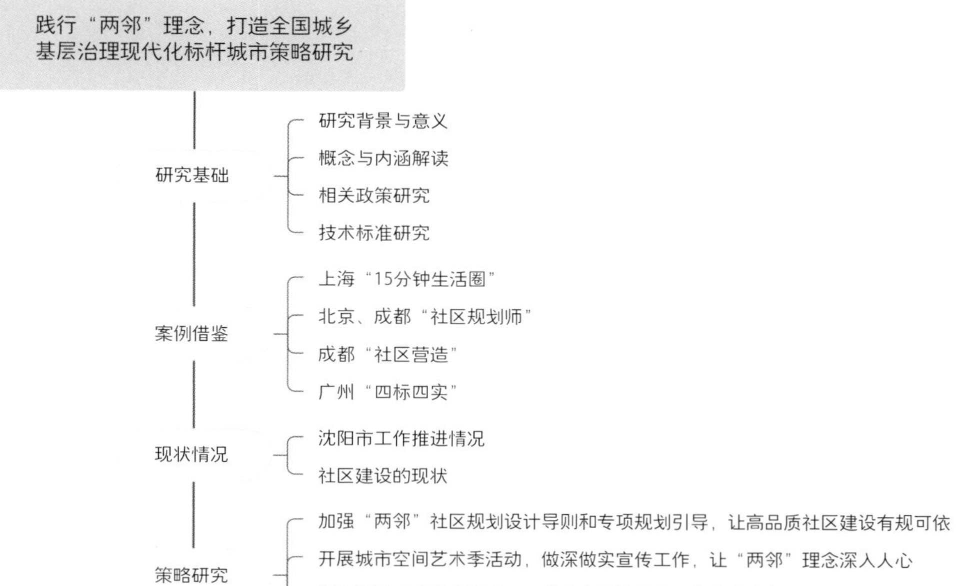

1.技术路线示意图

市社区建设促进条例（征求意见稿）》等多项工作方案和政策标准，全市社区统一推广使用“两邻”标识，每年举办沈阳市“两邻节”，逐步推进“两邻”理论的落实。

技术层面，2021年9月沈阳市商务局联合14个委办局，共同印发了《沈阳市一刻钟便民生活圈建设意见》，2022年2月，市城乡建设局发布了《沈阳市完整社区试点配套标准（试行）》，3月民政局发布了《沈阳市社区建设促进条例（征求意见稿）》，在技术规范上，明确了社区规划的作用和空间配套支撑。

实践层面，结合沈阳完整社区建设，重点开展社区的产业、文化、公共服务配套设施、交通、市政等方面的调研工作，以及老旧小区、城市更新、社区建设的政策、模式和资金筹措方式研究，总结“两邻”理论落地经验，提供策略研究思路。

四、策略研究

通过政策文件学习、先进城市案例借鉴、沈阳城市特色把握，初步提出沈阳市城乡治理的规划策略。

一是加强“两邻”社区规划设计导则和专项规划引导，让高品质社区建设有规可依。按照“全域有规划、行业有导则”指导思想，加快制定《沈阳市“两邻”社区规划设计导则》《沈阳市“两邻”社区建设标准》《沈阳市社区生活圈总体规划》等，为我市践行“两邻”理念、推进城乡社区生活圈分类规划建设提供具体标准和建设指导。对标先进、拉高标杆，加快推进“两邻”社区相关规划和《沈阳市“两邻”社区建设三年行动方案》制定，为我市建设青年友好型街区、人才成长型城市提供规划依据。

二是开展城市空间艺术季活动，让“两邻”理念深入人心。丰富和延伸我市“两邻节”内涵，开展沈阳空间艺术季活动，建议从8月30日“两邻节”开幕，持续到9月底，广泛运用实景体验、艺术宣传、学术研讨等多种形式，把“两邻”理念丰富起来，延续下去，营造人人关心、支持和参与社区生活圈建设的良好氛围，让全市居民切身感受到舒心就业、幸福教育、健康沈阳、品质养老的发展成果。同时，结合城市更新行动，通过运用“微更新”理念手法，盘活老旧小区的废弃锅炉房、棚改地块、违章建筑等无效、低效空间存量资源，拆违建绿，拆违建新，增加社区公共活动空间，营造可供体验、宣传、推广的社区场景，为我市的社区建设工作贡献规划智慧。

三是深入开展“蒲公英行动”，推进人民设计师工作走深走实。推进人民设计师制度化，建立常态化工作机制，加大选聘力度，增加人民设计师人员数量和社区覆盖，增强参与社区规划建设的深度和广度，充分发挥人民设计师的桥梁和纽带作用，推进公众参与，打通城市建设管理末梢。

四是统一全市各类社区层面管理单元，提升社区治理能力和治理体系现代化水平。以网格化管理、社会化服务为方向，夯实基层基础工作，科学划分小区网格等各类管理单元，统筹建立全市各部门相衔接的基层管理网格和综合服务管理信息平台，减少管理矛盾、节约管理成本、提高管理效率。推动将公安局的治安管理网格、民政局的社区管理网格等全市各个相关部门进行基层社会治理的“社区—网格”与国土空间规划体系的“控规单元—街区”相衔接，形成标准基础网格，实现“多圈合一”，改进社会治理方式，加强政府对城市的管理能力和处理速度，实现治理体系和治理能力水平进一步提升。

参考文献

[1]叶裕民. 首都超大城市治理相关概念解析[J]. 城市管理与科技, 2019, 21(6): 36-37.

[2]吴志强, 王凯, 陈韦, 等. “社区空间精细化治理的创新思考”学术笔谈[J]. 城市规划学刊, 2020(3): 1-14.

[3]刘佳燕, 李宜静. 社区综合体规建管一体化优化策略研究:基于社区生活圈和整体治理视角[J]. 风景园林, 2021, 28(4): 15-20.

[4]谭迎辉, 吕迪. 协同治理视角下国土空间规划实施机制构建研究[J]. 上海城市规划, 2019(4): 63-69.

[5]吴晓林. 治权统合、服务下沉与选择性参与:改革开放四十年城市社区治理的“复合结构”[J].中国行政管理, 2019(7): 54-61.

[6]夏建中. 从社区服务到社区建设、再到社区治理——我国社区发展的三个阶段[J]. 甘肃社会科学, 2019(6): 24-32.

[7]刘佳燕, 邓翔宇. 北京基层空间治理的创新实践——责任规划师制度与社区规划行动策略[J]. 国际城市规划, 2021, 36(6): 40-47.

[8]黄晓星, 蔡禾. 治理单元调整与社区治理体系重塑——兼论中国城市社区建设的方向和重点[J]. 广东社会科学, 2018(5): 196-202.

[9]刘佳燕, 沈毓颖. 社区规划:参与式社会空间再造实践[J]. 世界建筑, 2020(2): 10-15+139.

[10]赵孟营. 超大城市治理：国家治理的新时代转向[J]. 中国特色社会主义研究, 2018(4): 63-68.

[11]杨宏山.整合治理:中国地方治理的一种理论模型[J].新视野,2015(3):28-35.

[12]马卫红,桂勇,骆天珏.城市社区研究中的国家社会视角:局限、经验与发展可能[J].学术研究,2008(11):62-67+159.

作者简介

盛晓雪，沈阳市规划设计研究院有限公司编研中心高级规划师，注册城乡规划师。

沈阳老工业基地转型蝶变的城市更新行动探索

Exploration of Urban Renewal Action in the Transformation of Shenyang Old Industrial Base

李晓宇 王红卫 魏钰彤 叶生鑫
Li Xiaoyu Wang Hongwei Wei Yutong Ye Shengxin

[摘 要] 城市更新与现代城市发展是“如影随形”的伴生现象，城市生命体在发展演变过程中不断有内在的城市发展动力转换与外在的空间表征嬗变，二者共同构成城市更新的全部内容。本文以沈阳城市更新规划编制和试点城市实践探索为主要例证，研究当前我国城市更新的问题与挑战，探讨新时期更新理念、战略、体系与行动，为同时期同类型城市更新行动开展提供借鉴。

[关键词] 城市更新；转型；更新行动；沈阳市

[Abstract] Urban renewal and modern urban development are accompanying phenomena that go hand in hand with each other. During the process of development and evolution, urban life forms constantly undergo internal transformation of urban development dynamics and external spatial representation, both of which together constitute the entire content of urban renewal. This article takes the compilation of urban renewal planning in Shenyang and the practical exploration of pilot cities as the main examples to study the current problems and challenges of urban renewal in China, explore the renewal concepts, strategies, systems, and actions in the new era, and provide a reference for the development of similar urban renewal actions at the same time.

[Keywords] urban renewal; transformation; update action; Shenyang

[文章编号] 2023-93-P-068

1.1950—2050年中国人口与城镇化水平变化趋势示意图
2.沈阳城市更新民意调研报告若干反馈统计图

一、趋势背景

当前，我国城市发展进入“深度城镇化阶段”，实施城市更新行动成为国家“十四五”规划时期推动城市高质量发展作出重大决策部署。在生态文明宏观背景以及“五位一体”发展、国家治理体系建设的总体框架下，城市更新更加注重城市内涵发展，更加强调以人为本，更加重视城市功能结构的优化、人居环境的改善和城市社会经济活力的提升。由此，“城市发展建设的动力、动力机制均发生了变化，城市更新广义上不是一场建设行动，而应是城市治理行动”。在城市更新的探索过程中，北京、上海、广州、深圳、成都等城市率先投入城市更新项目的实操落地，并形成相应个性化的发展模式，积极推动城市高效能治理升级。

二、沈阳城市更新试点面临突出问题

沈阳作为东北老工业基地，建城早、规模大、人口多、城镇化水平高。截至2021年末，沈阳市常住人口达911.8万人，七普数据显示城镇化率达84.52%，集中建成区面积达570km²，城市发展由大规模增量建设转为存量提质改造和增量结构调整并重。但与北上广深等城市相比，沈阳还未形成清晰传导的编制体

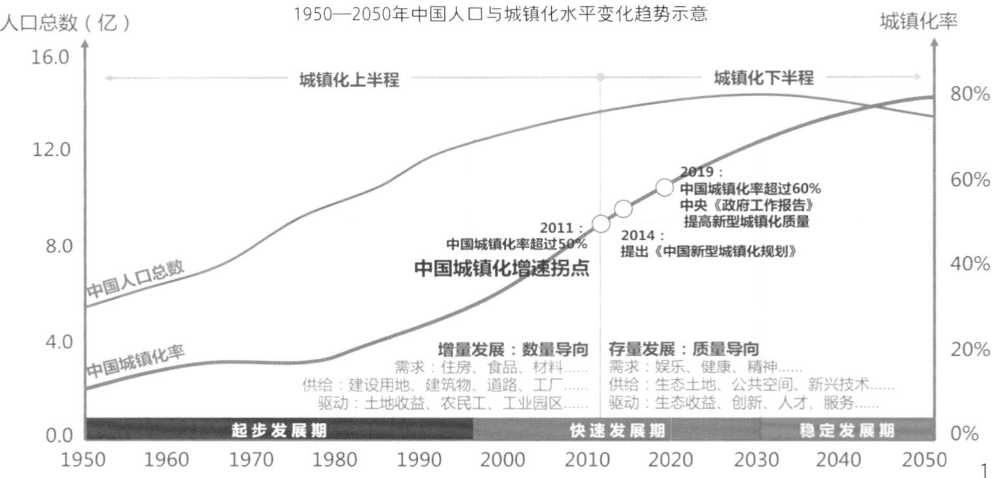

1

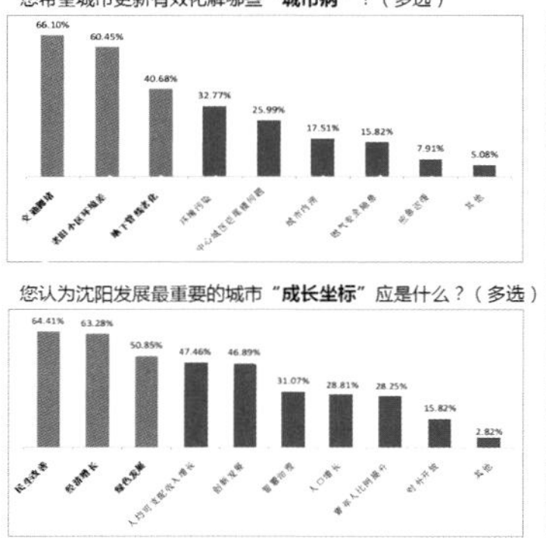

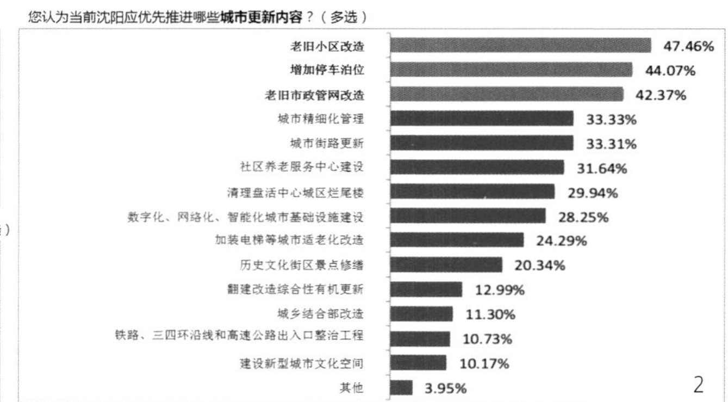

2

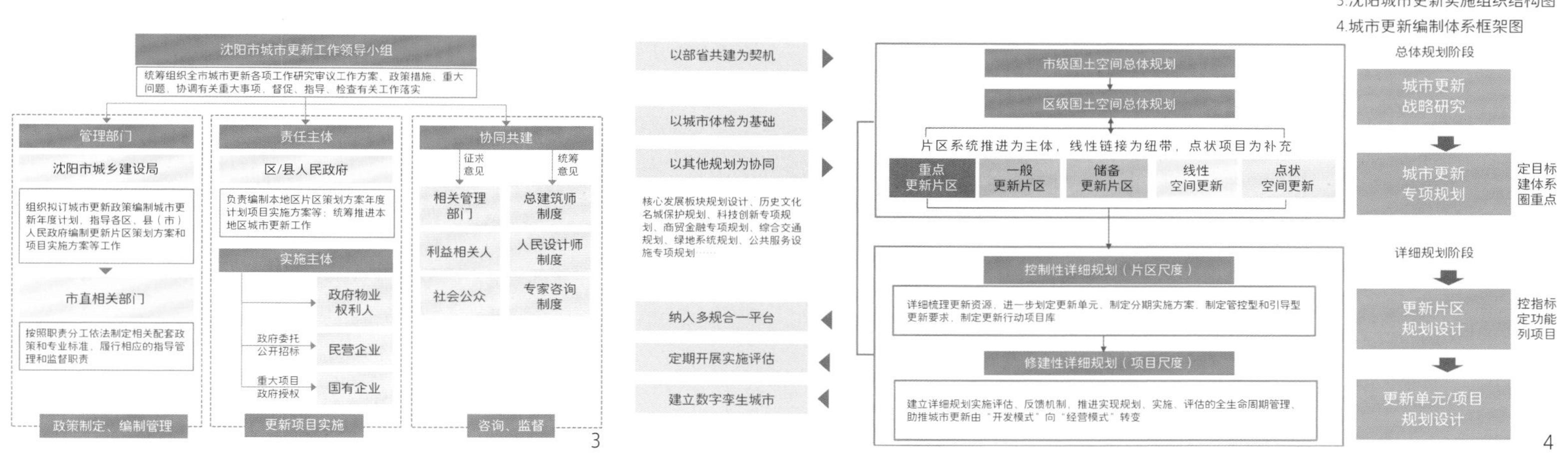

3.沈阳城市更新实施组织结构图

4.城市更新编制体系框架图

系、靶向对位的政策保障体系、流程完整顺畅的实施体系，如何处理老城保护与城市发展的矛盾，如何处理存量空间权益的“二次分配”，如何统筹“公共更新”和“自主更新”，如何激发企业的积极性、调动社会的参与性仍缺乏成熟经验。

1.政策盲点

新时期的城市更新需要统筹“经济业态、文化活态、空间形态、环境生态”全要素，但土地、财税、规划、建设、商务、文旅、消防、不动产登记等市直相关部门在城市更新政策方面还未出台。计划经济时代遗留下来的物业权利人的认定、界线、权属重新分配方式模糊，此外，涉及地块产权变更的情况是否需要重新收储出让并履行招拍挂程序，引入合作单位开发建设的情况是否采用定向挂牌方式供地，以及如何确定合作单位开发建设等问题尚不明确。

2.程序堵点

城市更新实施需要兼顾“评估、规划、建设、管理、运行”等全生命周期过程。在城市更新具体工作中，往往存在地块边界、开发容量、使用性质等指标调整难度大周期长的情况，也存在实施主体、功能定位、开发模式诸多不确定性情况，对容积率转移、奖励与交易等“包容性”审批方法路径不明。如何建立合情合理的城市更新公众参与机制，畅通利益相关人及公众的意见表达渠道，保障其在城市更新政策制定、规划编制、实施方案确认等环节的知情权、参与权和监督权，还需进一步探索。

3.执行痛点

城市更新实施往往受“房地产开发”和“城建计划”的历史惯性影响较大，对土地财政的依赖性依然存在，城市更新项目包装策划不够。还需多方面拓宽资金渠道，理顺投融资渠道和盈利点，探索运营前置和可持续的营利模式。政府主导的“公共资产更新”、居民出资的“自主更新”和企业运作的“盈利型更新”在实际工作中往往处于“各自为战”状态，要尽快形成共识合力。

三、探索统筹谋划机制，建立全尺度、全周期的空间规划体系

沈阳新时期的城市更新工作与城市经济、社会和空间转型同频共振，与“大城市病”治理紧密结合，探索老工业基地振兴语境下的城市更新规划与实施行动，重点回答“哪里更新”“更新什么”“怎样实施”，形成了符合沈阳需求的城市更新顶层设计和实施机制。

1.有的放矢，深入开展体检评估“三问于民”

明确“先体检后更新”工作机制，通过现场踏勘、部门调研和多源大数据开展城市体检，组织开展民意调查报告，系统梳理城市品质提升方面的问题和不足，从社会民生、产业活力、人文魅力、绿色城市、韧性智慧五个维度体检把脉，精准查找现状面临的实施瓶颈和公众关心的焦点问题，体检结果作为编制片区更新规划策划方案、建设年度计划的重要依据，精准回应人民群众对美好生活的向往。

2.分工明晰——搭建科学有序的顶层设计

加强顶层设计，成立市区两级以党委、政府主要负责同志任双组长的城市更新工作领导小组，构建条抓块保工作机制，坚持市级统筹、区为主体。由市更新工作领导机构统筹、审议、决策；由市相关管理部门制定政策、组织编制、协调管理；明确规土、建设、文保等部门职责；设立区县领导小组，编制年度计划，由社会公众进行咨询监督。政府发挥主导作用，搭建市场平台，给予各类主体参与城市更新的平等机会；重点更新区实现更新规划全覆盖，鼓励产权主体依据整体规划开展自主更新。

3.分层建构——形成差异化的更新政策供给

依照“战略研究—专项规划—片区/街区规划—项目设计”的编制思路，自上而下统筹；建立“分层推进、分类审批、分级监管”的更新规划编制管理体系。各层次的更新规划与城市经济、社会和空间转型同频共振，与“大城市病”治理紧密结合。市域范围内统筹主城、副城、县域中心城市、新市镇。中心城区范围内，形成三大更新圈层：老二环内为存量资产提升的主要空间，极化商贸金融、文化创意、科技创新等核心功能；二三环之间侧重功能结构优化的主要空间，整治城乡接合部、培育次中心，弥合都市阴影区和建设断裂带；三环以外主要为产业转型升级和产城融合的主要空间，面向工业4.0，推进国家先进制造中心、综合性国家科学中心建设。

4.分区统筹——破局“单打独斗”

为避免“破碎化、无序化”的城市更新，破局“单打独斗”式的项目谋划建设方式，以国空总规为框架，本着“存量空间有资源、属地政府有意愿、空间边界有衔接、项目包装有动力”的原则，划定规模适度、集中连片的更新片区。其中，重点更新片区为“一枢纽、四中心”建设承载地区，由市级统筹管理，属地区政府组织实施。一般更新片区为大量的老旧小区、老旧厂房及仓储物流区，以及更新实施需要统筹运作的地区，由属地区政府统筹管理和组织实施，向市政府报备。储备更新片区以老城区内机场和特殊厂区为主，开展更新建设的工作时机不易确定，但对完善城市结构和提升城市功能具有重大作用，由市级统筹推进，报省政府备案，属地政府配合。

5.分类指引——约束“更新类型”

针对老旧小区、低效商业区、低效工业仓储区等

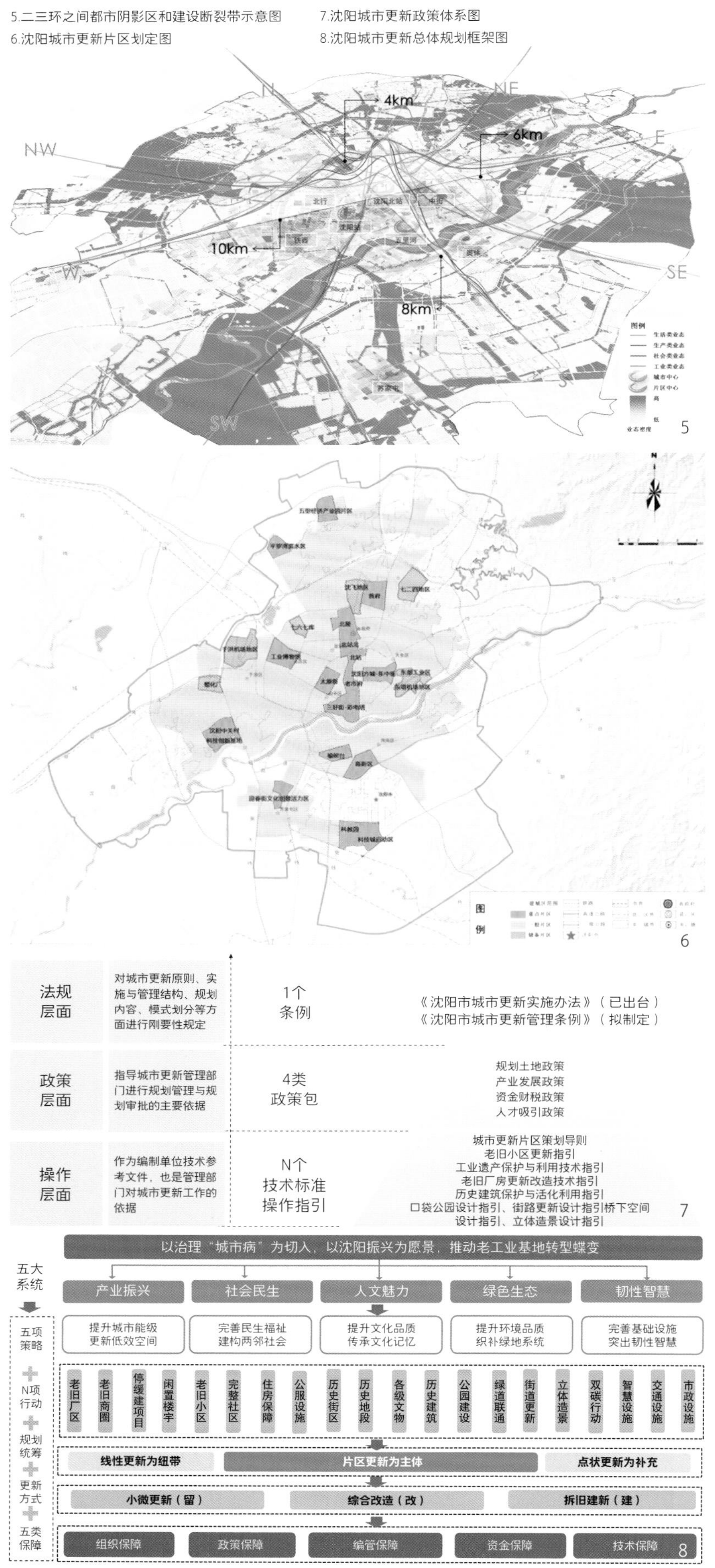

5.二三环之间都市阴影区和建设断裂带示意图
6.沈阳城市更新片区划定图
7.沈阳城市更新政策体系图
8.沈阳城市更新总体规划框架图

更新对象，确定“小微更新、综合改造、拆旧建新”三类更新实施方式。其中，以“留”为主的小微更新主要针对具有历史人文魅力和现状建筑质量情况较好的空间对象展开，基本不改变建筑主体结构和风貌特色，采用绣花功夫延续文脉；以“改”为主的综合改造主要针对老旧小区、商业区、闲置楼宇开展，提升建筑风貌、实施局部改造、优化建筑容量，鼓励合理的功能置换和业态提升；以“建”为主的拆旧建新主要针对没有保护价值的低效工业区、棚户区等现有土地功能不适应城市发展需要的空间，对功能完善、产业升级、风貌塑造有较大作用。

6.分步实施——探索“基本路径”

以城市更新片区划定及策划方案为基础，建立从前期策划到项目落地的全周期链条，推进片区更新实施工作六步走，即“深化体检找问题、多元协商谋共识、项目包装寻资金、规划设计塑场景、五大行动落项目、良性运营求共赢”，将以人为本的理念贯穿城市更新始终，并强化策划运营思维的前置。

四、探索配套制度政策，完善1+4+N政策体系

沈阳陆续出台城市更新管理办法等政策制度文件，构建起“1+4+N”政策体系，1即《沈阳市城市更新管理办法》，在政策体系中发挥统领作用，确定“跨项目统筹运作模式”“先体检后更新”、小切口微更新绿色低碳模式等更新路径和方法；4即出台规划土地、产业发展、资金财税、人才吸引四大类构成的城市更新政策体系；N即加快推进城市更新各类技术导则和地方标准，包括《沈阳老旧小区建设指引》《沈阳市河岸设计导则》等。

1.规土政策工具包

建立针对小微更新、综合改造、拆旧建新不同情况的规划审批制度，印发《沈阳市完整社区试点配套标准（试行）的通知》，细化完整居住社区建设标准；印发《沈阳市既有建筑改造消防设计及审查指南（试行）》《沈阳市历史建筑活化利用消防设计及审查验收指南（试行）》，妥善解决既有建筑改造、历史保护建筑活化利用面临的消防设计及审批问题。保障公共利益前提下，探索城市用地使用兼容和转换政策、容积率转移和奖励政策。

2.资金政策工具包

印发《沈阳市城市更新及发展基金管理办法》，进一步拓宽资金渠道；印发《沈阳市国有土地上房屋协议搬迁办法（试行）》，有效破解搬迁补偿阶段难题。积极争取国家开发银行等政策性金融支持，优化市级财政补助资金政策支持融资，发挥沈阳市城市更新及发展基金重要作用，鼓励支持社会资本参与城市更新，共同形成整体统筹、项目策划、综合平衡的市场化运作模式。

3.产业政策工具包

针对不同更新片区的资源特征，制定产业准入正负面清单。鼓励利用存量土地或房产转型，优先发展科技创新、文化创意、体验旅游、健康医

养等产业。发挥沈阳工业遗存资源优势，通过MO、双创等政策，推动功能创新、空间重组，实现工业遗存再生。在城市更新过程中严守产业红线，不得侵占重要工业项目工地、不得侵占生态和基本农业用地。

4.人才政策工具包

完善相应人才福利政策，包含生活补贴、住房补助、创业扶持等，吸引优秀年轻人才、专业人才来沈。印发《沈阳市核心板块总建筑师评选办法》《沈阳市人民设计师制度实施办法（试行）》，发挥总建筑师和社区责任规划师咨询把关、沟通推动和宣传引导作用，让规划设计知民心、接地气，凝聚居民共同愿景，打通从规划编制到实施全流程参与路径。建立沈阳城市更新优秀设计团队准入和评选制度。建立多学科领域的沈阳城市更新专家库，推进城市更新技术创新平台建设。

五、探索可持续模式，有序实施五类更新行动

沈阳市自2021年列为城市更新试点城市以来，深入践行“人民城市”理念，积极探索城市更新统筹谋划机制、探索城市更新可持续模式、探索建立城市更新配套制度政策，通过“规划引领、示范先行、个案突破”取得了显著的成效。

1.以“两邻理念”为引领，实施社会民生保障行动

从解决群众身边、房前屋后的实事小事入手，在城市细微处下“绣花”功夫，老旧小区扎实落实“三个革命”，深化“两邻”基层治理，打造红色物业服务项目，为群众构筑起邻里守望的“红色堡垒”。“十四五”规划期间全面完成2000年底前建成的1723个老旧小区改造任务，2021和2022年已完成改造601个，2023年计划改造800个。按照完整社区建设标准，实现15分钟生活圈全覆盖，结合闲置资源综合改造增设邻里中心、医养、文体、停车等设施。以牡丹社区、多福社区为示范，开展20个完整社区试点建设工作，探索形成可复制、可推广的标志性成果。

2.发展“五型经济”为导向，实施产业振兴行动

重点发展创新型经济、开放型经济、服务型经济、流量型经济、总部型经济“五型经济”等产业

9.红梅味精厂区更新对比图
10.东贸库地区更新对比图
11.铁西老城区口袋公园建设实景照片

20世纪50年代的红梅味精厂
“曾是全国最大的味精厂”

2019年正式运营的红卫文创园
“展现工业文化新风貌”

9

20世纪50—90年代的东贸库
“大工业生产时代下的刚需更新”

新发展阶段的时代之城
“生态文明时代下的高品质更新”

10

云峰园

宜家绿地

劝工园

11

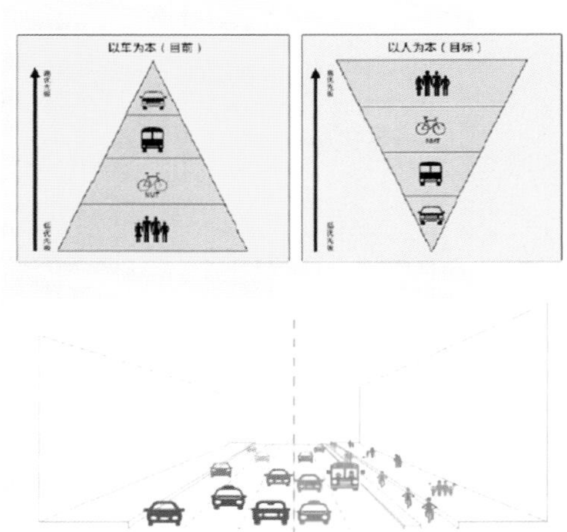

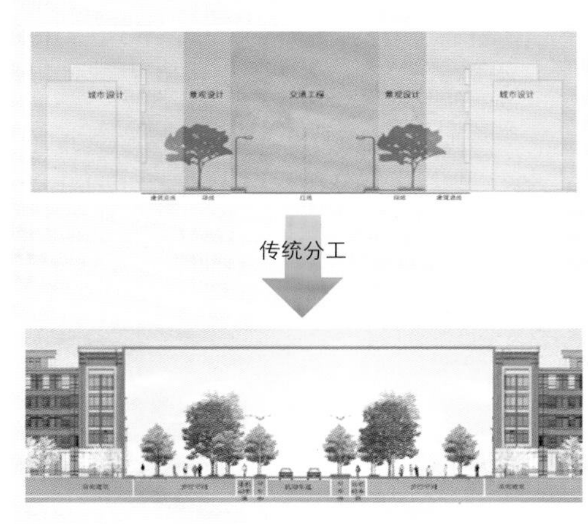

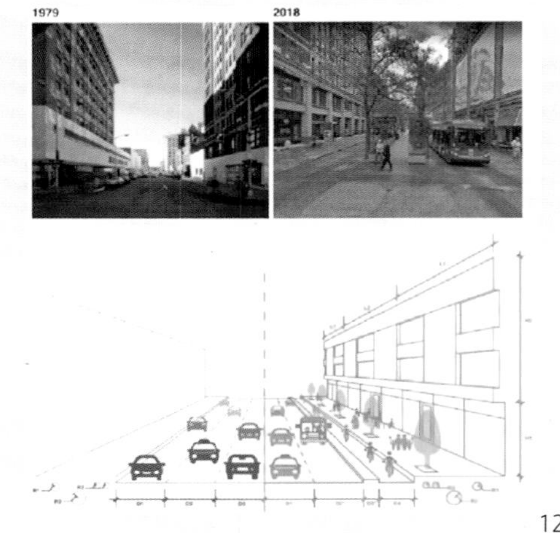

12

12.街路有机更新的韧性方法示意图

振兴工程。推动老旧商圈转型升级。重点实施中街、太原街、北市场等老字号商圈改造提升工程，中街获首批11家全国示范步行街、第一批国家级夜间文化和旅游消费集聚区。召开铁西工业文化发展与工业遗产保护论坛，为社会各界专家学者、专业机构搭建合作交流平台。实施“工业遗存+书香沈阳”项目，将耐火材料厂打造独一无二的红砖城市书房。坚持政府引导、市场运作，积极引入音乐、艺术、展览等文化创意产业，推动红梅味精厂旧址打造全国工业遗产再生示范工程。

3.“以文化城”为亮点，实施人文魅力行动

在开展文物与历史建筑可阅读工程，在历史资源数字化与信息化的基础上，强化历史文化体验区、文化街区和历史地段、文物、历史建筑等保护与利用，构建多元文化场景和特色文化载体，彰显沈阳文化魅力。强化文化名城的整体风貌特色，打造历史文化、工业文化、红色文化的“沈阳印记”，展现英雄城市风采。通过历史慢道、主题游线、街路标识等，充分展示文化形象。

4.建设“公园城市”为重点，实施绿色生态行动

一是以绿荫城。夯实绿化基底，完善“三环、三带、四楔、五级”生态系统，强化生态空间链接，将碎片化绿地有机连接，实现推窗见绿、出门进园、凝眸是景、步移景异。在建成区绿地率达到38.87%的基础上，进一步“留白留璞增绿”，实现绿地率40%目标。二是以园美城。持续推进人口密集区域的口袋公园、服务半径覆盖不足地区的综合公园建设。2023年将新建口袋公园1000座、启动新建改造提升综合公园24座，构建星罗棋布、绿满城园、全民共享的公园体系。三是以水润城。连通南北百里环城水系，形成“水网互通互联、引水中水双源、东西南北互济”的生态水网体系，实现浑河、蒲河、北沙河水系贯通，建设千里滨水慢道。

5.以“精细化治理”为抓手，实施韧性智慧行动

围绕“六化”建设任务（洁化、序化、绿化、亮化、美化、文化）、“六化”管理要求（标准化、设计化、法治化、网格化、社会化、智能化），建立“横向到边、纵向到底”的城市运行精细化管理体系。推进城市管理“一网统管”，建设“路长慧眼”“好停车”“一树一码”等9个应用场景。针对重要街路，践行“两优先、两分离、两贯通、一增加”理念，完善交通和供给体系、提高安全韧性。

参考文献

[1]仇保兴. 深度城镇化——未来增强我国经济活力和可持续发展能力的重要策略[C]//规划中国. 2015, 8.

[2]阳建强. 城市更新的价值目标与规划路径[C]//和谐与持续的城市更新.2021年中国城市规划年会, 2021.

[3]住房和城乡建设部 辽宁省人民政府关于印发部省共建城市更新先导区实施方案的通知[Z]. 辽宁省人民政府公报, 2021(20) :2-17.

[4]王富海. 城市更新行动：新时代的城市建设模式[J].城乡建设, 2022(12): 61.

[5]王希希. 城市更新为人民提供高品质生活空间[C]//第十四届全国既有建筑改造大会, 2022.

[6]叶昌东 ,邓平平, 姚华松, 等. 供需视角下城市更新中公共空间更新研究[J]. 中国名城, 2022, 36(7): 17-27.

[7]秦虹, 苏鑫. 城市更新的目标及关键路径[M]. 北京：中国社会科学出版社. 2020.

[8]魏书威, 张新华, 卢君君, 等. 存量空间更新专项规划的编制框架及技术对策[J]. 规划师, 2021, 37(24): 28-33.

[9]唐燕, 杨东, 祝贺. 城市更新制度建设[M]. 北京：清华大学出版社.2019 .

作者简介

李晓宇，沈阳市规划设计研究院有限公司名城研究所所长，教授级高级工程师；

王红卫，沈阳市规划设计研究院有限公司名城研究所项目总监，高级工程师；

魏钰彤，沈阳市规划设计研究院有限公司城市设计所项目负责人，工程师；

叶生鑫，沈阳市规划设计研究院有限公司助理工程师。

基于大数据计算社区服务设施供需矛盾的生活圈解法
——以西安为例

Life Circle Solutions of Calculating the Contradiction Between Supply and Demand of Community Service Facilities Based on Big Data
—A Case Study of Xi'an

沈思思 孟 洁 原 齐

Shen Sisi Meng Jie Yuan Qi

[摘 要] 自2018年《城市居住区规划设计标准》发布以来，以人的需求为中心的生活圈已成为各地统筹配置公共服务资源的有效方式。但从实际效果来看，部分城市实践的社区服务设施供给与居民使用需求呈现供需错位关系。本文以西安中心城区为例，结合网络爬取和问卷调查数据，通过测度生活圈空间范围内和服务设施覆盖率、达标率的供给指标测度，对比居民需求调查，提炼现状社区公共服务的供需矛盾，以解决问题为导向，确定一条路线为“底图—体系—指标—路径—经验”的生活圈规划解法。

[关键词] 大数据；供需矛盾；生活圈；社区服务

[Abstract] Since the release of the Urban Residential Area Planning and Design Standards in 2018, living circles centered on human needs have become an effective way to coordinate the allocation of public service resources around the world. However, in terms of the actual effect, the supply of community service facilities in some practices shows a mismatch between supply and demand with the demand for residents' use. This paper takes the central city of Xi'an as an example, combines data from web crawling and questionnaire surveys, measures the spatial coverage of living circles and the supply indexes of service facility coverage and compliance rate, compares the residents' demand survey, distills the contradiction between supply and demand of current community public services, and determines a problem-oriented approach from "base map-system-indicator-path-experience".

[Keywords] big data; contradiction between supply and demand; circle of life; community service

[文章编号] 2023-93-P-073

一、研究背景

在城镇化高质量发展的新阶段，生活圈成为城市建设与居民生活需求精准对位的有效工具。目前城市社区服务设施的供给普遍按照2018年《城市居住区规划设计标准》要求，将以人为本的4级生活圈作为居住配套的基本单元。而人民对美好生活的需求则随着经济社会环境的变化而不断提升。供需之间出现的种种不匹配问题，导致城市不断投入的服务供给并未得到居民的满意回应。因此一套从供需矛盾出发的生活圈规划对策显得尤为迫切。

随着生活圈理论和实践探索的深入，一些研究已经从服务设施与生活圈的匹配关系视角探讨规划对策。目前，该领域主要有服务设施供给与生活圈内居民使用、生活圈社会经济属性、生活圈范围的匹配关系三类研究。前两类普遍采用小样本调查数据以表征生活圈特征，形成了指导生活圈规划建设的研究方法。相比之下，对服务设施供给与生活圈范围的匹配关系进而挖掘供需矛盾的相关研究较少，且已有研究缺少直接指导生活圈规划建设的方法。

本文旨在弥补以上不足，以西安中心城区为例，结合POI网络爬取和问卷调查2类数据，基于5、10、15分钟步行的生活圈空间范围和服务设施之间覆盖率、达标率的供给指标测度，对比实地调研问卷获取的需求统计，提炼出现状社区公共服务的供需矛盾，以问题为导向确定一条路线为“底图—体系—指标—路径—经验”的生活圈规划解法。

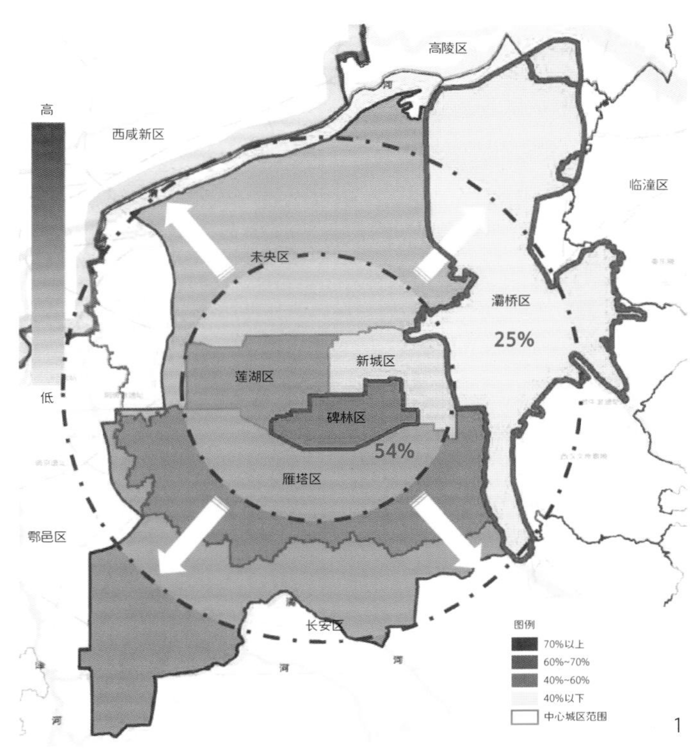

1.中心高边缘低的空间差异示意图

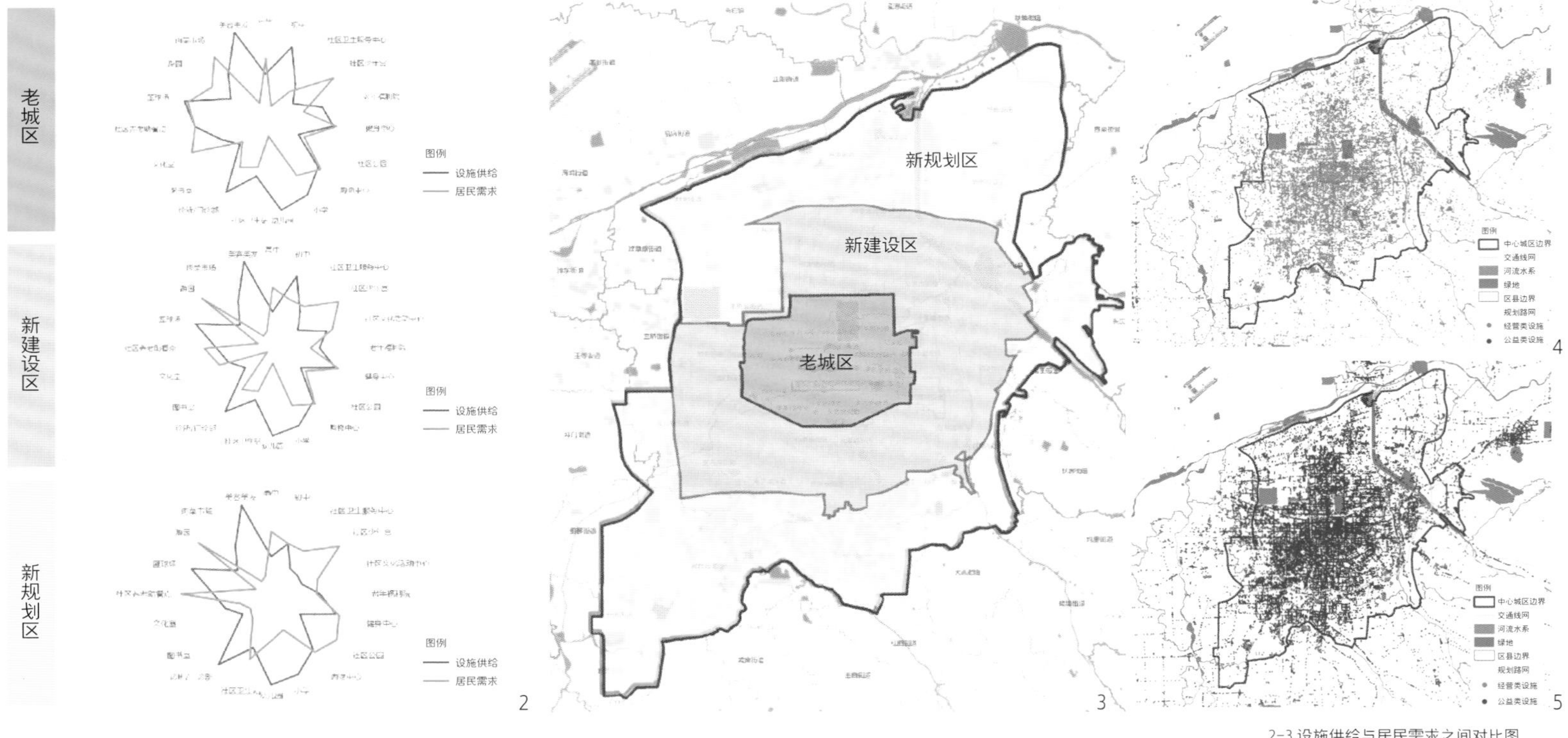

2-3 设施供给与居民需求之间对比图
4-5 经营类设施与公益类设施分布对比图

二、基于大数据计算的服务设施供需矛盾分析

研究以西安中心城区3970个小区为研究对象，借助POI大数据分析服务供给特征，通过社区调查评估居民使用情况，研判供给与需求之间的矛盾，来确定规划应对策略。

服务供给评价中，依据国家规范分级和地方标准分类，空间落位3级8类16万个设施POI点。采用网络分析法，沿地图模拟居民真实从社区出发，步行5分钟、10分钟、15分钟的可达范围。空间匹配设施POI点位与生活圈可达范围，测度反映设施分布特点的覆盖率和反映设施分布合理性的达标率。

社区调查方面，在老城、新建设区、新规划区分别选取1个老旧小区、商品房、保障房、城中村典型社区，发放问卷1150份，有效回收率94.8%。主要询问居民日常出行距离、使用需求和使用评价3项内容。研究通过关联服务供给与居民需求，发现现状社区服务设施在空间、类型、效果、衔接上存在以下问题。

1.空间上，呈现“中心高边缘低”的差异

板块之间服务水平呈现核心与边缘区的断崖式差距。如核心区的碑林区设施覆盖率为54%，边缘区的灞桥区只有25%。板块内部的差异更加明显，如灞桥区内较成熟的纺织城街道设施覆盖率为50%，但新建的新合街道只有13%。

2.类型上，呈现“经营高公益低”的失衡

经营类设施的覆盖率、达标率远高于保障人民基本生活的公益类设施。如超市、便利店等4项经营类覆盖率高于80%，公益设类全部低于80%，其中体育健身、社区养老和管理等5项低于40%。

3.效果上，呈现“供需关系错位”的分异

问卷统计显示居民需求和服务供给之间发生错位分异。例如在老龄化严重的新城区，居民更关注社区养老，但新城区的养老设施达标率只有19.5%；灞桥区的居民更关注教育医疗，但教育设施的达标率只有64%、医疗为46%。

4.衔接上，呈现“多规划难融合”的冲突

西安正在重塑国土空间规划体系。社区生活圈与详规单元的空间范围、设施类型以及配置指标的冲突，需要在此次研究中融合。

三、研究思路

本文从供需矛盾入手，针对空间差异、类型失衡、效果分异、规划冲突，制定异质化、多元化、品质化的生活圈构建策略。在差异中寻找共性，在矛盾中寻求和谐，在效率中兼顾公平，这就是社区生活圈的“西安解法”。

四、西安中心城区生活圈规划解法

基于供需匹配度计算发现的核心问题，研究遵循“西安底图—西安体系—西安指标—西安路径—西安经验”技术路线，开展社区生活圈的“西安解法”。

1.解法1：落定“西安底图”，划定差异化的生活圈空间单元

结合西安独特的九宫格局、井字格路网与规划用地，利用网络分析法模拟居民出行5分钟、10分钟、15分钟路径，自下而上识别空间单元。自上而下用街道办、详规单元校核空间边界，实现规管建“三统一”。最终落定中心城区385个15分钟生活圈。其中汉长安城与杜陵作为毗邻城区的大遗址区，依据保护范围构建特色文化空间与社区发展有机结合的遗产生活圈。最终根据空间与人口规模门槛差异，划分为老城区、新建设区、新规划区3个生活圈圈层结构。

2.解法2：塑造“西安体系”，构建特色化的生活圈功能网格

结合功能权重评价，形成以居住社区为主导+

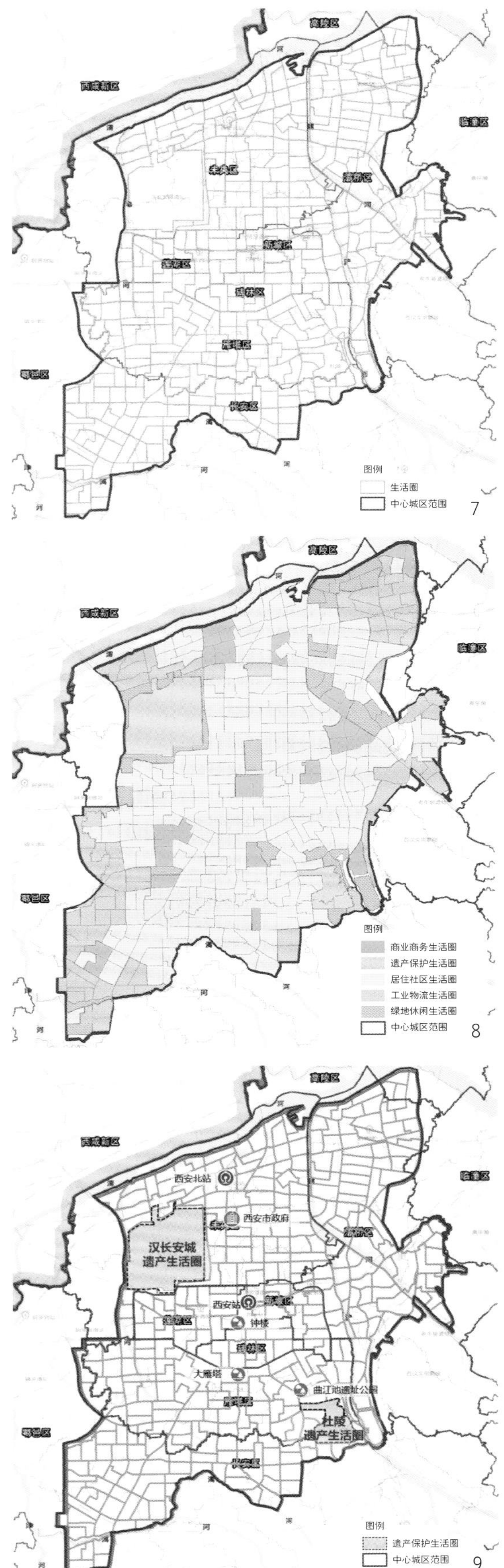

6.自下而上结合网络分析法识别空间单元示意图
7.生活圈空间划定分布图
8.生活圈1+4功能体系图
9.2个大遗址生活圈分布图

商业商务、产业物流、绿地休闲、遗产保护为补充的生活圈1+4功能体系，并对5类生活圈分类施策。其中，250个居住社区生活圈构建衔接行政管理的街道、邻里2级网格，与街办、详规共同构成国土空间规划的4级单元体系。

在2个遗产保护生活圈中，又划分出11个遗址社区共生单元，在场所空间、意识形态和行为方式上营造遗址与社区功能、情感、文化、经济的紧密共生模式，使文化遗产作为品质提升型服务要素，承担起生活圈的场所精神中心功能。再利用遗产社区的共生机制，通过场所空间影响居民意识形态，再由居民意识形态决定行为方式，反过来再次激活场所空间，从而增强大遗址和遗产社区之间的共生关系，建立和优化大遗址区的遗产社区共生机制。在新时代利用新思维建立国土空间规划体系下遗产保护和社区发展的新格局。

3.解法3：定制“西安指标”，明晰多元化的生活圈配建指标

为应对不同人群的多元需求，形成基础保障、品质提升两类构成的11+X设施清单，其中重点强调基础保障设施的管控。

基础保障设施在国家标准基础上做“加减法”，通过增补9项绿地与便民设施、精简18项城市商业市政交通设施、合并2项社区商业，确定11大类、45个要素、衔接步行距离的设施配置表。为了推动15、10分钟生活圈设施下沉到邻里社区，同时保障公益性服务设施的规模和品质底线，创新提出在现状用地紧张地区，允许6项15、10分钟生活圈配套设施融入居住用地内以保障集中建设。居住地块可根据生活圈需求升级配建，控制配套规模占地上总建筑面积的6%。为了保障公益类设施的配置，将配套指标分为公益类指标与经营类指标，要求公益类占比应高于60%，经营类占比应低于40%。

品质提升设施对应5类生活圈，可根据实际使用需求，依据10大项特色功能、26项特色设施清单，酌情配置。

4.解法4：夯实“西安路径”，厘清全周期的生活圈实施路径

制定生活圈出让前评估、建设中引导、实施后跟踪的全周期路径。土地出让前引入生活圈评估摸清底账，形成评估报告和补缺清单纳入出让合同；结合成熟、优化、改造三类地区提出整治、提升、增补三种空间挖潜策略；实施后明确设施产权、管理、运营主体，以跟踪后期运营。

5.解法5：贡献“西安经验”，构建韧性化的生活圈应急系统

为了完善疫情防控应急预案，总结西安2021

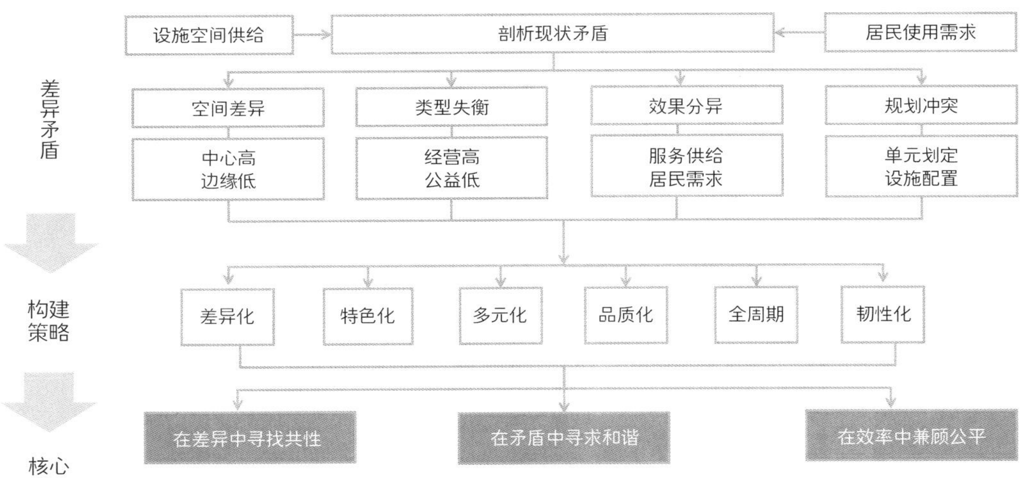

社区生活圈的“西安解法”

10

出让前评估

生活圈规划评估
· 自上而下：根据规划技术标准进行评估
· 自下而上：公众参与了解服务需求
· 评估结论：明确生活圈公共要素配建清单

评估报告和补缺清单
· 公共要素清单相关内容在街区层面予以规划法定化
· 公共要素规划要求纳入土地出让条件

建设中引导

分类引导
· 不同类型生活圈分类引导设施完善
· 设施标准差异及特色设施分布原则
· 完善分类标准及内容

更新完善
· 根据要求部分设施产权移交政府相结合

实施后跟踪

运营管理
· 政府接收后由政府直接运营
· 开发商自营，有关部门监管保障运营正常
· 培育社区组织，加强公益团体服务

服务保障
· 提供专业服务
· 培育社区组织，加强公益团体服务

跟踪服务
· 跟踪建设后续规划
· 完善方案成果
· 服务后期运营

11

12

年底新冠疫情防控的实践经验，并借鉴其他城市有效做法，研究依托街道—邻里—小区3级应急系统建设防疫生活圈，使15项平时设施在疫时可转换为7项物资提供、4项病毒隔离、4项病毒检测的临时场所。社区服务中心及服务站、社区卫生服务中心和卫生站4项设施预备常规使用和应急空间改造方案2套图纸。例如中山门生活圈试点，平时模式的2个活力中心在疫情发生时可转换为临时防疫中心。通过这些平疫结合措施，实现社区生活圈的防疫内循环。

五、结语

本文以西安中心城区为例，利用POI大数据测度生活圈边界范围，并匹配生活圈范围，测度服务设施在空间布局上的覆盖率、达标率两个指标，得到现状设施布局的可视化定量评价结果。通过对比典型社区的问卷调查统计结果，得到当前西安社区服务供需矛盾的定性评价结论，进而提出以解决问题为导向的生活圈规划对策。未来在此基础上进一步叠加人口结构、经济数据等指标，可作为城市精细化规划管理的基础底图。

项目负责人：沈思思

主要参编人员：刘杰、张睿、王萱懿、王浩哲

作者简介

沈思思，西安市城市规划设计研究院高级工程师；

孟　洁，西安市城市规划设计研究院所长，高级工程师；

原　齐，西安市城市规划设计研究院所总工程师，高级工程师。

10 基于大数据计算社区服务设施供需矛盾的西安生活圈解法示意图
11 全周期的生活圈实施路径图
12 韧性化的生活圈应急系统示意图

未来社区“交通场景”金字塔
——以梅溪湖未来社区规划为例

Future Community "Traffic Scene" Pyramid
—Case Study of the Meixi Lake Future Community Planning

武虹园 李建智 于子鳌
Wu Hongyuan Li Jianzhi Yu Ziao

[摘 要] 新技术推动的智慧场景为未来社区赋能提供更多可能，本次研究聚焦未来社区交通场景，探讨传统空间规划设计与数字化智慧场景在解决交通问题中的主次分工关系。本研究认为仅靠智慧治理难以应对交通痛点问题，智慧交通场景有赖于良好的空间框架，自19世纪以来的历代“未来社区”研究已迭代探索出社区空间框架基础。通过梳理历史上各时期“未来社区”模型以及各国各时代典型案例的迭代与传承，提出“未来社区交通场景金字塔”三步筑塔总体思路：第一层，体系搭建，建构现代交通路网；第二层，节点优化，慢行统筹交通节点；第三层，智慧提升，补充运用数字化技术。最后，以长沙市梅溪湖二期国际社区为例，进行应用探索。

[关键词] 未来社区；交通场景；TOD；慢行交通

[Abstract] New technology-driven smart scenarios offer more possibilities for future community empowerment.This study focuses on future community transportation scenarios and explores the power and responsibility of traditional spatial planning and digital tools in solving transportation problems. The study concludes that smart governance alone cannot address traffic pains, and that smart transportation scenarios depend on a good spatial framework, which has been explored in generations of "future communities" research since the nineteenth century.By combing the "future community" models in various periods of history and the iterations and inheritance of typical cases in various countries in various eras, this paper proposes the general idea of "future transportation pyramid" in three steps. The first layer is to build a modern transportation network system; The second layer is to coordinate traffic nodes with a pedestrian space framework; The third layer is to supplement the use of digital technology. Finally, the application is explored by taking Meixi Lake International Community in Changsha City as an example.

[Keywords] future community; traffic scenes; TOD; pedestrian-friendly transportation

[文章编号] 2023-93-P-077

社区是城市最基本的生活单元，其空间品质和服务质量影响着绝大多数市民的美好生活实现程度[1-2]。2019年，浙江省率先提出“未来社区”概念[3]，希望通过应用5G、物联网等新技术解决社区中长期存在的痛点问题，提升社区交通、服务等各类城市公共设施水平[4]，多角度构建全生活链条的社区功能场景[5]。当前，中国社区中最为突出的痛点问题集中在社区交通方面，包括轨道最后一公里空间品质问题、儿童通学安全问题以及停车难、停车乱等问题[6]。解决好社区交通问题成为当前“未来社区”需要重点关注的领域。构架未来社区交通场景首先需要从系统层面着手，避免批量再现常见问题是未来社区交通体系规划研究的主要内容；其次，利用智慧技术改进空间设计无法避免的问题。

因此，探讨传统空间规划设计与数字化智慧场景在解决交通问题中的主次分工关系，系统性梳理交通体系规划工作就显得尤为重要。本文在梳理总结了世界上各个时期“未来社区”交通体系规划经验的基础上，结合长沙梅溪湖未来社区规划初步构建起当代未来社区“交通场景金字塔”的三层次规划模型，以期为国内当前未来社区规划提供参考。

一、“未来社区”交通场景经验梳理

1.世界上各时期“未来社区”交通体系规划经验梳理

自从工业革命推动轨道、汽车等彼时的新型交通方式以来[7]，各时期城市规划师与交通规划师不断改进社区规划模型，致力于平衡社区交通可达性与生活环境品质关系[8]。梳理各个阶段“未来社区”交通体系的理论与实践，可以发现每个时期“未来社区”交通体系规划既应用了所处时代的新技术，但同时也继承了既往社区规划中检验有效的成熟技术。因此，各时期面向“未来”的社区交通规划经验逐代更迭累进，共同构成当代社区交通体系规划方法，并建立了一套有效的社区交通空间框架。当前，历经一代代新技术叠加深化，已形成“以承担社区对外联系功能的轨道站点作为社区中心，以放射状步行专用道为核心的慢行空间框架来统筹其他各类用地及设施布局”的稳固共识[9]。而当下蓬勃发展的数字化新技术，是当代新技术在传统交通空间框架上的又一次累进。

（1）第一阶段：轨道社区模式产生阶段（19世纪中叶至19世纪末）

19世纪中叶至19世纪末，蒸汽、电力等技术成熟使铁路成为城市地区的主要运输方式，因此工业革命中产生的新社区逐步从传统的以教堂为中心转变为以轨道站点为中心，社区中重要的生活设施集中在站点周边。1859年瑞典建筑师艾德斯瓦德（A.W. Edelsvärd）提出了以轨道站广场为该小城镇中心的“铁路小镇”（Railway Town）模型，1892年西班牙工程师索里亚提出带形城市理论都构建了类似的社区模型。

（2）第二阶段：机动化与路网变革阶段（20世纪初至20世纪60年代）

20世纪初，随着福特汽车量产化，汽车涌入人们熟悉的街道，这一阶段以邻里单位为代表的“未来社区理论”重视社区内部的步行安全问题，尤其是小学生安全上下学问题。在此基础上，雷德朋体系、特里普区划和

1.第一阶段：轨道社区模式产生阶段
2.第二阶段：机动化与路网变革阶段
3.第三阶段：社区步行街道强化阶段
4.第四阶段：各种经验沉淀总结阶段
5.当代智慧交通应用阶段

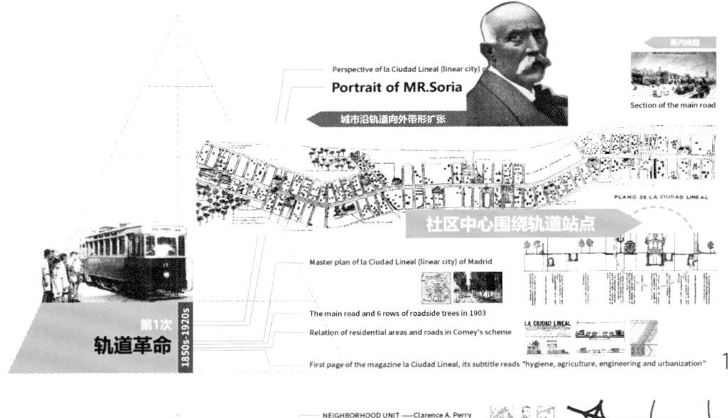

1

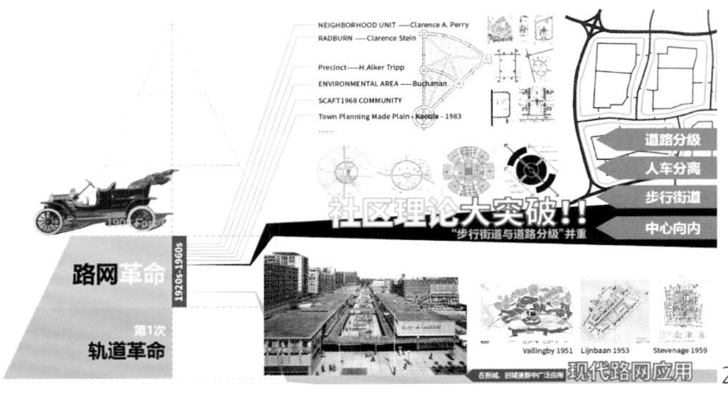

2

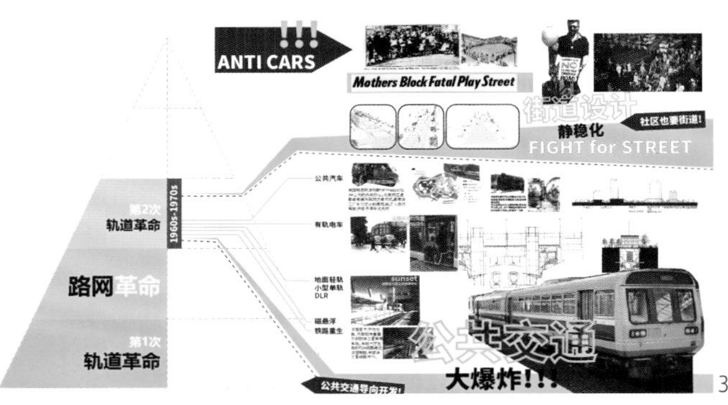

3

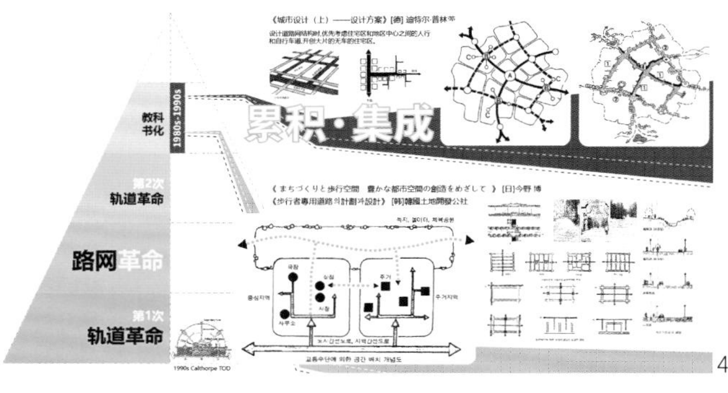

4

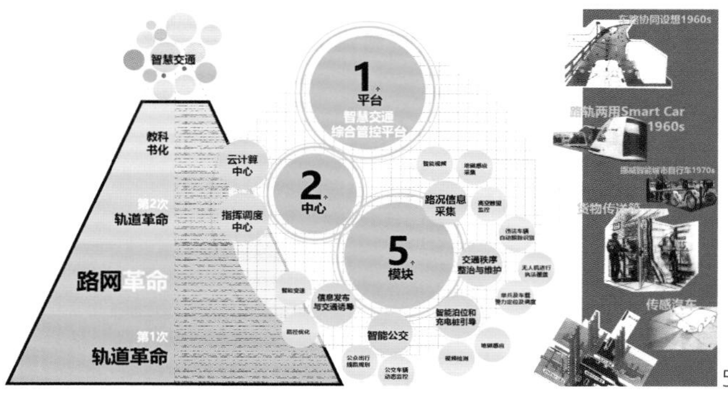

5

布坎南环境分区等理论都致力于系统性消除快速车流对社区内部步行安全的威胁。这一阶段被证明有效的社区交通规划经验包括道路分级理念、人车平面双网分离模式以及独立设立步行专用道与绿道。这些以人的安全为出发点的现代路网规划在欧洲、日本二战后的建设中应用广泛，比如经典的瑞典魏林比社区、日本港北新城各个社区等。

（3）第三阶段：社区步行街道强化阶段（20世纪60年代至20世纪末）

20世纪60年代，公共交通再次受到重视。公共汽车、地面轻轨、小型单轨、磁悬浮等彼时的新技术开始应用，社区以公共交通站点为中心、人车双网平面分离已经成为欧洲、日本默认的空间模板。与此同时，针对社区中快速行驶的汽车带来的安全威胁的抗议活动增多；同时，现代主义所倡导的社区内的宽阔步行绿道被指责为缺乏热闹的城市生活气息。因此，社区街道的步行友好性成为这一时期社区交通规划的重要关注点，捍卫社区街道运动促使街道稳静化设计技术的产生与成熟。

（4）第四阶段：各种经验沉淀总结阶段（20世纪末至21世纪初）

经历前三个阶段百余年的累积，欧洲、日本的社区交通规划经验已经成熟，这些以轨道站点为中心，以慢行出行为导向形成的路网组织、人车关系的相关原理、方法、技术细则被翔实写入各国城市规划及城市设计教程、指南[10-12]，成为此后各种视角、理念下“未来社区”的规划底板。

（5）第五阶段：当代智慧交通应用阶段（21世纪10年代至今）

不断突破的信息化技术引发智慧数字交通盛行，云计算、无人驾驶等技术突破为出行品质提升带来更多可能[13]。当代规划的“未来社区”也多采用延续既往各阶段社区交通空间规划框架基础的同时，叠加采用各类数字技术[14]，形成智慧场景。

2.当代未来社区交通场景规划案例——维也纳Seestadt 未来社区

维也纳Seestadt未来社区是当代欧洲具有代表性的实验性新社区，Seestadt社区总面积约2.4km^2，拥有两个轨道站点（Seestadt与Aspern Nord），是一个混合型社区，规划居住人口2万余人，就业岗位数千个。其总体规划提出于2007年，2012年进入实质开发阶段，目前已完成部分街区建设，并有部分科技产业落成。Seestadt社区是一个“短距离城市”（a city of short distances），其空间规划注重慢行交通与创新性共享交通。Seestadt社区交通体系规划首先考虑从根本上避免或减少交通痛点的产生。一方面，它将建设集聚在轨道站点周边，并配合良好的步行环境最大程度减少人们开车出行的意愿，包括在两个站点间规划高品质的步行商业街、住宅地块间规划舒适的社区绿道；另一方面，采用人车平面分离的路网结构，将车行道路外包在人行路径周边，从根源上避免人车冲突。然后，在这个空间基础上，提出例如智能出行规划、系统性新能源应用等很多数字化应用场景。

二、未来社区“交通场景金字塔”总体思路

当前中国社区中常见社区交通痛点问题多是由于物质空间本底的规划缺陷造成的，仅靠智慧治理手段似乎难以有效提升。例如，对于最常提及、最头疼的最后一公里问题，智慧公交接驳依然面临公交难以解决门到门的问题，端点仍需步行；智慧骑行系统可以实现自行车调度与路径规划，但是被汽车侵占的、与行人混行的、不连续的自行车道这类物质空间本体问题似乎仍在制约自行车出行。对于交通安全问题，包括智能斑马线、智能红绿灯等设施在内的智慧慢行系统、智慧过街系统和智慧儿童出行保障是对空间设计带来的交通安全问题的后端补救方案，只有从源头上消除了“人车混行导致步行骑行不安全”“大马路跨街难”这些空间隐患，才有可能真正改善慢行环境，让家长们放心孩子独自上学。对于停车问题，智慧停车系统能优化车位使用，但是减少居民机动车出行意愿一定是未来社区的总体目标，而调节机动车空间供给仍然是实现该目标的补充性手段。

从历代未来社区探索、当代智慧社区案例以及现实交通痛点分析可以看出，未来交通场景不是当代的全新概念，而是应以历史经验中积累的物质空间规划技术为基底，

送货服务—创意竞赛
电动客货运自行车租赁系统

从公交卡到移动卡
移动性不仅仅是基础设施

移动方式
从开始就是公共交通

调用开放数据
增强出行决策

智能出行规划助手

系统性新能源应用

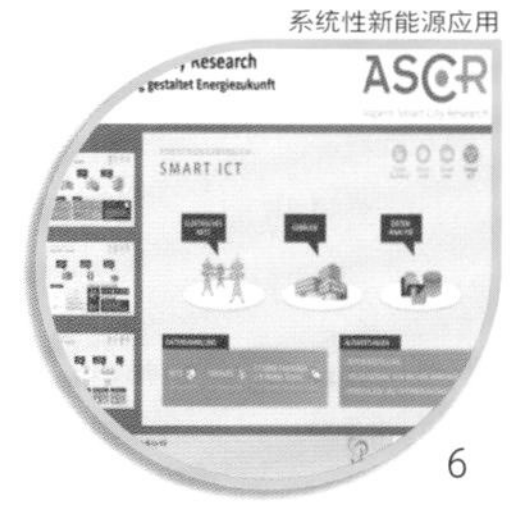

6.维也纳Seestadt未来社区智慧应用提升技术示意图
7.梅溪湖未来社区基地概况图
8.维也纳Seestadt未来社区用地布局规划图
9.维也纳Seestadt未来社区交通体系规划图

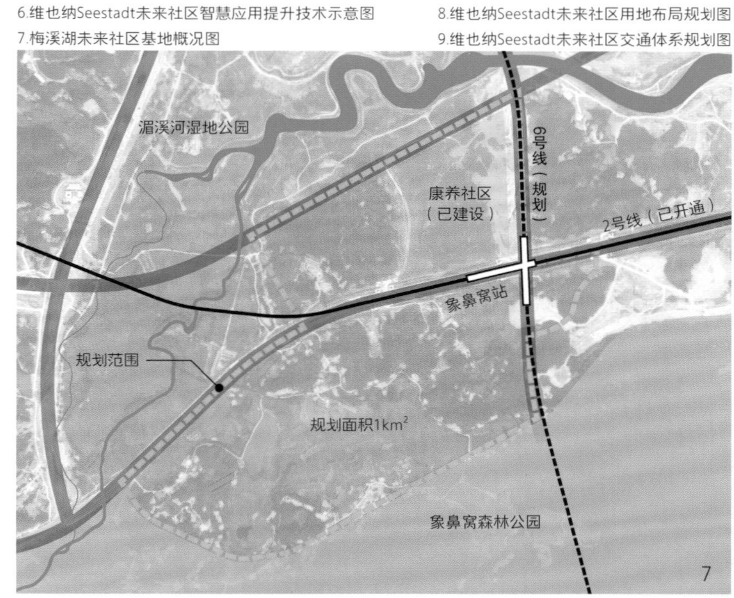

再叠加利用当代数字化技术锦上添花。本文基于对历史上各时期“未来社区”模型以及各国各时代典型案例中迭代传承的分析，搭建“未来社区交通场景金字塔”三步筑塔的总体思路，具体如下。

1.第一层：体系搭建，建构现代交通路网

根据现代交通路网的三个共性原则搭建社区路网结构，一是人车干路双网平面分离，以此塑造少车或无车的慢行活动路径；二是内部慢行网络串联各类公共服务设施、绿地等公共属性空间；三是在站点周边圈层化布局各类用地功能，这也是TOD理论的基础原则。

2.第二层：节点优化，慢行统筹交通节点

在现代交通路网基础上，还需统筹好慢行空间框架与过街节点、公交设施、出入口布局等交通设施的空间关系，从而保障慢行空间的使用效率、提升慢行环境的整体质量。

交通金字塔前两层在致力于从根本上减少人车冲突、保障行人安全便捷出行的同时，也为其他社区场景打下良好基础。比如，系统性解除儿童场景、养老场景最关心的安全困境；为商业场景、公共空间场景提供了舒适的物理空间；便于文体等公共设施共享。

3.第三层：智慧提升，补充运用数字化技术

前两层空间设计解决常态化、通用性、系统性痛点问题，还会有一些偶发性、个性化、运营性痛点问题，需要数字化技术手段发挥补充作用。主要包括针对物质空间使用的信息化呈现与云端调度，例如各类出行方式的线上整合与方案比选，道路与停车空间的实时监测与空间利用安排。

三、梅溪湖未来社区“交通场景金字塔”规划实践

本次研究对象梅溪湖二期国际社区组团项目距长沙市中心约15km，规划面积约1km²，几乎为净地。基地内有两条地铁，在东北角设有一座换乘站（象鼻窝站），东西向的地铁6号线已经开通，南北向的机场快线仍在规划中；基地内及周边的4条干路已经建成，内部支路未建。原控规中，在基地南部规划了常规大地块住宅用地，并配套了中小学。目前，北部规划的康养中心已经建成，约15hm²左右，实际可规划用地约80hm²左右。

面对梅溪湖社区这样一个尚未建设的空地条件，有机会通过空间布局调整，避免当代社区中常见交通问题。具体方案如下。

1.第一层：体系搭建

（1）内外交通分级

外部交通性道路以车移动的诉求为核心，强调快速通达。社区内部则以人的活动需求为核心，强调慢行舒适安全。

（2）打造站点核心

由于已经建成的象鼻窝站设在交通干路十字路口，不利于形成慢行友好的社区中心，规划将中心西移，在站点出入口西侧形成南北向的哑铃型中心。北部小中心已经建成了医疗康养服务，南部可以规划成为社区综合中心。

（3）搭建步行框架

以地铁站为起点，在社区内部搭建完整的步行框架。步行主路径采用只能慢行、禁止汽车通行的步行

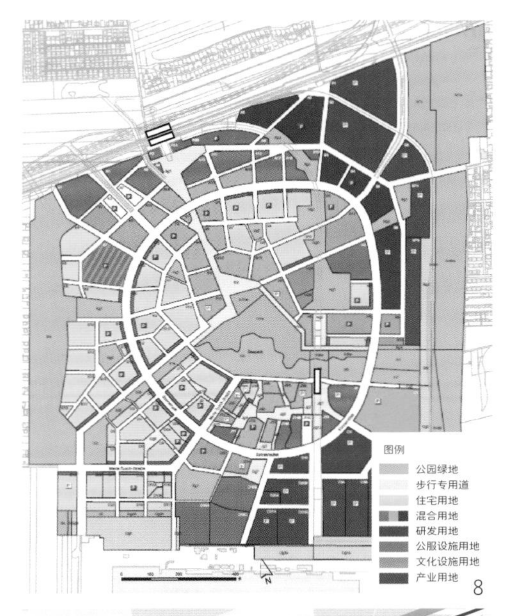

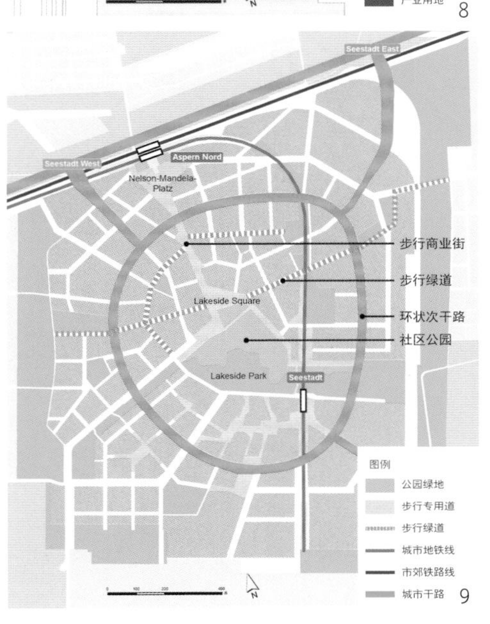

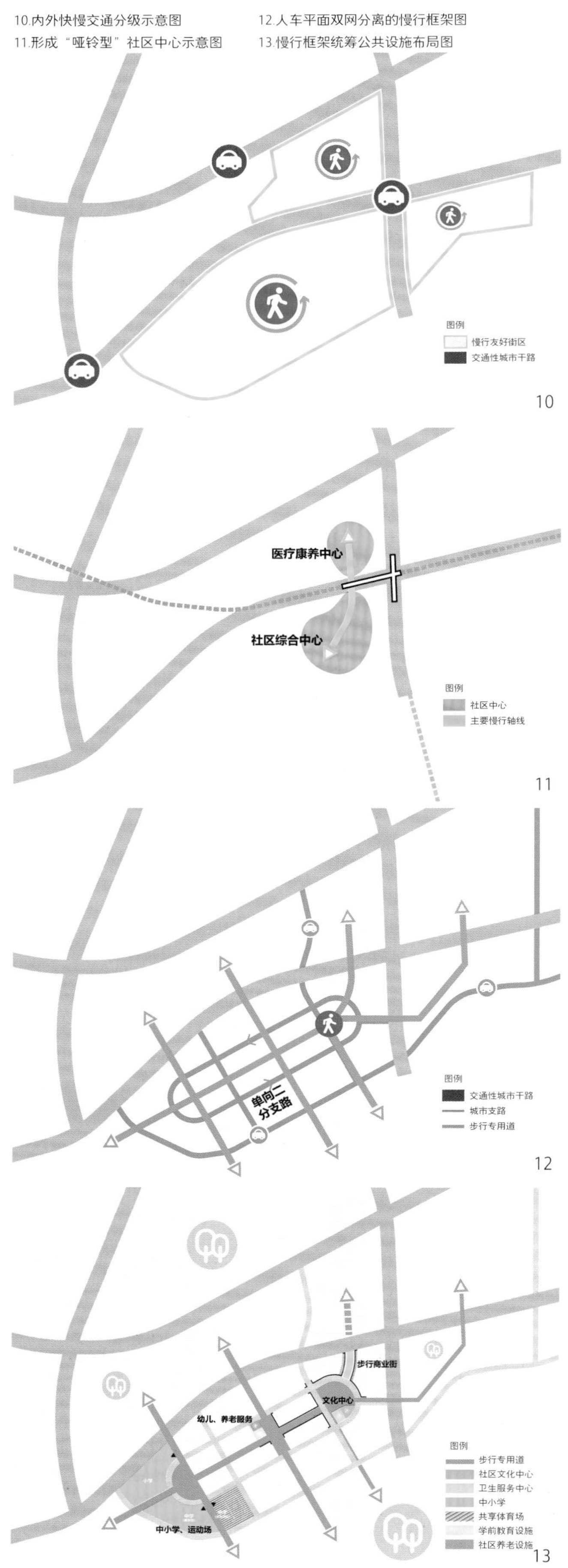

10.内外快慢交通分级示意图
11.形成“哑铃型”社区中心示意图
12.人车平面双网分离的慢行框架图
13.慢行框架统筹公共设施布局图

专用道形式。同时，采用人车平面分离的原则调整社区支路，设置单向二分路环绕布局在步行专用道主路径周边，逆时针单向环路既能增加道路密度，保障车辆通达，又能减少道路宽度，便于行人过街。最终形成新的路网基底，路网密度提升至8.0km/km^2，达到未来社区的通则要求；步行路径密度12.5km/km^2，其中新增设的仅供行人使用的步行专用道密度达4.5km/km^2。

（4）慢行框架统筹各类设施布局

以慢行框架统筹开敞公共空间及公共服务设施布局，便于地铁站进出站人流及社区居民采用慢行方式到达各类公共空间。由站点出入口引出下沉式步行街，向内的步行主路径串联新设置的三个公园，并向外扩散至周边湿地公园、郊野公园。同时，在靠近站点的公园内布置商业、文化等使用人群类型多、公共性更强的服务；在处于社区几何中心位置的社区中心公园布置幼儿、老年服务，尽可能提升这类服务对整个社区的覆盖程度；将中小学及社区体育场等面积更大、需要独立占地的设施布局在更外圈层。

2.第二层：节点优化

（1）慢行框架统筹过街节点

一方面，对于慢行路径跨越城市干路的节点，采用上跨、下穿方式，提前预控布设平缓的立体过街设施。在保障主要人车冲突点的慢行安全的同时，降低人们立体过街的心理阻碍。例如，结合地铁负一层出入口，在商住地块设置下沉步行街，直连东侧下沉式公园，实现无感过街。另一方面，对于慢行路径与支路交叉的节点，进行稳静化设计。通过减少过街宽度、抬高过街节点处机动车路基、在过街节点处采用人行道铺装等方式，降低机动车车速，提升行人过街安全性。

（2）慢行框架统筹公交设施

根据慢行框架统筹常规公交站、社区公交站布局，将常规公交站布设在步行道与干路的交叉点，将社区公交站布设在步行道与支路的交叉点，使得乘客下车后可快速便捷地进入舒适步行区，同时减少换向乘坐公交时的跨街难度。

（3）慢行框架统筹出入口布局

根据慢行框架统筹地块出入口布局，地块主要人行出入口面向慢行区，尤其是小学、幼儿园、老人之家、社区文化中心等公共性更强、慢行需求更多的设施，主入口尽量可直接面向社区公园；同时，车行出入口背离主要步行街。

3.第三层：智慧提升

本次研究选择智慧停车以及个性化出行服务这两项场景展开，这两项智慧场景技术已经相对成熟，落地可能性大，又切实能改善社区内痛点。

（1）智慧场景1：智慧停车系统

当前的主要停车问题包括找车位难、泊车麻烦、缴费不便、管车位难。

针对找车位难，智能停车位匹配方案将片区车位整合到线上平台，用户通过手机App定位地点，根据距离、费用、能否预订等筛选车位，平台也会按需推送最佳停车位。

针对停车泊位，智慧泊车方案可以代替人进行泊车，首先，车主发起泊车指令，车辆利用自身传感器自动识别车位、规划泊车路径、自动泊入车位。再次用车时，车主唤车，车辆启动并驶出到指定地点。

针对缴费不便，车辆入车库时自动识别车牌；出车库前支持多元线上缴费方式或无感支付，缴费完成后，识别车牌自动抬杆。

针对管车位难，智慧管车提供车位上云、车位共享、智能监测、逾期预警。

（2）智慧场景2：个性化出行服务

相较传统出行服务，未来的出行服务应该是准时、舒适、直达、个性化的。在机动车快速发展导致道路资源紧张，公共交通无疑是利用有限道路资源以弥补轨道交通覆盖不足的最优方案，但往往难以“有尊严”地出行。定制出行服务应运而生，其优势在于：一是预约出行+随叫随到，二是一站直达+无需换乘，三是全域动态+集约出行。

具体服务流程为，乘客端提出社区巴士上下车站点、出行路径需求，调度端根据乘客需求情况形成即时社区巴士路线，当需求稳定时转为稳定社区巴士路线及站点。在硬件方面，落位到项目地块，在内部支路上通过电子围栏、二维码立牌等方式设置定制公交小巴临时停靠点。在交叉口设置公交优先控制系统，传感器和智能信号机等设施，为公交提供优先的交通信号。软件云平台方面，配套构建五层架构数字化智慧平台，还可以扩充交通运行监测、人流活动监测、交通拥堵预警、交通承载力评估等其他功能。

未来随着智能技术的发展，还可以有更多的智慧场景应用，插接到前两层搭建好的空间底板上。

四、结语

场景是一个个生活片段，各类建筑及公共空间是承载它的基础，路网与用地则是对各类建筑及公共空间的布局组织。面对一处待建的社区，不能将一些以往因为空间规划失误造成的痛点预设到这块空地上，再利用智慧技术弥补，而是要首先考虑如何从头避免痛点，这必须在规划最擅长的空间领域解决——因为路网与用地，正是诸多生活场景建构的关键底板。每一代规划师对“未来社区”的空间规划经验累积形成一座类似金字塔的系统，它不是全新的、推翻前人的建构，而是一代代“未来”的累积、进步。过去的每一代畅想都会叠加一点技术，逐步积累进步，并成为我们当代的基础。我们也当需学习这些累积，并积极探索在这些物质空间条件上叠加当代数字技术。

主要参编人员：武虹园、李建智、于子鳌、田兴、董文哲、萧俊瑶、覃琦文

参考文献

[1]邹永华, 陈紫微. 未来社区建设的理论探索[J]. 治理研究, 2021, 37(3): 95-103.

[2]袁奇峰, 钟碧珠, 贾姗, 等. 未来社区:城市居住区建设的有益探索[J]. 规划师, 2020, 36(21): 27-34.

[3]浙江省政府. 浙江省人民政府办公厅关于高质量加快 推进未来社区试点建设工作的意见[Z]. 2019.

[4]卢锐, 赵栋, 黄琴诗. 浙江未来社区场景化更新策略及实践[J]. 规划师, 2022, 38(11): 65-71.

[5]浙江省发展改革委, 浙江省建设厅. 浙江省未来社区试点创建评价指标体系（试行）[Z]. 2019.

[6]杨元传, 张玉坤, 郑婕, 等. 中国街区改革的关键——空间尺度和层次体系[J]. 城市规划, 2021, 45(6): 9-18.

[7]理查兹. 未来的城市交通[M]. 潘海啸, 译. 上海: 同济大学出版社, 2006.

[8]迈克尔・索斯沃斯, 伊万・本一约瑟夫. 街道与城镇的形成[M]. 李凌虹, 译. 南京: 江苏凤凰科学技术出版社, 2018.

[9]李建智. 步行优先导向的公共交通站域空间布局模式研究[D]. 西安: 西安建筑科技大学, 2021.

[10]今野博. まちづくりと歩行空間：豊かな都市空間の創造をめざして[M]. 東京: 鹿島出版会, 1980.

[11]韓國土地開發公社. 步行者專用道路의計劃과設計——신도시 및 신 시가지의1보행자공간 체계화와 설계기법개선을 위한 연구[R]. 韓國土地開發公社, 1989.

[12]迪特尔・普林茨. 城市设计（上）——设计方案（原著第七版）[M]. 吴志强译制组, 译. 北京: 中国建筑工业出版社, 2010.

[13]孔宇, 甄峰, 张姗琪, 等. 智能技术支撑的社区规划：概念模型与技术框架[J]. 城市规划, 2023, 47(1): 15-24+114.

[14]武前波, 郭豆豆, 接栋正. 新科技革命下未来社区产生的逻辑及其内涵辨析[J]. 现代城市研究, 2021(10): 3-8+14.

作者简介

武虹园，深圳市蕾奥规划设计咨询股份有限公司TOD规划研究中心研发专员；

李建智，深圳市蕾奥规划设计咨询股份有限公司TOD规划研究中心研发专员；

于子鳌，深圳市蕾奥规划设计咨询股份有限公司智慧交通规划所设计师。

14.慢行过街节点优化示意图
15.梅溪湖未来社区用地布局规划图
16.慢行框架统筹交通设施示意图
17.慢行框架统筹出入口布局图

城乡规划多场景智能辅助设计研究

Research on Intelligent Assisted Design for Urban and Rural Planning in Multiple Scenarios

韦 胜
Wei Sheng

[摘 要] 场景是城乡规划智能化发展过程中重要的抓手，其是将城乡规划的实际运行物理空间实现数字化和智能化处理的过程，并将相关信息进行充分的融合。多场景是面对城乡规划复杂问题的一个解决方案。为此，本研究先对场景的概念进行了辨析，其次提出了多场景的研究技术路线，再以3个案例做简要说明。本研究可以为未来城乡规划的智能化发展提供一定的参考依据。

[关键词] 场景；地理信息系统；虚拟现实；智能交互；规划辅助决策

[Abstract] Scenarios are an important means of intelligent development in urban and rural planning. They involve the process of digitizing and intelligently processing the actual physical space of urban and rural planning, while fully integrating relevant information. Multiple scenarios are a solution to complex problems in urban and rural planning. Therefore, this study first distinguishes the concept of scenarios and proposes a research roadmap for multiple scenarios, followed by brief illustrations through three case studies. This research can provide a certain reference basis for the future intelligent development of urban and rural planning.

[Keywords] scenarios; geographic information system; virtual reality; intelligent interaction; planning decision support

[文章编号] 2023-93-P-082

城乡规划多场景设计是指在进行城乡规划时，需要考虑到不同的场景和情境，以满足人们的各种需求和期望。这些场景可以包括居住、工作、商业、文化、娱乐等不同方面。在城乡规划多场景设计中，需要综合考虑土地利用、交通网络、环境保护、社会服务等方面的因素，以确保规划的可行性和可持续性。城乡规划的多场景设计需要更加精准、高效，而传统的规划方法往往受制于人力和经验的局限。因此，城乡规划多场景智能辅助设计作为新兴的研究领域，将以智能化、数字化、自动化等方式，为城乡规划提供更加全面、精准的辅助设计，改善规划决策质量和效率[1]。

一、概念辨析

场景最初概念是基于物理空间维度而言，如会议室、咖啡厅、教室等，且强调社会生活的面对面互动[2]。“场景”（situation）研究范式是由戈夫曼开辟[3]，并被广泛地应用在区域规划[4]、文化公园[2]、城市更新[5]、旅游发展[6]、城市景观[7]等领域。本研究认为，在数字化和智能化时代，城乡规划的多场景[4]具有以下3层含义：首先，把人与人的交互场景从物理世界迁移到数字世界；其次，物体信息映射到数字世界；最后，直接把业务场景迁移或映射到数字世界。

多场景则是面临着城乡规划诸多复杂的问题时，通过不同的场景来解决一个一个具体的问题。因此，城乡规划多场景智能辅助设计是利用人工智能和数字化技术，对城乡规划过程中的多种场景进行智能化辅助设计的研究。其主要涉及到以下技术：①地理信息系统（GIS）模型：通过GIS模型对各种数据进行集成和分析，实现多场景空间关联性和优化性分析，帮助规划者快速得出决策；②人工智能技术：如图像识别、自然语言处理等技术可以辅助

1.总体研究思路示意图
2.控规管控校核自平衡机制理论示意图

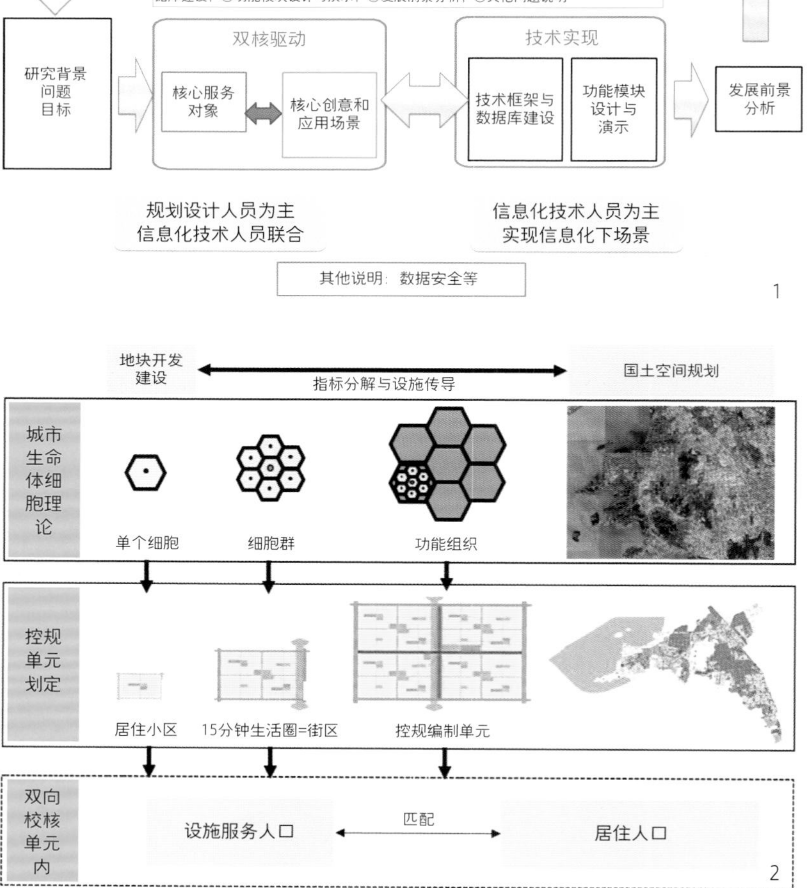

规划者快速获取并分析相关数据，从而指导规划过程；③虚拟现实技术：可模拟出城市或乡村的感性场景，对规划方案进行直观体验和评估；④智能交互技术：通过智能交互手段，实现城乡规划者与系统之间的快速交流互动，提高沟通效率。

总之，多场景概念在城乡规划信息化发展中具有重要意义，其是要通过数字地图、3D建模等技术手段，对城市和乡村的情况进行详细的记录和分析，实现对规划所需信息的智能获取、处理与共享，为城乡规划提供更加全面准确的数据支持；同时也可以基于人口、经济、交通、环保、文化等多方面数据来进行多场景分析[8]，帮助决策者制定科学的规划方案，并在规划过程中不断优化和调整[7]。其还可以辅助可视化城乡规划方案的呈现，包括虚拟漫游、视频及动画展示等方式，让决策者和公众能够更直观感受规划设计的效果，并更好地参与决策过程[9]。

二、多场景的研究技术路线

多场景研究的总体技术路线图可参考下图开展，具体包括：①研究背景、问题与目标；②核心服务对象；③核心创意和应用场景；④技术框架与数据库建设（即数字化解决方案）；⑤功能模块设计与演示；⑥发展前景分析；⑦其他问题说明；等等。以下对7个方面的重点内容做简要说明。

1.研究背景、问题与目标

研究背景是从较大的研究背景出发，提出当前业务发展中存在的问题，并重点阐述出进一步解决问题所需要的条件等。直接阐述本场景所面临的具体问题。而目标是以创造社会、经济价值为指引，探索未来发展前景，形成规划服务的抓手，创造较大的社会价值。

2.核心服务对象

内容上：围绕核心服务对象，一般包含了管理者、规划编制者以及社会公众3个部分。用户对象上，一般而言，则是根据场景核心使用者，并尽可能多地考虑到多方需求，来设计相关功能。

3.核心创意和应用场景

核心创意：核心创意一般是在多个小场景的基础上综合分析而得到的。一方面，从行业应用场景的角度，重点是能在场景设计的内在机制上阐述出核心创意是什么。另一方面，有条件的可以从原理的角度说明清楚创意。

应用场景：围绕核心创意，针对多个具体的应用场景，从痛点问题和解决思路2个方面阐述清楚场景的实现思路。

4.技术框架与数据库建设

技术框架：包括了整体的场景设计技术路线图，具体的技术实现步骤，有条件地给出相关计算公式等，但技术实现的思路要具体和明确，进而能够通过计算机程序和模型进行操作和处理。

数据库：主要是要给出数据库建设的主要内容项，以及主要的数据库表结构。

3.周边及空间结构示意图
4.街道虚拟游览示意图
5.滨河游线虚拟游览示意图
6.场景导览示意图

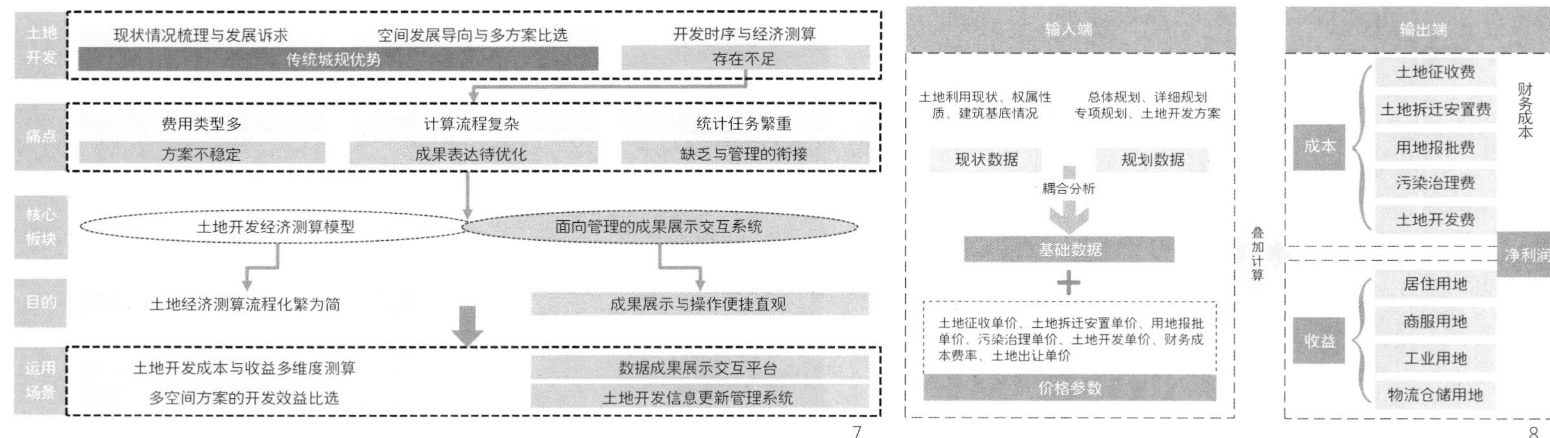

7.研究技术框图
8.土地开发成本与收益测算流程图

5.功能模块设计与演示

该部分内容一般要求给出具体的软件界面、实现的功能模块界面和一般性操作内容说明。同时，一般要求能够以真实模块化组装的系统进行测试，以确保场景能够较为快速地推广和应用。

6.发展前景分析

发展前景分析一方面包括了自身该场景上下游的发展分析，另一方面包括了跳出该场景所能够达到的社会经济价值分析。

7.其他问题说明

针对场景中遇到其他问题或者设想进行说明，如数据安全等。

三、案例简介

1.美好住区数字化辅助决策系统

美好住区数字化辅助决策系统是以控规单元为居住-设施相匹配的管控单元，对其进行居住和设施的双向校核和动态监测，测定该控规编制单元内的居住用地可拍卖余量、公共服务设施可承载力，在公共服务设施配置方面帮助规划人员、控规审批人员和规划管理人员提效。

（1）核心创意

划定控制性详细规划（以下简称控规）单元为居住一设施相匹配的管控单元，实现人—地—设施内部自平衡，对其进行居住和设施的双向校核和动态监测，测定该控规编制单元内的居住用地可拍卖余量、公共服务设施可承载力，最终校核控规编制单元，在公共服务设施配置方面帮助规划人员、控规审批人员和规划管理人员提效。

（2）应用场景

用于居住用地出让条件设定（套数和户型）和设施承载力预警。《国务院关于促进节约集约用地的通知》中第十五条规定：为合理安排住宅用地，防止大套型商品房多占土地，供应住宅用地要将住房建设套数和住宅建设套型等规划条件写入土地出让合同或划拨决定书。自然资源与规划局土地出让工作人员如何科学合理确定居住用地出让套数和套型设定，防止房地产开发商过度开发以谋取经济利益导致周边教育等设施超载的情况发生成为工作难点。

解决思路：该系统形成居住—设施匹配的控规编制单元，一方面可以指导居住用地户型和套数等拍卖条件的设定，确保各类住房的适配布局。另一方面可以实时监测教育等设施承载力承压情况，有效指导各类公共服务设施的增补与优化。

2.智慧园区全生命周期解决方案

智慧园区全生命周期解决方案是要通过园区三维数据底座建设，构建“贯穿全过程、展现全维度、融合全要素”的全景式平台，伴随园区发展，汇聚各类重要数据信息。

（1）核心创意

围绕“智慧园区全生命周期解决方案”，构建“贯穿全过程、展现全维度、融合全要素”的全景式平台。产业园区特点是小而专，往往无独立管理主体，但又有汇集条线专业数据的需求，落地细、变化快。主要有3个问题痛点：一是针对产业园的专门平台，能够辅助规划建设、产业招商等业务相关流程，随着产业园快速发展过程留痕。二是兼备二维三维展示能力，既可以统览园区也可以导向具体项目，不同维度展示规划成果、建设进展、运营状态。三是汇集各类重要数据信息，能够实现空间形态、统计数据的动态更新。

（2）应用场景

主要思路为既解决规划“编制、审查、实施、监测、评估、预警”全过程串联的问题，也要协同产业用地“招商、建设、融资、经营、退出”全生命周期管理进行业务并联。典型应用包括：

项目选址：招商项目选址时自动显示剩余用地、选址建议、出具相关条件；

方案审查：规划部门预先介入招商流程，在平台中进行方案合规性预审，实现拿地即开工；

信息建档：企业设计方案三维精细模型、BIM及竣工验收数据导入系统替换规划模型；

评估监督：投产后，进行综合效益评估，实现出让协议双合同（土地+效益）持续监管；

提质增效：低效用地预警，纳入上级更新计划储备库和执行计划，接入更新主题的数据库和相关应用。

3.基于GIS的城市开发运营经济分析

基于GIS的城市开发运营经济分析是利用ArcGIS模型构建器建立土地开发经济测算模型，实现土地开发成本—收益的智能化测算，并基于WebGIS实现结果的可视化表达与管理。

（1）核心创意

模型搭建是基于对现阶段城市开发运营现状的

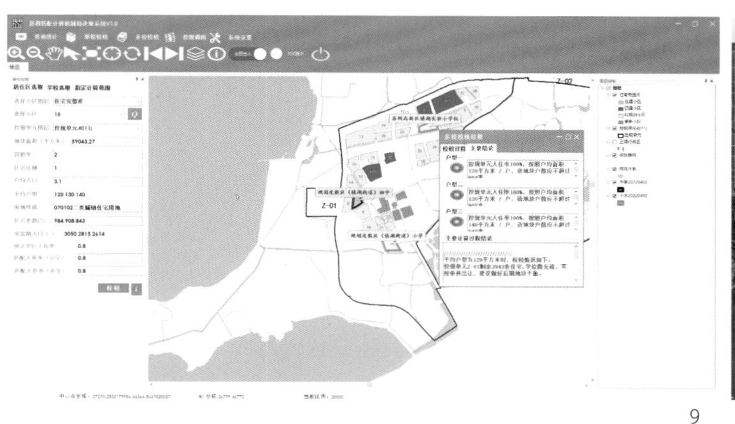

9

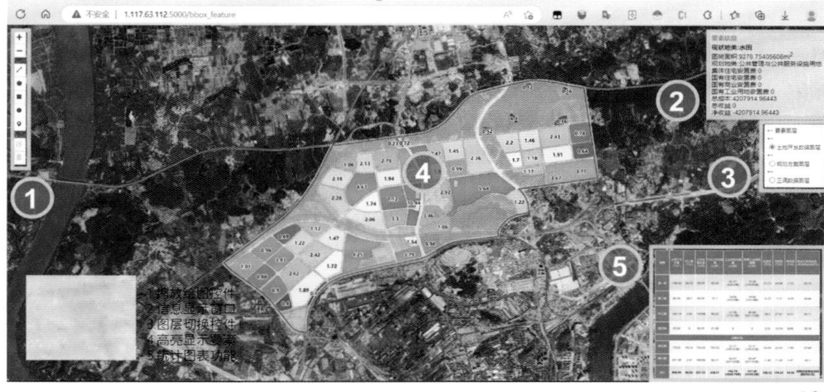

10

9.系统辅助决策过程界面图
10.数据成果交互展示界面示意图

科学思考，同时结合目前较为成熟的GIS技术解决传统城市规划在经济测算上的痛点，核心创意有如下几点：一是基于ArcGIS模型构建器，系统梳理与优化经济测算流程，实现了城市开发经济分析模型的标准化；二是整合现有技术实现复杂工作流程化，实现了土地开发经济测算过程的自动化；三是搭建轻量级WebGIS展示平台，结合WFS与相关功能，实现经济分析结果的交互可视化展示。

（2）应用场景

针对现阶段的问题与需求，本次研究重点解决土地开发经济测算模型与展示平台的问题，研究对于规划编制人员与甲方工作都有良好支撑与辅助作用。

编制人员：单选用地方案的经济性多维分析，多方案的开发效益比选，全域土地储备与开发经济分析，土地开发经济测算模型梳理。

甲方：数据成果交互展示平台，构建土地开发信息更新管理系统，用地方案决策支持，招商引资，城市开发运营管理。

四、结语

城乡规划信息化发展中的多场景概念，旨在通过数字技术手段，更加全面、精细地分析城市和乡村的各种场景与情境，提高规划决策的科学性和精准性，为实现城乡良好发展提供科技支撑。本研究初步提出了一个研究的总体技术路线，并通过3个案例进行了相关的说明，以期为当前智能城乡规划发展提供一定的参考作用。

项目负责人：韦胜、高湛

主要参编人员：陈军、顾志远、郭晓迪、严有龙

参考文献

[1]李智轩，甄峰，黄志强，等. 漫谈未来城市场景特征与规划应对[J]. 规划师，2021，37(16)：78-83.

[2]陈波，庞亚婷. 长江国家文化公园场景感知研究[J]. 江汉论坛，2023，538(4)：129-137.

[3]GOFFMAN E. The Interaction Order：American Sociological Association，1982 Presidential Address[J/OL]. American Sociological Review，1983，48(1)：1-17. https://doi.org/10.2307/2095141.

[4]郭晨，冯舒，汤沫熙，等. 场景规划：助力城市群协同发展——以粤港澳大湾区为例[J/OL]. 热带地理，2022，42(2)：305-317. https://doi.org/10.13284/j.cnki.rddl.003433.

[5]赵炜，韩腾飞，李春玲. 场景理论在成都城市社区更新中的在地应用——以望平社区为例[J]. 上海城市规划，2021(5)：38-43.

[6]夏蜀，陈中科. 数字化时代旅游场景：概念整合与价值创造[J/OL]. 旅游科学，2022，36(3)：1-16. https://doi.org/10.16323/j.cnki.lykx.20220506.001.

[7]周详，成玉宁. 基于场景理论的历史性城市景观消费空间感知研究[J/OL]. 中国园林，2021，37(3)：56-61. https://doi.org/10.19775/j.cla.2021.03.0056.

[8]陈波，庞亚婷. 黄河国家文化公园空间生产机理及其场景表达研究[J/OL]. 武汉大学学报(哲学社会科学版)，2022，75(5)：66-80. https://doi.org/10.14086/j.cnki.wujss.2022.05.006.

[9]李和平，靳泓，N.CLARK T，等. 场景理论及其在我国历史城镇保护与更新中的应用[J/OL]. 城市规划学刊，2022(3)：102-110. https://doi.org/10.16361/j.upf.202203014.

作者简介

韦　胜，博士，江苏省规划设计集团信息中心主任工程师，正高级城乡规划师。

面向高质量发展的城市时空模式认知与决策应用

Cognitive and Decision-Making Applications or Urban Spatiotemporal Pattern Recognition for High-Quality Development

胡腾云
Hu Tengyun

[摘 要] 研究基于规划实施的视角，综合城市治理的需求，遵循特大城市发展的客观规律，围绕长时序数据信息的城市时空模式认知和决策支持，建立了国土空间优化布局及人地耦合模拟的技术体系。围绕“城市空间扩张”“城市生态空间修复”“空间约束及规划减量”这三个典型的城市演化阶段，按照“感知动态变化—认知演变规律—推演未来情景”的总体思路。从逐年、高时频的时序信息分析角度提取城市空间要素发展变化的时间上下文知识，为量化城市演化的时空体征规律提供重要的数据基础；通过挖掘城市空间不同要素的联动关系和层级逻辑，量化表达多类空间要素在不同政策和发展阶段的时空演化特征，为后续开展城市环境交互响应分析奠定基础；利用地理信息时空建模技术，搭建未来城市空间要素变化的多场景演化模型，通过预测模拟和场景设计的方式支撑城市动态发展下资源优化及空间配置问题。

[关键词] 城市时空模式；时间序列信息；多场景演化模型

[Abstract] A technical system has been established to optimize land spatial layout and simulate the coupling between humans and land, based on the perspective of planning implementation, integration of urban governance requirements, adherence to the objective laws of mega-city development, and a focused cognitive understanding of urban spatiotemporal patterns and decision support using long-term data information. It revolves around three typical stages of urban evolution: "urban spatial expansion," "urban ecological space restoration," and "spatial constraints and planning reduction," following the overall approach of perceiving dynamic changes, understanding evolutionary patterns, and deducing future scenarios. Analyzing the development and changes of urban spatial elements from a year-by-year and high-temporal-frequency perspective, enables the acquisition of crucial temporal context knowledge, laying important data foundations for quantifying the spatiotemporal characteristics of urban evolution. Exploring the interactive relationships and hierarchical logic among different urban spatial elements, facilitates the quantitative expression of the spatiotemporal evolution characteristics of various spatial elements in different policy and development stages. This establishes a solid groundwork for subsequent analysis of urban environmental interaction and response. Leveraging geospatial temporal modeling techniques, a multi-scenario evolution model of future urban spatial element changes is constructed, providing support for addressing resource optimization and spatial allocation issues amid the dynamic development of cities through predictive simulation and scenario design.

[Keywords] urban spatiotemporal patterns; time series information; multi scenario evolution model

[文章编号] 2023-93-P-086

一、引言

我国的城市化经历了近40年高速发展后，“摊大饼”式的发展方式越来越难以为继，城市发展开始步入转型与重构，例如以北京为首的特大城市已经从空间扩张转为高密度城区有机更新和减量腾退。与此同时，数字化等空间信息技术的发展提高了人们对城市复杂系统的时空认知能力，基于对城市运行规律的理解和把握，探索解决城市发展不同时期、不同空间要素所面临的生态和社会问题，通过科学、有效的方法支撑城市规划与管理，推进国土空间优化和城市高质量发展。

多源大数据已经深度嵌入了城市系统中，这些时间序列数据真实地反映了城市在一个长时间范围内的动态变化，甚至能够刻画城市化发展及转型的过程，追溯从增量扩张、有机更新、减量腾退及底线管控、生态格局保护等不同演化阶段、不同政策导向下的城市发展模式。

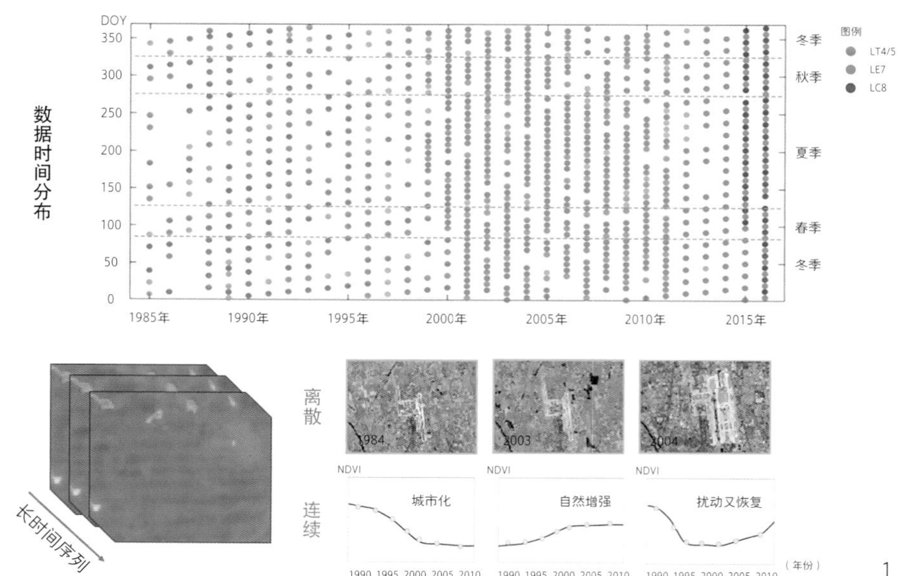

1.长时序高时频数据采集及提取示意图

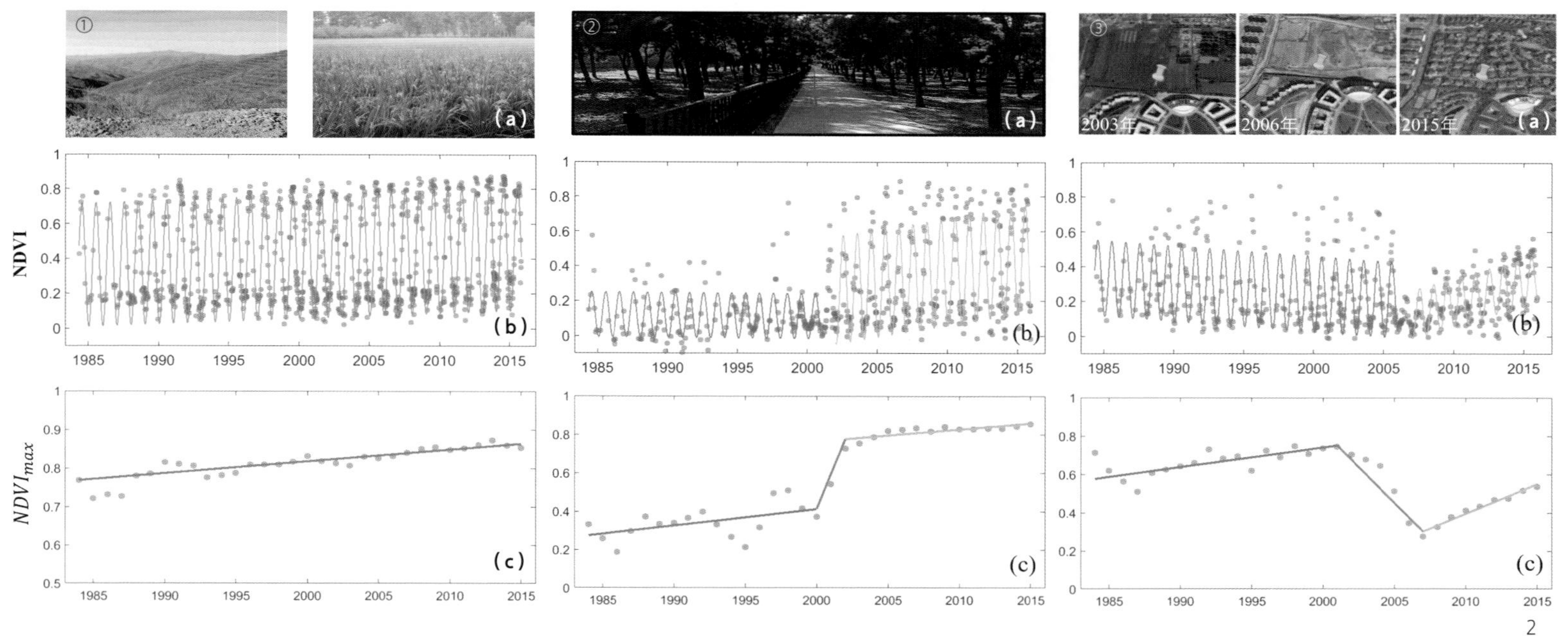

2.典型区域（a）区域景观：①自然森林区、②城市公园区、③建成区内绿色空间植被生长状态时序变化；（b）基于Harmonic Model的NDVImax波动趋势变化；（c）基于逐年的最大植被生长NDVImax的年际趋势拟合

二、主要内容

城市研究需要善于利用多源数据的时空动态信息，通过时间序列分析表达挖掘城市内各要素在空间利用、集约传导等方面的发展规律及模式，以此来支撑复杂城市系统过程模拟，解决城市动态发展下的资源优化配置问题。

1.动态感知，城市空间系统应赋予时间维度的表达

城市是一个动态的系统，特别是由于人类活动影响，城市各种要素往往处于连续的动态变化之中。提取高时频、动态的时序信息是发现城市变化、描述复杂演化过程的重要基础。我们建立了针对不同空间维度、不同数据源的城市空间动态监测的方法体系，解决城市研究缺乏时序数据的困难；不仅包括建设用地、绿色空间等实体要素，还涵盖了土地利用功能、建成区范围等具有社会属性的空间。

以城市园林绿化空间为例。绿色空间不是静止的，传统测绘数据衡量城市绿地主要集中于绿地的数量和分布，以此得出随时间变化的绿地供应统计数据。在非热带城市，很少有一年四季都绿意盎然的绿地，无法通过单一或若干时期的数据信息反映其不同物候期（即从初绿到成熟、衰老和退绿）的季节变化，以及绿地随时间的动态数量和质量。我们选择了长时序、连续观测、表达四季变化的影像数据，采用谐波函数同步刻画植被生长变化的年内特征以及年际间的变化趋势。可以发现，自然林地年内植被生长状态呈现明显的季节波动；城市公园在人为建设干预后，植被生长明显提升。从年际变化来看，绿色空间生长旺盛季节内的平均植被生长状态持续上升，究其原因，自然生长的绿色植被受多年全球气候变暖及城市建设导致的局地热岛效应等，生长环境温度升高，促使植被的物候及生长状态均发生了改变，一定程度上延长了绿色空间植被生长峰值的持续时间。利用这个技术思路，可以准确监测城市拆违腾退空间的复耕、复绿实施进展。

2.演变认知，城市变迁过程需要时空连续性的分析

城市各空间要素相互作用，在动态变化的过程中其服务功能也会相应变化，并受到人类活动影响产生各种响应，因此，对城市系统开展定量评价、研究城市化过程中各要素特征及关系，是实现城市复合系统综合研究的重要方面。我们对多类国土空间要素展开不同阶段的时空演化特征表达，拓展了时序信息在城市空间等方面演化和评估的应用，也为开展城市环境交互响应计算奠定了基础。包括城市空间景观网络、人口流动、植被生态系统服务价值动态评估以及城市色彩图谱变化分析等。

例如利用景观格局网络(landscape network)分析城市演化的过程，将具体的各类用地斑块抽象为节点(node)，其与周边斑块的连接表达为交错的景观网络(links)，城市建设空间景观网络时空动态过程反映了城市重要斑块节点的迁移和转化。利用数学图论(graph theory)的思想理解城市内各用地斑块之间的交互，节点等级越高与周围用地连接度越高，在空间上拓展聚合周边小斑块的可能性较高，未来易发展形成核心地区；有些斑块具有一定的敏感度，虽然其整体等级不高但能改变城市景观的整体网络格局，反映了城市系统的自组织特征；景观网络变化也可以反映景观破碎程度，北京市绿化隔离地区绿色空间景观网络时空动态展示了三十年间北京市绿化隔离地区绿色景观破碎化形态，由单廊道连接逐步被蚕食为多个小空间节点的多向连接。

3.未来推演，城市空间优化模拟面向多要素和场景

多源时序的感知为我们提供了城市结构、功能的状态、驱动力、演变等信息，进一步与城市研究的相应模型结合，可形成有助于城市管理与规划的知识。耦合动态变化的时序信息与空间优化模型，通过对未来空间多场景的时空预测模拟，辅助解决城市动态发展下的资源优化及空间决策问题，也推进了智慧城市规划研究从实施评估应用目标走向预

3.拆违腾退空间复林实施情况跟踪统计图
4.城市建设空间景观网络时空动态过程图
5.北京市绿化隔离地区绿色空间景观网络时空动态过程图

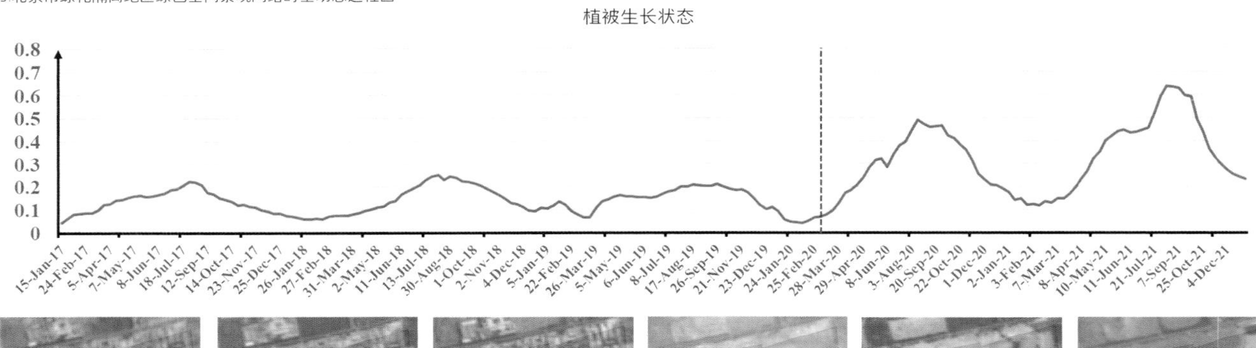

3

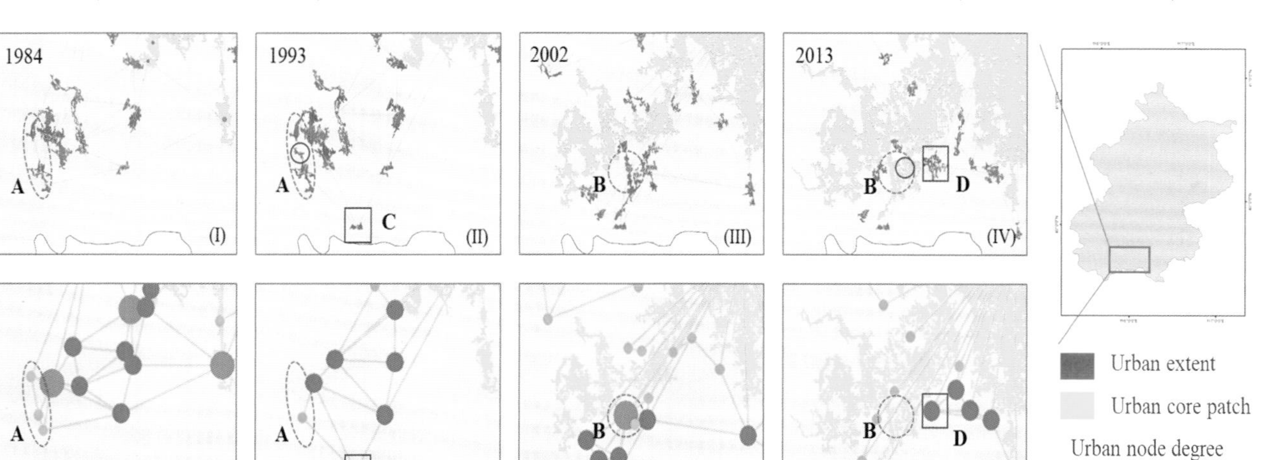

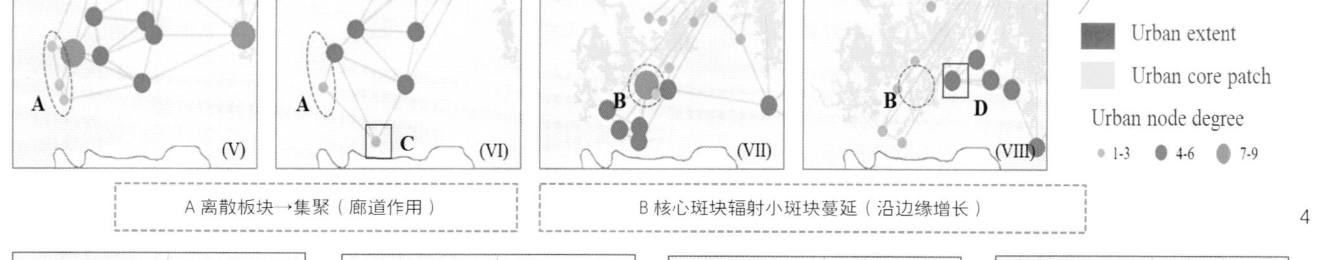

4

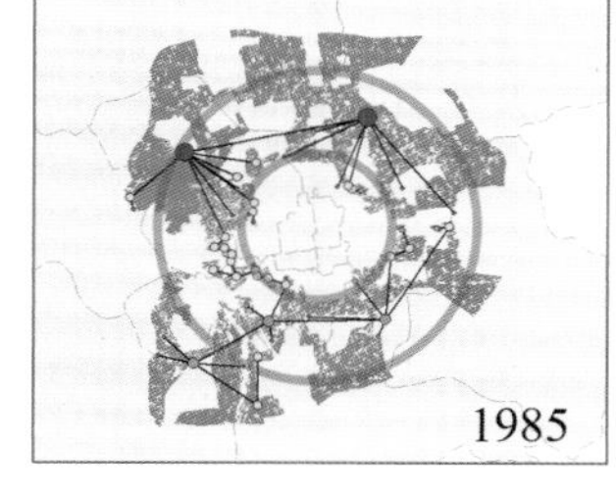

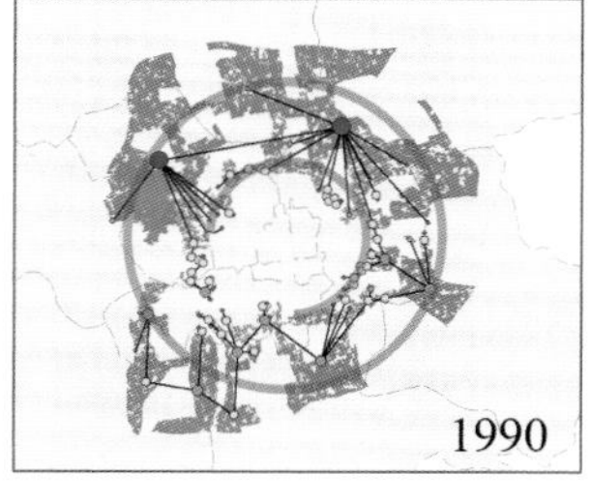

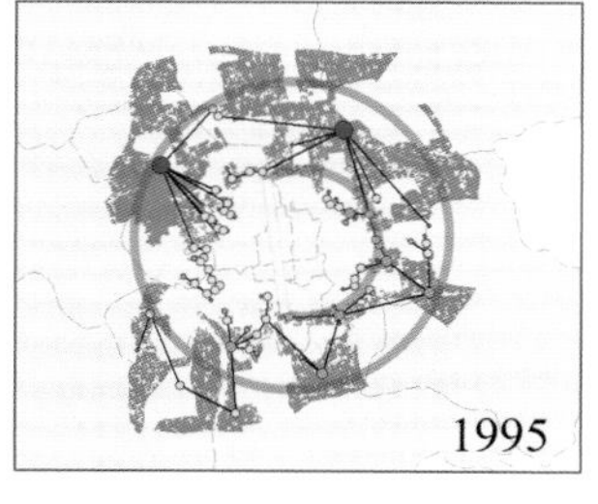

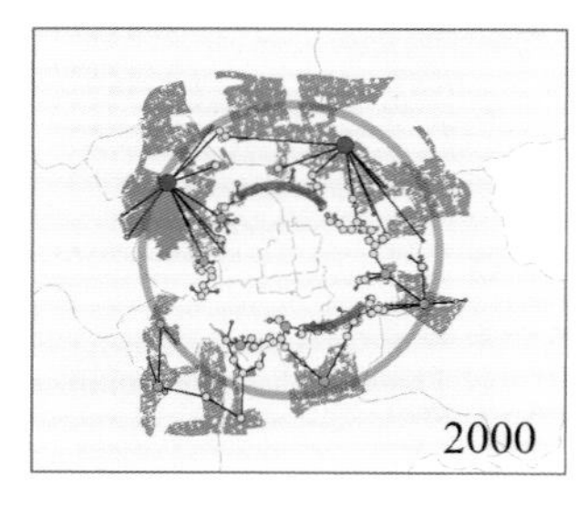

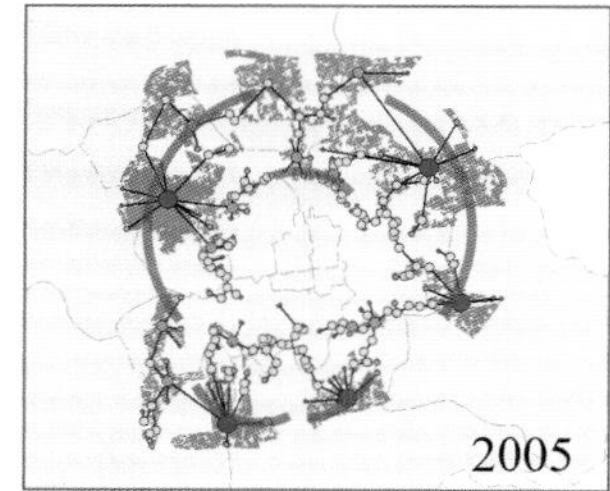

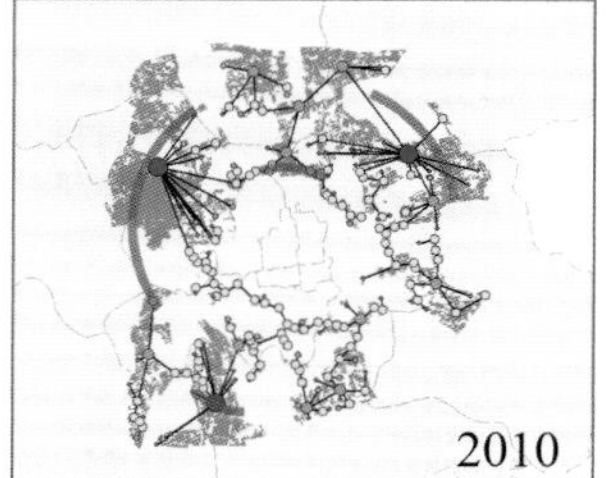

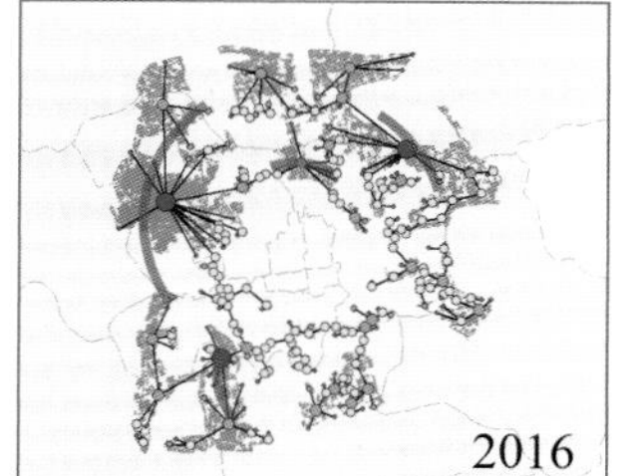

5

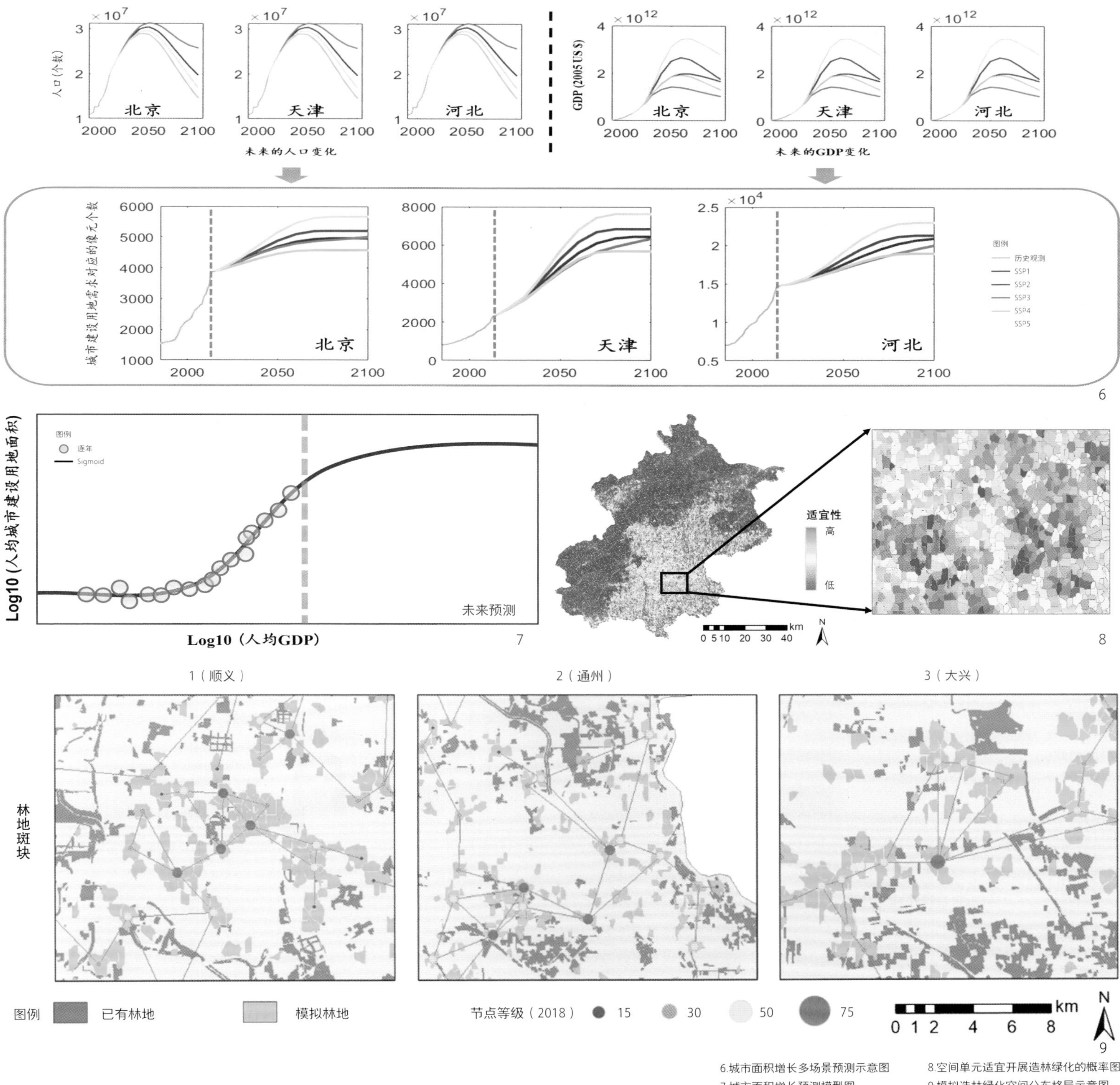

6.城市面积增长多场景预测示意图
7.城市面积增长预测模型图
8.空间单元适宜开展造林绿化的概率图
9.模拟造林绿化空间分布格局示意图

测性和决策性发展。

示例1：基于逻辑增长规律的城市建设用地需求估算模拟

城市建设用地需求估算是开展城市空间扩张模拟及可持续评价的重要内容。传统的城市建设空间估算往往是基于经验规律的线性外推，其对城市面积统计的时间频度要求相对较低，这类方法往往不能反映真实的城市发展情况。我们基于识别的时序城市用地面积，结合社会经济统计数据（例如人口和GDP），构建人均城市用地面积随社会经济指标（人均GDP）的Sigmoid变化模型，并基于此模型和未来的SSP多个社会经济情景进行总量需求估算。

示例2：城市绿色工程未来空间生长适宜性分布模拟

在城市绿色空间前期科学规划阶段，发现并优化潜在绿化空间十分重要。在什么地方建设绿色空间？在各类土地资源有限的情况下，哪些空间绿化效率更高？这些都是政府和公众关注的问题。我们在长时序

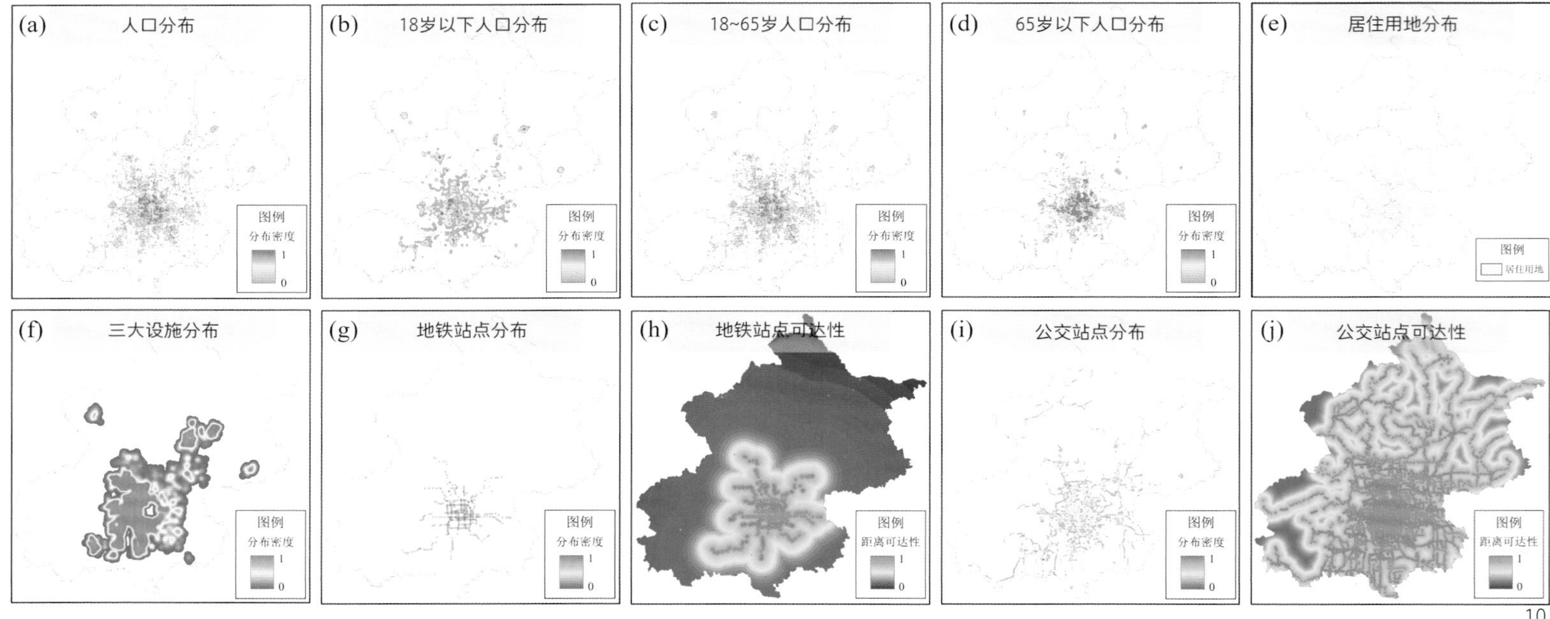

10.再利用建设功能适宜性评价特征示意图

观测绿色空间生长状态趋势变化、景观格局演替的基础上，提出预测未来园林绿化空间布局的模拟方法，以期为城市绿色空间规划提供多方案比选的量化支撑。

我们将林地斑块间空间格局分布、斑块内绿色空间初始状态（覆盖比例、生长状况、内部异质性）以及斑块内绿色空间动态生长趋势等变量作为新增林地斑块适宜性评价的因子；将基本农田作为约束发展新增林地的限制用地类型，而城市低效、腾退用地作为优先发展新增林地的用地类型。空间模拟结果显示林地斑块在空间布局上更加均衡，最大化地发挥林地的生态环境效益，同时也尽量保留现有生产力比较肥沃的农用耕地。

示例3：城市建设腾退空间再利用功能优化模拟

北京等特大城市的发展已步入实施减量发展阶段，陆续推进“疏整促”“无违建”等专项行动，产生的减量用地通过更新再利用可以进一步满足城市未来发展的空间需求。已有时空模拟研究多针对传统“增长主义”的城市空间发展，对城市空间的有机更新、减量腾退等不同演化阶段、政策导向的针对性不足，例如我们开展了对城市建设用地的需求估算和城市建成区内的多种土地利用变化布局模拟；在城市生态空间维度，借助于动态时序信息获取的林地斑块生长规律，模拟未来城市潜在造林绿化空间用地适宜性分布；随着特大城市进入存量、减量发展阶段，针对城市中大量的拆违腾退空间开展再利用功能的空间优化及布局模拟。

对城市腾退空间的功能优化多以规划人员对于土地复耕、复绿，区域补充公共配套设施的定性判断和政策宣传为主，缺乏细化且量化的空间布局决策支持。我们将拆除腾退空间细分为规划非建设和规划建设两个范围。以规划建设区域内的拆后腾退空间为例，设计了根据居住、产业和三大设施（即公服设施、市政交通设施和安全设施）等不同功能空间的适宜性评价变量。选择不同年龄人口分布特征、土地利用现状布局、公共交通站点分布及其可达性作为适宜性评价指标及模型的输入特征；将历年规划行政许可项目作为模型训练集，引入机器学习方法对全市的建设用地地块开展建设功能适宜性评价，获得北京市未来居住、产业和三大设施等不同建设类型的适宜性分布的空间概率，提供空间优化再利用功能引导的技术支撑。

三、结语

需要指出的是，社会大数据、遥感数据等用于城市科学研究已发展较为成熟，基本构建了相对完整的数字化时空模式分析的研究框架，但大多停留在学术理论层面，在政府决策和规划管理的应用实践中仍然存在差距。从时间维度入手，利用时序高频率的上下文信息感知、认知城市从增量扩张到更新减量及底线管控、生态格局保护等不同演化阶段的发展规律，提供未来城市空间变化的多场景模拟预测的技术手段，也是为辅助智慧规划决策做出微薄贡献。

作者简介

胡腾云，北京市城市规划设计研究院。

中观层面大数据方法应用

——大数据手段支持下的老城区文化游径构建方法研究

Application of Big Data Methods at the Median Level —The Construction Method Research of Historical and Cultural Trail in Old Urban Areas Supported by Big Data

夏 雯
Xia Wen

[摘 要] 本文探索绍兴东浦古镇、太原府城和南昌老城三地历史文化游径构建的三种不同方法。绍兴东浦古镇文化游径构建采用传统的空间溯源法，以传统历史地图为依托，以历史生活场景的呈现作为游径构建的依据。太原府城文化游径构建采用大数据包络分析法，以包络线梳理文化资源点之间的线型联系，并将此联系与道路网络形成空间映射，以此筛选出文化资源点之间联系最频繁的路径作为文化游径。南昌老城的文化游径构建则采用综合评价法，将传统手段和大数据手段相结合，依托方志地图等历史文献绘制线性人文历史框架底图，再运用计算性方法评估街道活力，结合实地调研访谈，校核修正文化游径路线的选择细节。通过三种方法的分析与思考，希望规划聚焦以人为本的核心理念，以大数据作为技术手段支持，最终实现以价值为导向的城市更新。

[关键词] 历史文化游径；老城区；大数据手段

[Abstract] This article explores three different methods for constructing historical and cultural trail by studying Shaoxing Dongpu Ancient Town, Taiyuan Fucheng, and Nanchang Old Town.

We use the traditional spatial tracing method to construct the historical and cultural trail in Dongpu Ancient Town. This method relies on traditional historical maps and presents historical life scenes as the rationale. The construction of Taiyuan Fucheng historical and cultural trail adopts the big data envelopment analysis method, which combs the linear connection between cultural resource points, and forms a spatial mapping between this connection and the road network, so as to screen the trail with the most frequent connection between cultural resource points. The construction of cultural tourism routes in the old city of Nanchang adopts a comprehensive evaluation method, combining traditional methods with big data methods. Based on a historical map, a linear cultural and historical framework map is drawn, and computational methods are used to evaluate the vitality of the streets. Combined with on-site research and interviews, we can check and correct the details of this historical and cultural trail.

Through analysis and thinking on three methods, it is hoped that the planning will focus on the people-oriented core concept, and ultimately achieve value-oriented urban renewal.

[Keywords] historical and cultural trail; old town; big data tools

[文章编号] 2023-93-P-091

一、研究背景

老城区是城市历史层层积淀的区域，是城市历史和人文风貌的载体和展示窗口，其中的历史文化遗存数量繁多、属性庞杂。借用城市绿道、街道等线性慢行通道将其串联，形成特定历史或特定主题的旅游展示路线，是一种重要的文化彰显手段。这条线性空间是老城内历史文化遗存之间联系的空间纽带，同时也随着时间递续发展，与历史衔接，与城市正在进行的发展与变化相融合，并向未来流动，成为城市演化的见证和表征。

本文在实际项目应用中采用传统分析、大数据分析、大数据与传统分析方法结合的手段，对老城区文化游径的构建进行一系列实践，并分析与思考各类方法的利弊。一般来说，大数据手段城市规划中的应用主要在以下几个方面。一是人口、产业方面的大数据分析，为提出研究结论给予支持；二是宏观层面大尺度区域规划中关于人口、经济、交通、产业、生态等方面的分析应用；三是中观层面关于公共服务设施、商业设施、街道品质、用地等内容的综合评估；四是微观层面的设计支持。在中观层面，大数据的支持存在难度的点在于，一是动态化、精细化分析的数据难以获得，二是在精细化前提下统计数据与真实现状有较大差异。本文最后聚焦于大数据和传统分析方法相结合的方法来构建文化游径，则是希望规划聚焦以人为本的核心理念，以大数据作为技术手段支持，最终实现以价值为导向的城市更新。

1.太原府城一级文旅资源点之间联系频次高低分析图

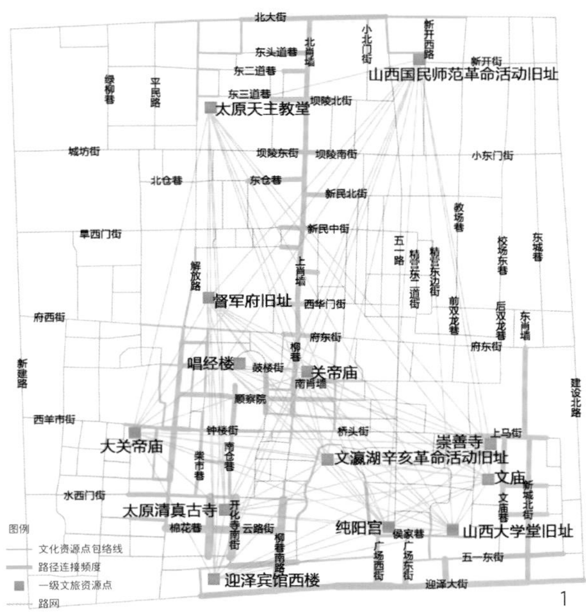

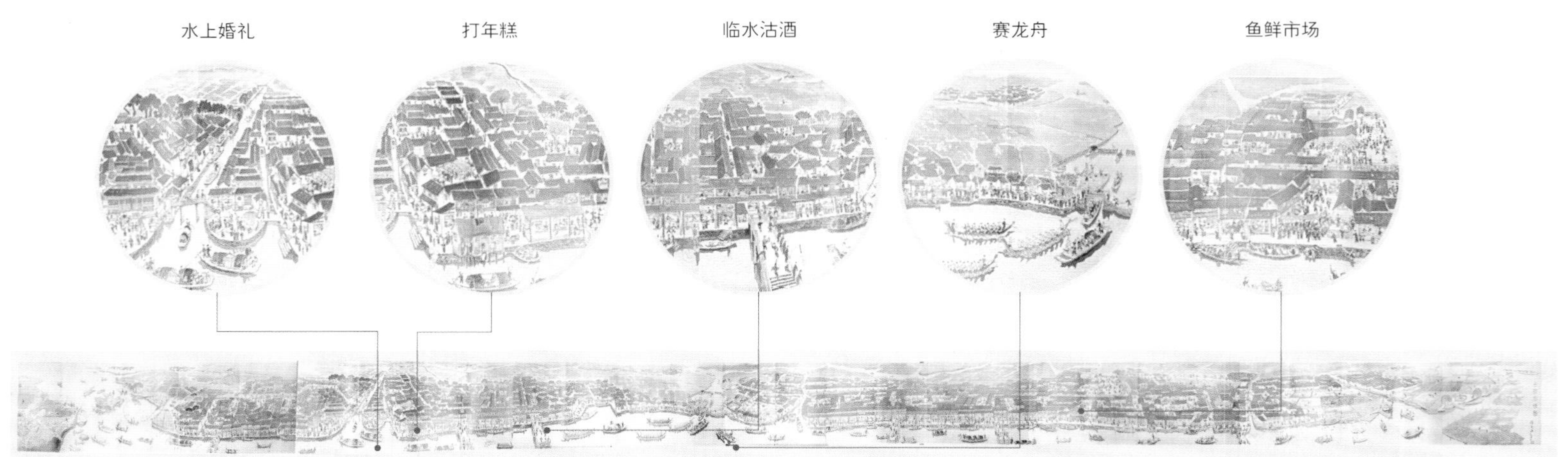

2 绍兴东浦古镇《古镇风情图》中历史活动提取分析图

二、相关定义辨析及文化游径构建思路分析

1.定义辨析

关于城市或区域历史文化游径的构建、保护与利用，近年来呈现的新概念和新方法主要有文化线路、遗产廊道、历史文化步道、城市遗产足迹等。

（1）文化线路

文化线路（Cultural Route）的定义是在2008年ICOMOS年会通过的《国际古迹遗址理事会文化线路宪章》明确提出。即任何交流线路，无论是陆路的、水路的，或其他类型的，能明确边界，并为满足特定的目标而具有自身特定的动态的和历史的功能特征，以服务于一个特定的明确界定的目的。

著名的文化线路有圣地亚哥朝圣之路、阿曼乳香之路、以色列香料之路、丝绸之路等。文化线路更侧重于区域性的线型文化遗产保护，偏向特定主题和特定历史，其载体可以是道路、铁路线、运河等。

（2）遗产廊道

遗产廊道（Heritage Corridor）是美国针对大尺度文化景观保护而提出的一种区域性遗产保护战略。常见载体与文化线路类似，是运河水系、道路以及铁路线等，但也有“把单个遗产点串联起来的具有一定历史意义的线性廊道”。

与文化线路类似，其应用范围也主要聚焦区域尺度。

（3）历史文化步道

历史文化步道于日本“东京都21世纪长期规划”中首次提出，是通过规划的手段，联结、整合多个历史文化遗产资源，把旧有的街道、街区、庭院等历史资源点通过散步道的形式连接构成一个完整的历史文化保护系统及步行旅游系统。与文化线路相比，历史文化步道在遗产保护和展示之外，更侧重可达性和旅游体验，如考虑散步道与地铁站点的衔接以及旅游标识体系的整体规划设置。

（4）城市遗产足迹

城市遗产足迹（City Heritage Trail）或城市遗产步道，最早起源于美国，是城市中一种以历史遗产保护与游览展示为主要功能的线性景观类型。如波士顿自由足迹、黑人足迹等。郭书毓对其的定义为“在历史地段或传统特色街区等区域尺度内，针对遗产破碎化、价值载体多样化的现状，依据城市某条或多条文化线索，联结、整合相关遗产资源，并综合考虑步行环境、城市连通等因素，在原有道路系统上对线路、节点、解说系统等进行统一地、低强度地设计改造，从而构建出既能展现城市文脉又能满足公众现代化需求的城市步行道路网络”。

城市遗产足迹与日本的“历史文化步道”类似，均在文化遗存保护的基础上对旅游体验和市民互动提出一定要求，其载体也包含了商业街、城墙、护城河、驿道等更小尺度的线性空间。

2.特征辨析

老城区文化游径与文化线路、遗产廊道、城市遗产足迹等遗产保护领域的专业术语有所区别。

载体不同。老城区空间有一定局限性，难以通过新建统一的载体来系统全面地构建文化游径体系，因此多依托现有的街道和城市开放公园绿道作为游径载体。而文化线路偏向特定主题和特定历史，其载体多为道路、铁路线、运河等区域性大尺度线性载体。

承载物不同。老城区是城市地域特色与历史文脉层层积淀的核心承载区域，历史文化遗存繁杂散布，串联许多时空层层积淀而成且有一定文化旅游价值但并未列入文物保护名录的城市地物。

目的不同。遗产廊道、文化线路、城市遗产足迹等均以保护为首要目的，而文化游径更注重线性空间的主题性、展示性和体验性，通过与旅游手段的结合强化市民、游客与文化资源和文化线路之间的情感黏连。

因此，老城区文化游径的构建重点关注以下几个方面。

第一，关注文化游径本身线性要素所承载的历史价值的体现。

第二，关注文化游径周边人文自然资源的整体保护。

第三，关注纪念性遗产、人与环境之间关联性情境的构建。

第四，关注文化游径载体的文旅体验性和步行适宜性。

第五，重视城市中有价值的建筑、景观、空间等地物的动态发展。

三、研究方法综述

本次研究探索绍兴东浦古镇、太原府城和南昌老城三地历史文化游径构建的三种不同方法。这三次探索也是研究者对文化游径构建方法在实践过程中循序渐进的一些思考。

绍兴东浦古镇文化游径构建采用空间溯源法，以传统历史地图为依托，寻找传统生活在历史地图中留下的记录，以历史生活场景的呈现作为游径构建的依据和逻辑。空间溯源法运用传统的分析方法，关注的是历史资源、场地空间与文化游径之间的叙事关系。

太原府城文化游径构建采用包络分析法，以包络线梳理文化资源点之间的线型联系，并将此联系与道路网络形成空间映射，以此筛选出文化资源点之间联系最频繁的路径作为文化游径。包络分析法运用大数据方法，重点考虑时间层层叠加下，如何判断街道的历史重要性的问题。

南昌老城的文化游径构建则是整合了前两次的经验，采用综合评价法，依托方志地图等历史文献入手，梳理南昌老城城墙、水系、街巷、文化资源、历史事件等历史空间信息，绘制线性人文历史框架底图，并结合文化簇群构建游径框架，作为老城区历史文化游径的选择基础，再运用计算性方法评估街道活力，结合实地调研访谈，筛选出初步构建的游径中不适合作为文化游径的路线，校核修正文化游径路线的选择细节。综合评价法运用传统分析和大数据结合的方法，将游径舒适性、便捷性和人文情感黏性纳入文化游径的构建考虑因素之中。

四、三种不同文化游径构建方法的思考

1.绍兴东浦古镇历史文化游径构建方法——空间溯源法

绍兴东浦古镇是绍兴黄酒的发祥地，是著名的酒乡、水乡、桥乡、名士之乡。乡贤沈厚夫的《古镇风情图》描绘了东浦古镇柴米油盐的市井生活。在此背景下，笔者通过这一重要的地图载体，挖掘历史文化要素、传统生活场景与场地空间之间的关联，梳理出重现东浦酒镇市井生活的文化游径。这条游径以三里街河为主脉络，是一条具有绍兴地域文化的水上游线。游线串联《古镇风情图》中重点刻画的兴福侯昌王庙、庙桥、鱼鲜市场、磨坊溇等古镇历史文化资源。同时，酿黄酒、包粽子、磨年糕、水上婚礼、看社戏、赛龙舟等场景也成为文化游径上串联的重要活动项目。

2.太原府城历史文化游径构建方法——包络分析法

如果说东浦古镇的文化游线构建是空间上的线性叙事，那么太原府城的文化游径构建则是时空叠加的叙事。通过不同历史时期的文化资源点之间的文化包络线形成点与点之间的路径联系频度，筛选出联系频度最高的街道群，来构建时间叠加下老城的文化游径。

首先从文化价值、环境保护、资源点与周边风貌协调度等10项评价因子入手，对府城范围内的95处文化旅游资源点进行综合评价和聚类分析，筛选出最重要的13处一级文化资源点。

通过一级文化资源点之间的OD成本矩阵分析，得到包络线，勾勒出文化资源点之间的初始连接。包络线越密集的区域关联度相对越高，反之关联度程度越低。使用要素折点转点工具生成点对之间的距离路径，并使用粗细来表达同一道路在包络分析中途径其的频次高低。即可得到一级文化资源点之间通过北肖墙、柳巷、迎泽大街、开化寺南街、鼓楼街、文庙巷等街道进行联络的次数最多，因此可将这些街道作为文化游径的载体。

3.南昌老城历史文化游径构建方法——综合评价法

城市的方志、历史地图提供了繁冗、层层积淀的碎片化历史文化信息。而随着城市的发展，这种“层积性”也在旧的历史信息基础上叠加积淀了新的时代信息，形成新的“变化”与“印记”，整体呈现出“自然—文化—时间—空间”的相互耦合作用关系。南昌老城的历史文化游径构建综合考虑了旧的历史信息和新的时代信息，将使用便捷性、舒适性和市民情感关系纳入文化游径的建设之中。

（1）溯源历史，绘制历史底图

首先是运用时间关联耦合的研究方法，溯源城市历史，依托方志、诗歌、文章、地图等历史文献和田野调查，寻找城墙、水脉、故道、老街等城市发展中的关键性平面框架（表1），作为老城区历史文化游径的选择基础。

基于上述分析，以历史溯源关联耦合构建老城区“五横四纵一环”的线性人文历史框架。以阳明路、榕门路、船山路、永叔路、八一大道、十字街形成主干环路，叠山路、民德路、火神庙巷、中山路、孺子路，以及胜利路、象山北路—象山南路、百花洲路、苏圃路—系马桩街形成五横四纵的纵横骨架。

（2）整合遗存，构建人文簇群

其次是在空间整体关联视角下，整合游线所串联的历史文化遗存，作为老城区历史文化游径筛选的重要因子。同时关注水系、绿地等生态景观空间，可带

3.南昌老城区传统街巷分布图
4.南昌老城线性人文历史框架底图
5.南昌老城骨架优化图

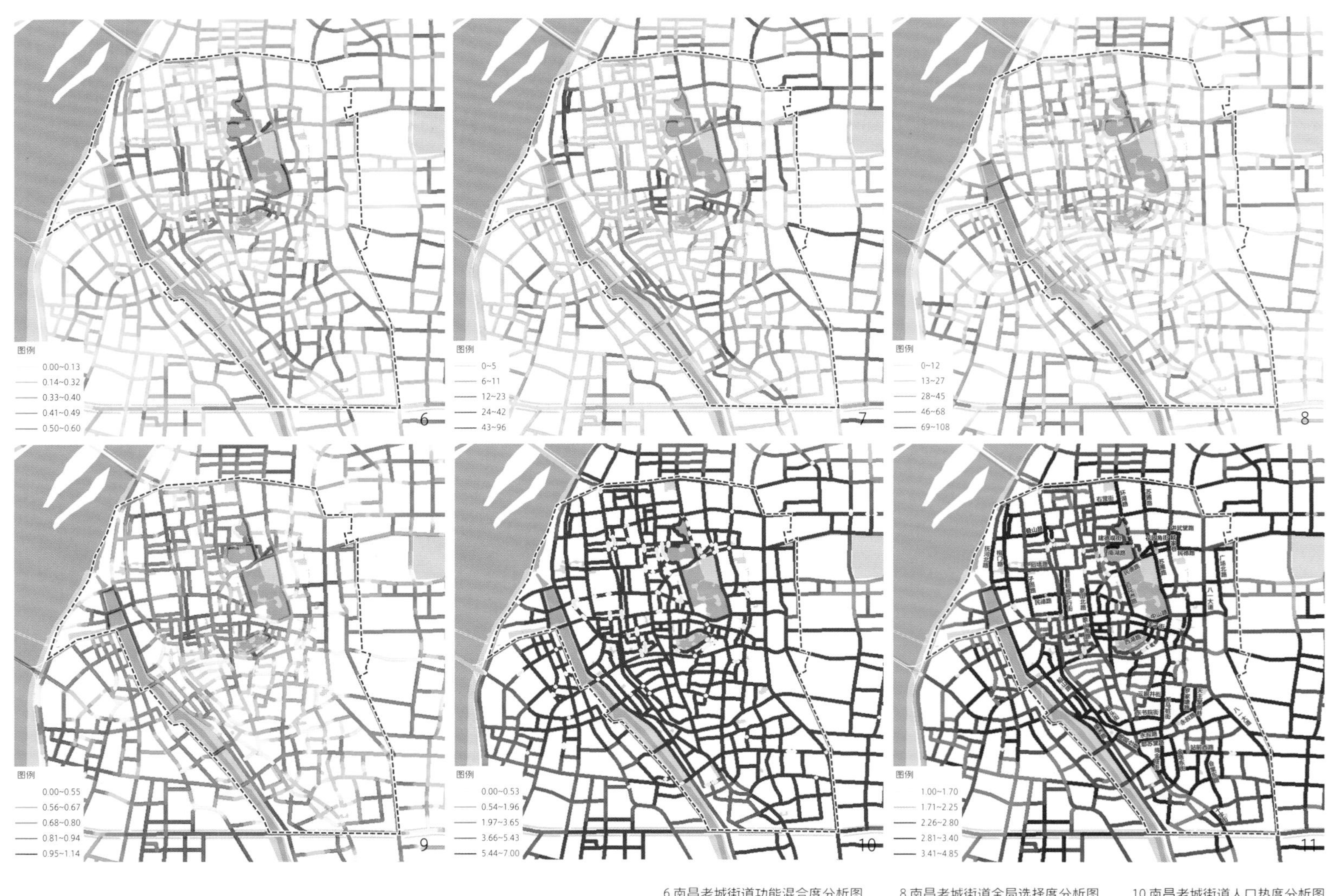

6.南昌老城街道功能混合度分析图
7.南昌老城街道功能密度分析图
8.南昌老城街道全局选择度分析图
9.南昌老城街道全局整合度分析图
10.南昌老城街道人口热度分析图
11.南昌老城街道活力综合评价图

动文保单位、历史建筑等点状资源的价值提升，形成一加一大于二的合力，提升老城区整体价值的认知。通过八一大道—民德路—榕门路—船山路—永叔路形成串联七大簇群核心区域的内部环形骨架，每个簇群通过内部特征街道形成簇群游径次级框架，并形成相应簇群文化特征。

（3）便捷舒适，优化游径路线

再次是在动态关联发展的思路下，思考现代城市发展对文化游径在使用便捷性和舒适性的需求，运用计算性方法评估街道活力，测度市民对街道使用的强化人地情感黏性在路径选择中的重要作用。

分析得到活力较强的街道主要集聚在四湖周边、三眼井周边和绳金塔周边。与已构建的文化游径进行拟合并进行综合研判，榕门路、船山路、永叔路、整体步行适宜性较好，可印证其作为文化游径骨架的可行性。四湖东北侧戴家巷、花园角街、讲武堂路整体拥有较高的街道功能密度和步行适宜性，将这些街道纳入文化游径。叠山路整体步行宜居性较差，因此不再作为东西串联的骨架路网。

（4）小结

根据上述三个层次，逐步形成一环两横两纵的老城复合紫道和节点内部紫道两类链景紫道线路，构成紫道网络覆盖老城。并针对南昌旅游巴士2号线不足以满足游客使用需求的现状，结合紫道新增1条旅游巴士环线，在建设实施时与紫道一同进行集成化更新提升。并结合南昌老城现有的抚河故道、滨江绿道和环湖碧道，整体形成4+1链景系统，衔接区域内的绿道系统。

上述三个层次的构建方法中，基地人文历史框架的溯源和历史文化遗存集聚规律的梳理是文化游径判定的基础；关注点线面和物质非物质要素的人文自然整体保护是文化游径串联的文化资源群组构建的依据；通过街道活力测度和调研访谈得到的人地情感黏性动态影响将作为优化文化游径使用的辅助手段。

五、结语

通过三个项目的实践和三种有所不同但又层层递进的方法经验总结，笔者旨在探寻一种兼顾迭代历史性和时代动态发展性、整合传统人文关联手段和现代大数据手段的文化游径构建方法逻辑，延续历史记忆，强化城市文脉，并优化和提升老城区的游赏体验。

文化游径的构建是一个复杂的综合性问题，虽然身处科技时代，笔者仍然相信数据分析是一种辅助分析的工具而非规划的全部。数据可以替代海量资料的梳理，却不能替代规划师从历史文献和田野调查中所触摸和体验到的风物民情，以及其中所承载的城市千百年来的人文流动和情感记忆，即当时“人与环境交融的场域与情境”。未来希望在规划中更好的发挥史地学研究方法，运用挖掘、提炼、保护、传扬等手段，继续探索城市中历史、文化、

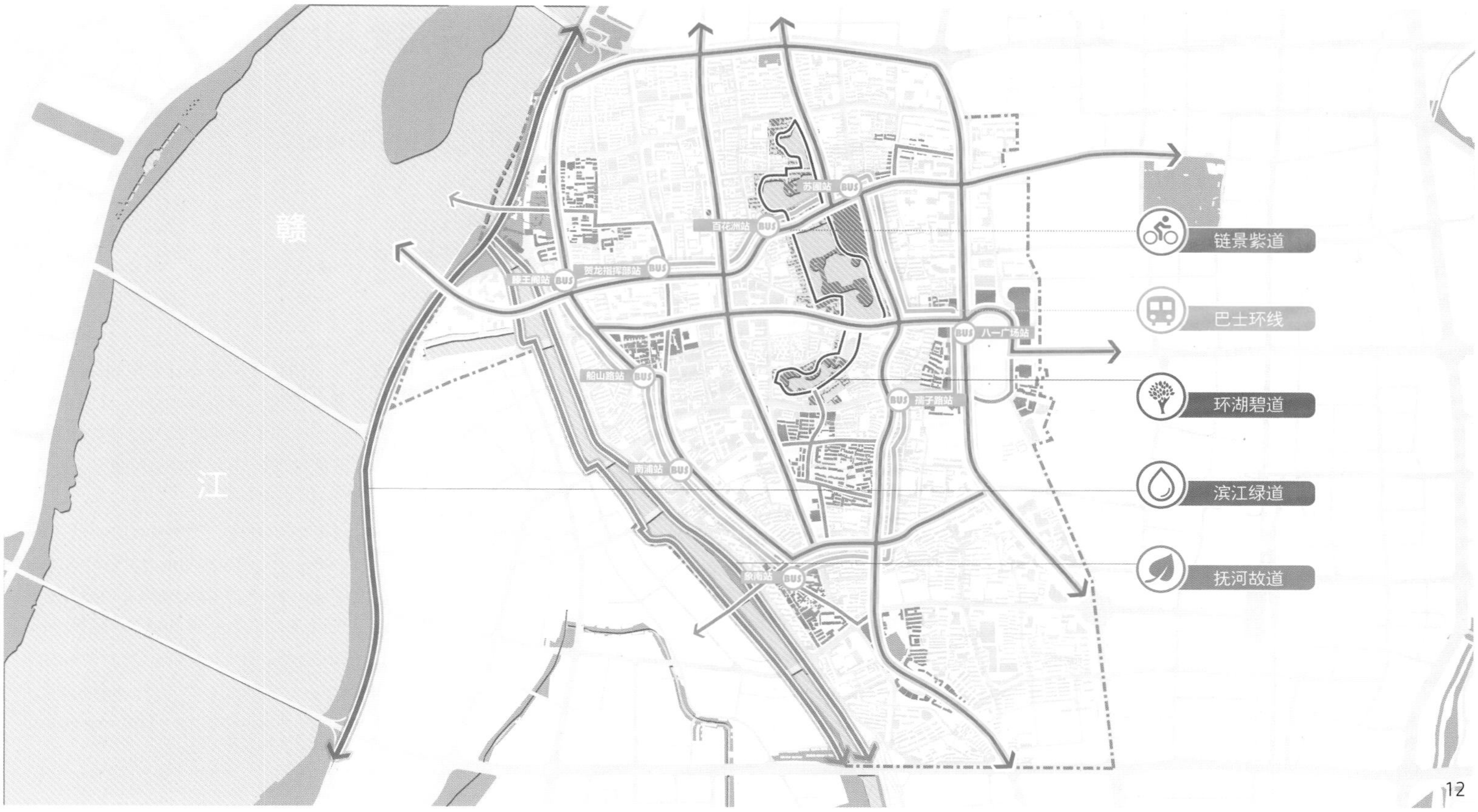

12

12.南昌老城文化游径图

情感等的时空流动与体验，积极发掘和创造拥有传统中华智慧的人文空间。

（感谢项目组成员孙洋洋对本文中南昌街道活力测度内容的数据支持。）

参考文献

[1]杨珂珂. 文化线路遗产价值评价特性分析[D]. 北京：中国建筑设计研究院, 2009.

[2]秦红岭. 京津冀都市圈近现代建筑遗产区域保护探讨——基于"主题性建筑遗产线路"概念的思考[J]. 博物院, 2017(1):10.

[3]郭书毓. 城市历史景观视野下的城市遗产步道线路规划研究[D]. 武汉：华中农业大学.

作者简介

夏　雯，上海同济城市规划设计研究院有限公司城市设计研究院城设所副所长，注册城乡规划师，高级工程师。

表1　　南昌老城区历史街巷一览表

传统街巷类型		历史街巷	乡贤前贤路
街巷所属区域	万寿宫历史文化街区及其周边区域	翘步街、合同巷、萝卜巷、棋盘街、醋巷、万寿宫巷、箩巷、直冲巷、广润门街、翠花街、吉水仓巷、珠市街（珠宝街）、棉花市街、带子巷、总镇坡街、书街（中山路）、嫁妆街、米市街、前八段、蓼洲街	船山路
	进贤仓—绳金塔历史文化街区及其周边区域	地藏庵巷、南昌仓巷、犁头咀巷、禾草街、进贤仓街、胶皮巷—铁树坡巷（十字街）、养济院街（金塔东街）、吊桥街—猪市街（绳金塔街）	永叔路
	四湖区域及朱德军官教育团旧址区域	火神庙巷、建德观街、状元桥街（民德路）、环湖路、芳殿前（苏圃路）、百花洲路、上谕亭街、孺子亭路、东湖滨（西湖路）、算子桥街、三义祠、钟鼓楼巷、羊子街、花园角街、戴家巷	三皇宫（渊明北路）、钟鼓楼巷—高桥街（渊明南路）、孺子路
	新四军军部旧址、三眼井、进贤仓及其周边区域	东书院街、西书院街、友竹路、三眼井街、校厂西巷、校厂东巷、南海行宫巷、系马桩街、三道桥街（系马桩街）、干家前街、都司前街、土地庙巷	—
	滕王阁及其周边区域	中大街（胜利路）、棕帽巷、射步亭巷、后墙路巷、官巷、复古巷、民德路	榕门路、叠山路(省署后墙—新建县前街—道尹前街—北营坊街—毛家桥—永和门街)、阳明路、东大街（象山北路）、六眼井街（象山南路）、西大街（子固路）
	八一广场及其周边区域	—	安石路（八一大道）

基于类型学理论的城市智能审批辅助决策系统研究
——以天津为例

Research on Urban Intelligent Approval Auxiliary Decision System Based on Typology Theory
—Take Tianjin as an Example

吴 娟 杨慧萌
Wu Juan Yang Huimeng

[摘 要] 规划设计行业亟待探索传统城市空间构成的内在法则和与新技术相结合的“中国模式”设计技术方法。本文基于类型学理论，将其思想内涵从建筑拓展到城市空间。以天津为例，梳理其在历史进程中，不同社会发展阶段所出现的空间类型与建筑类型。基于现象学理论，从边界、方向、时间三个维度，对空间类型进行价值判断，形成类型导引，指导未来城市更新。选择老城厢地区檀府地块作为实践案例，进行基于空间类型思想的城市更新设计，并提炼管控要素。借鉴法国历史保护中的信封审查系统，将主要研究成果与规划审批信息化平台相结合，形成城市智能审批辅助决策系统。

[关键词] 类型学；城市更新；智能审批；天津

[Abstract] The planning and design industry urgently needs to explore the inherent laws of traditional urban space composition and the "Chinese model" design technology method combined with new technologies. Based on the typology theory, this paper expands its ideological connotation from architecture to urban space. Taking Tianjin as an example, this paper sorts out the spatial types and architectural types that appeared in different stages of social development in the historical process. Based on phenomenological theory, from the three dimensions of boundary, direction and time, the value judgment of spatial type is made, and a type guidance is formed to guide future urban renewal. The Danfu residential district in the old city area was selected as a practical case, the urban renewal design based on the idea of spatial type was carried out, and the control elements were extracted. The envelope review system in French historical preservation was borrowed, and the main research results were combined with the planning approval information platform to form an urban intelligent approval auxiliary decision-making system.

[Keywords] typology; urban renewal; intelligent approval; Tianjin

[文章编号] 2023-93-P-096

一、缘起

1.方法创新

现代主义崇尚经济和功能至上，通过工业化大生产方式，造成城市空间与历史割裂，与环境冲突的问题屡见不鲜。现代城市规划管理做了大量尝试，在风格上寻求与历史文化元素的协调统一，规划管控力图精细全面，但这仅仅是表面的统一，缺乏对空间内涵的深刻挖掘。特别是在近年来对于文化自信的强调，规划设计行业亟待探索传统城市空间构成的内在法则和与新技术相结合的“中国模式”设计技术方法。

2.智能化变革

人工智能发展迅速，为社会发展带来新变革。近年来，三维GIS技术的引入使得城市规划审批从二维逐渐步入了三维时代，成为城市规划管理信息化发展的热点之一。但普通的三维审查仍然仅针对用地面积、建筑限高等传统指标进行审查，缺少从对于空间层次的深度考量。因此，我们需要探索将体现传统空间特色的新方法与人工智能深度结合。

二、理论研究

1.类型学

类型，是指按照事物的共同性质、特点而形成的类别，即一种事物的普遍形式。类型学是按相同的形式结构对具有特性化的一组对象所进行描述的理论，其目的是从以往多种多样的排列中发现空间的普遍原则。

“原型”代表着自身特征的形状，是事物原初的类型及其形态特征。心理学中 “原型”概念由卡尔·荣格提出，指世世代代普遍性的心理经验，是历史在“种族记忆中”的投影。原型是集体无意识的内容，其存在并不取决于个人后天的经验，它具有形成具体意象的能力。

阿尔多·罗西的“建筑类型学”理论，深受“原型意象”和“集体记忆”概念的影响，提出了“类似性”（analogy）的城市构成概念，即：由场所感、街区、类型构成，是一种心理存在和“集体记忆”的所在地，因而是形式的，它超越时间，具有普遍性和持久性，蕴含着能够引发记忆联想的原型意象。因此，罗西认为：类型不是创造的，是从集体记忆和人类认知的原型中抽取而来的。

类型的特点决定了其具有永恒性和适应性两大特点。永恒性指深层结构，是通过所谓集体无意识，历史和记忆附着沉积于形式上，而具有一种“历史理性”，它的表述就是公共秩序和形式自主性。适应性是指类型在不同时期、具体环境中的具体表现，即表层结构。

2.拓展：从建筑类型到空间类型

罗西的类型学给予了我们全新的视角去认识建

筑。城市规划领域研究主体是城市公共空间。因此，我们尝试将建筑类型学思维拓展到城市层面，聚焦建筑、空间和人的相互关系，研究建筑之间空间组合关系，剖析提炼城市空间类型。

通过研究，我们将建筑类型概念拓展到城市空间层面，认为类型包含空间类型与建筑类型两个层次，即：空间类型——产权地块与外部世界的联结关系和建筑类型——产权地块内部建筑空间的组合关系。

纵观世界各大城市，由住宅建筑构成了城市的背景空间。且由于住宅在城市中是持久的，可以经历若干世纪而不改变，比纪念物（公共建筑）要更密切地关系到大多数人的文化和真实的生活。住宅类型经过人们的认可而成立，并被尊重和遵守，具有原型的特征。因此，住宅可以说是城市中空间类型的最典型的代表，作为我们的研究主体。

三、类型研究——以天津为例

1.类型的演变

基于城市形态地图，梳理天津不同历史发展阶段的空间类型的演变。以产权制度情况作为划分历史阶段的主要因素，具体划分为：土地私有制阶段—全面公有制阶段—土地出让、房产私有化阶段。三个阶段分别对应不用的居住形式：中式合院/中西合璧的院落住宅—开放式小区—封闭式小区。

根据前文理论研究，对不同阶段的空间类型及建筑类型进行梳理总结：天津历史进程中出现过三种空间类型，即：院门型—独立产权地块，通过院门联系内外空间；楼门型—开放式住区集合住宅，无公私用地边界，通过楼门联系内外世界；园门型—现代封闭居住区，通过居住区出入口联系内外世界；15种建筑类型：包括花园别墅、新式里弄、周边式楼房、行列式单元住宅、点式单元住宅等。

不同的历史时期，由于特殊的社会发展背景，形成了不同的建筑类型。对于今天的我们，并不是所有出现过的类型，都是值得被延续的。因为这些类型都仅仅是空间原型在不同时期、具体环境下"适应性"的表现，是外在的形式。因此，我们需要对现有的类型进行价值判断，从而寻找空间原型。

2.价值判断

空间原型应该是包含记忆的空间场所。因为建筑中包含着时间（过去和未来），这是一种无言而又永

1.世界主要城市城市航拍图

2.类型演变示意图

3.价值判断示意图　4.类型导引示意图

产权制度	土地私有制		全面公有制	土地出让、房产私有化
典型特征	中式合院	中西合璧的院落住宅	开放式小区	封闭式小区
建筑类型	传统中式合院	门院式住宅 里弄式住宅　院落式住宅		
空间类型	传统院门型 院门型	西式院门型	楼门型	园门型
边界	√		×	×
方向	√		√	×
时间	√		×	×
判断	保留		更新	

3

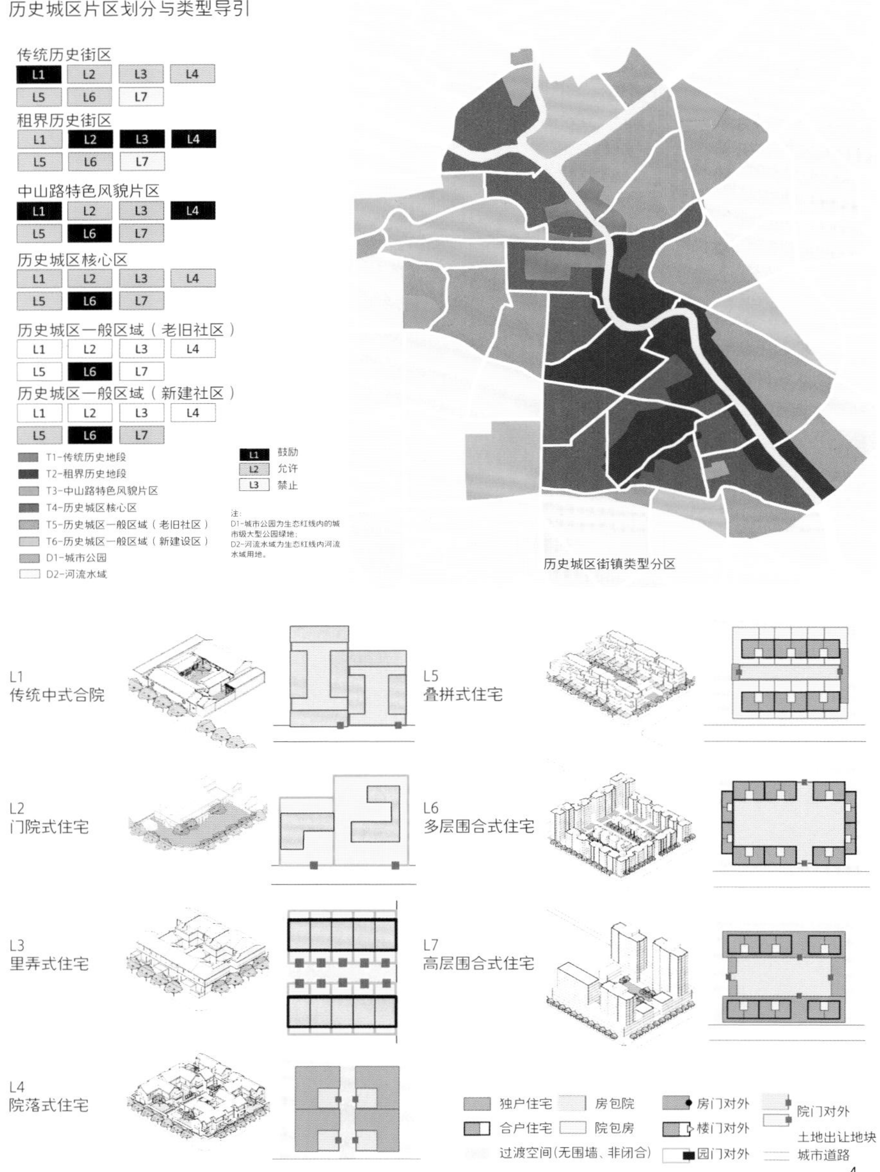

4

恒的形式。将记忆引入空间，空间就具有了思想，也具有了对思想的记忆。通过对现象学等理论研究，结合天津历史，总结类型的三方面要素：边界、方向、时间。

（1）边界

有清晰边界的空间，才具有场所感。从天津历史地图看，聚居区域的边界是无比清晰的，显然经过了人为的修整。当一组建筑物相对密集排列或具有明确边界时，图形才得以出现。历史上的中式合院、花园别墅以及新式里弄都有明确的公私边界，形成具有场所感的空间。因此，明确的边界是类型的首要要素。

（2）方向

好的环境会给人以安全感和归属感，不会由于迷失方向而产生恐惧。空间要以人的环境行为作为出发点，将场所空间与知觉、体验和真实的感受与经历交织在一起，从而产生记忆。系统的里巷空间及其形成的丰富空间序列，可以给人以明确的方向感，也承载人的生活活动与真实体验。

（3）时间

类型学需要建立在对于场所长期以来所沉淀的共同心理基础上，并建立空间和感受两大要素之间的联系。空间以集体无意识的形式隐含在地区的直观感知之中；感受是集体记忆的直接来源，提供着群体对于地区的情感认知。具有一定年代感的建筑形式，如围合院落式等，作为地区的空间符号，能够唤起人们的集体记忆。

基于以上三方面，对历史上出现过空间类型进行价值判断，院门型具有类型的全部特征，可以提炼为：明确的用地边界、内向围合的空间感、丰富的空间序列。这些将成为我们未来空间类型导向的重要指引。

四、类型导引与实践

1.类型导引

基于以上类型研究，将历史上出现过15种类型进行判断，分为保留和更新两大类。结合《天津市新型居住社区城市设计导则（试行）》相关内容，对需要更新的建筑类型进行具体明确。未来，天津历史城区7种引导建筑类型。借鉴西方“精明准则”城市管理方式，将历史城区划分为6个地段，对7种建筑类型进行鼓励、允许、禁止的引导。

2.实践

将空间类型研究应用于天津历史城区更新中，选取位于老城厢范围内的檀府居住区作为设计对象。檀府居住区建于2010年，是天津老城厢大规模改造后新建的居住社区，以新中式建筑风格的独栋和联排别墅为主要建筑类型，在建筑外观设计上，在一定程度上采用了中国传统元素

（1）现状研究

檀府居住区为新中式风格别墅区，作为2000年初天津老城厢地区改造的标志性新建居住区之一。总计242户住宅，主要建筑形式为2~3层的独栋别墅和联排别墅。

通过现状研究，该居住区在空间上主要有以下问题：

①产权地块不明晰，公私边界不清

历史上的老城厢地区住宅院落均有明确的公私边界，而现状檀府居住区建筑周边空间无明确界定，造成大量公共空间被侵占，杂乱无序，品质较低的现状。

②缺少传统空间，空间序列混乱

历史上老城厢虽街巷纵横交错，但“院”跟“巷”空间组合上有一定特征，也形成了丰富的空间序列。而现状檀府居住区缺少院落及里巷空间，大量住宅无院落，或者自行设立围栏，形式多样，无法形成里巷空间感。

③场地辨识度较低，精神归属缺失

历史上大量的宗教场所承载了天津人的精神寄托，例如老城厢内外分布着60多处宗教场所。而现状檀府居住区社区中心作为党群服务中心，建筑特色缺乏，无法对居民产生深层次的精神影响，唤起社区自治。

（2）更新思路

鼓励居民自行更新，恢复传统街巷空间，根据实际情况，设计分期规划，从空间类型到建筑类型逐步更新。

通过应用类型导引，根据所处片区导引要求，明确应将现状园门型的独立式别墅和联立式别墅两种建筑类型逐步更新为园门型的传统中式合院和里弄式住宅空间类型。并结合实际，制定分期更新方案。

近期将以空间类型更新为主。根据道路等级确定院落更新类型，具体通过院墙改造，初步实现传统空间的恢复。针对居民作为更新主体，通过明晰产权地块，建立公私边界。借鉴老城厢历史街巷关系特点，营造三种街巷类型，重现里巷空间。

远期将进行建筑类型更新。随着时间推进，当建筑面临年久失修等问题，亟待拆除重建之际，将依照类型导引，重新建设。具体将根据类型导引，重建建筑，分片区打造院落及里巷空间。并通过提取传统要素，植入精神建筑，唤起社区自治。

5-8.设计项目现状概况分析图
9.地块边界划分图及空间类型划分图
10.类型设计示意图

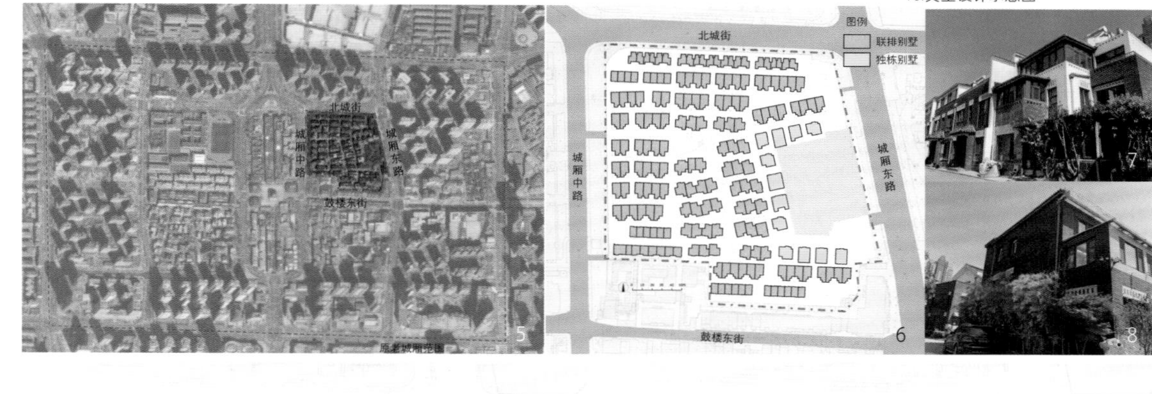

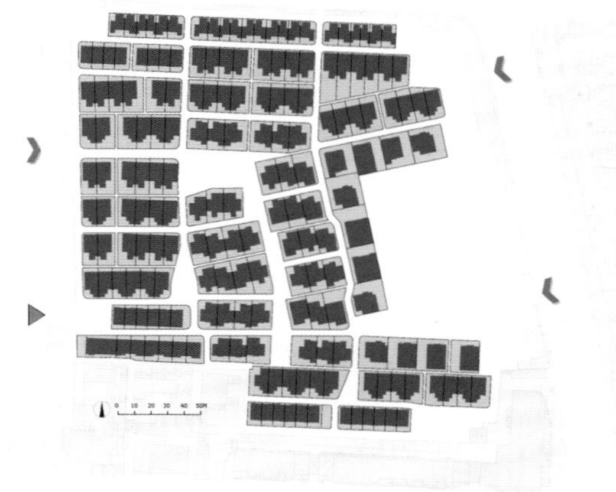

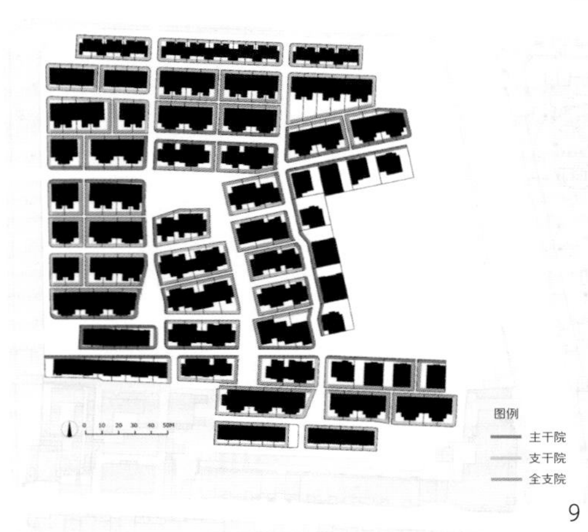

9

空间组合原型	干院式	干支院式	全支院式
抽象出的空间原型			
现状情况			
改造示意			
改造要点	保证院落私密性 院墙较高，墙体通透度较低 形成连续的街巷界面	院落私密性适中 院墙高度适中，墙体通透度适中 形成连续的街巷界面，院落与街巷有互动交流 有较多绿植配置	院落私密性较低 院墙高度较低，墙体通透度较低 形成连续的街巷界面，院落与街巷有丰富的互动交流 绿植配置较多，形成高品质的院落与街巷环境品质
入户空间序列	社区主要道路直接进入院门	从社区主要道路到弄巷，从弄巷进入院门	从社区主要道路到弄巷，再到次级弄巷，从次级弄巷进入院门

10

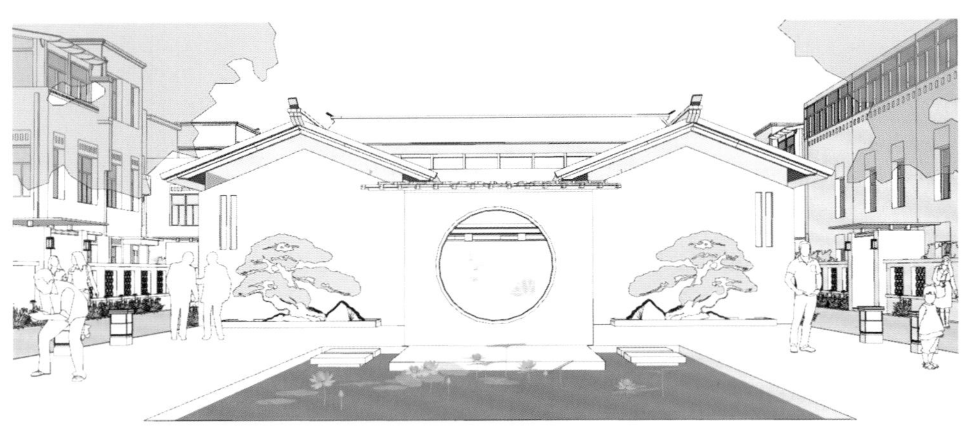

11

11.邻里中心设计图

（3）更新策略

①明晰产权地块，建立公私边界

现代居住社区，最大的问题就是缺少明确的公私边界。边界不清，会造成大量的灰色空间，杂乱无序，极大地影响社区环境。

在天津历史上，即使在动荡不安的历史中，人居群落也注重有明晰的边界形成场所感；在老城厢与英租界，均有明确的院落边界，作为内外部空间的划分。因此，对于基地的更新，首先要恢复原形中明晰的边界，明确每户用地边界，让每一寸土地都物有所属，创造清晰的边界。

②重现空间原型，形成里巷空间

多层次的院门型空间是天津空间原型的具体表现。基地作为别墅住区，具有建设院门型空间的条件。在明确产权地块的基础上，保证每户都有院落空间，在每家的院墙之间形成里巷空间，尽可能增加里巷连通的机会，形成多层次的街巷与院落空间组合，重现老城厢主干院、干支院、全支院三种空间类型。依据“开放度守恒原则”，对院落空间进行改造更新设计，形成不同的院落私密度等级，与街巷产生互动。

③植入精神建筑，唤起社区自治

清晰的公私边界，有利于促进居民在自家范围内进行改造，从而优化社区环境品质，赋予居民参与社区治理的空间。此外，天津历史上极为注重精神场所，建议在社区范围内，植入精神建筑，进行邻里中心建筑，作为社区客厅，增强居民认同感与归属感，以促进社区自治。邻里中心采用天津传统院落布局形式，房包院以形成内向围合感，且建筑不拘束朝向。此外，提取老城厢建筑要素，如：朝天笏、清水脊、栏杆等设计手法，应用于社区中心建筑设计中，与历史中的老城厢产生联结，唤起人们的集体记忆。

五、城市智能审批辅助决策系统

1.法国信封审查系统

巴黎的城市空间类型分类提出了信封模板（Gabarit—enveloppe），通过对不同地区和街道两旁的高度限定，控制建筑体量（高度、屋顶）。

2.城市智能审批辅助决策系统设计

借鉴法国历史保护中的信封审查系统，将主要研究成果与规划审批信息化平台相结合，通过提炼在空间类型及建筑类型更新阶段不同的审核要素。针对未来大规模城市拆迁改造逐步减少，提倡居民自治，个体改建的具体场景，形成一套“智能审查+人口审查”相结合的智能辅助审查系统，有效引导居民自行改造符合类型导引要求，对其具体方案进行智能审查，作为城市“提高公共服务精准化水平，全面提升人民生活品质”的重要载体，助力天津城市管理再上新台阶。

六、结语

刘易斯·芒福德在《城市发展史》中提出“城市是人们集体记忆的场所”。类型承载着地方居民千百年来的集体记忆，反映在不同时期的城市空间中，记载着城市历史演变的过程。将空间类型应用于历史城区更新研究中，唤醒地方群体的集体记忆，提出具有普适性的更新策略，与历史产生深刻的联结，以增强城市空间的文化特色，为历史城区保护与更新提供理论依据与应对策略。

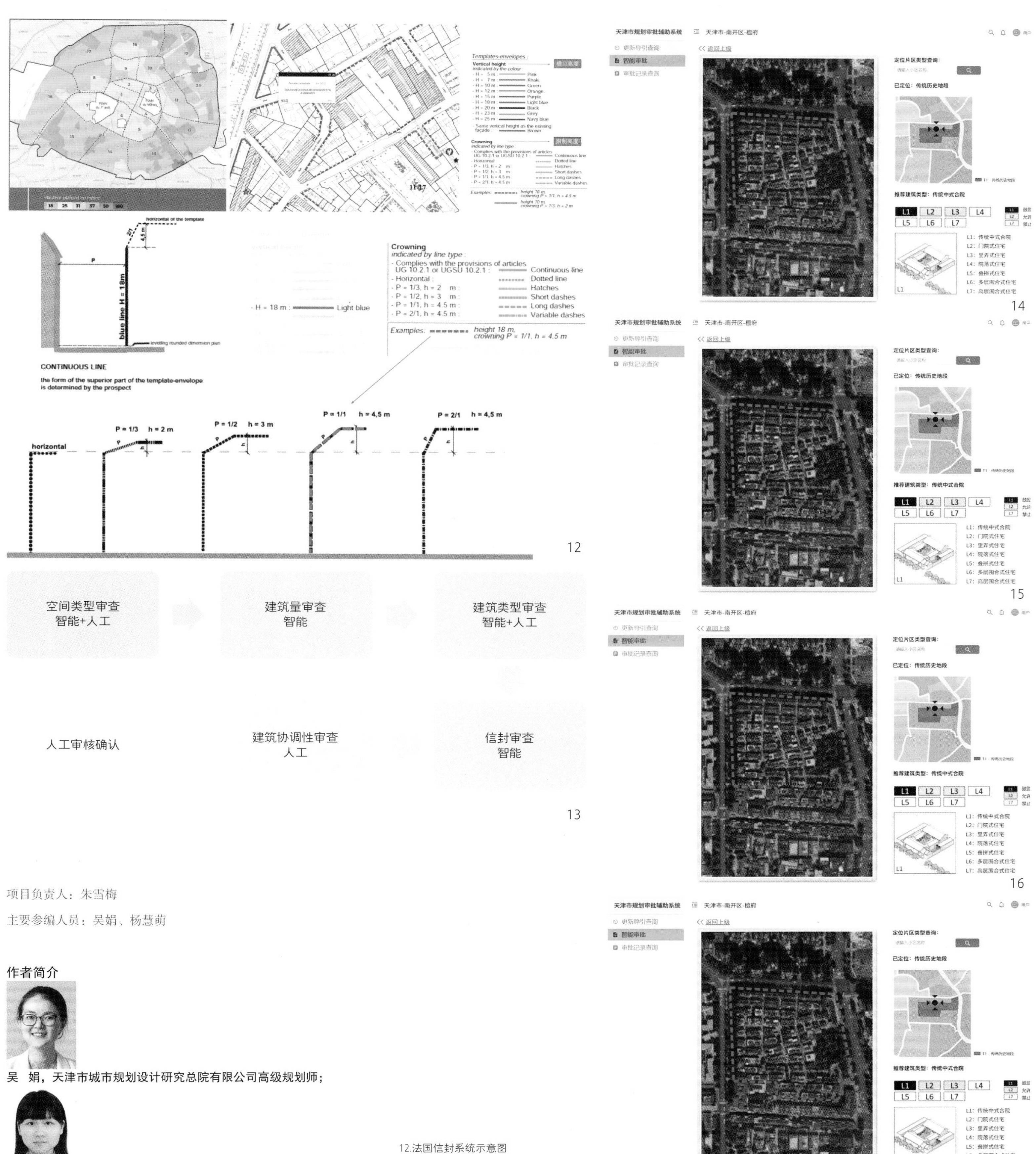

项目负责人：朱雪梅

主要参编人员：吴娟、杨慧萌

作者简介

吴　娟，天津市城市规划设计研究总院有限公司高级规划师；

杨慧萌，天津市城市规划设计研究总院有限公司高级规划师。

12.法国信封系统示意图

13.智能辅助审查系统流程示意图

14-17.智能辅助审查系统主要界面示意图

活动集锦
Event Highlights

未来城乡 智慧规划——第11届金经昌中国青年规划师创新论坛活动集锦

Future Urban and Rural Smart Planning—Activities Highlights of the 11th Jin Jingchang China Young Planners' Innovation Forum

2023年5月20日，正值同济大学116周年校庆之际，第11届金经昌中国青年规划师创新论坛暨第六届金经昌中国城乡规划研究生论文竞赛结果公布活动在同济大学建筑与城市规划学院钟庭报告厅隆重举行。论坛采用了线上同步直播的方式，受到各界同仁的广泛关注。

今年是全面贯彻党的二十大精神的开局之年，也是全面深化改革开放，以中国式现代化推进中华民族伟大复兴的关键之年。城乡现代化是实现中国式现代化的空间基础。探索中国式城乡现代化的发展道路，是当代青年规划师的历史使命与责任担当。本届论坛以“未来城乡 智慧规划”为主题，面向未来，回归初心，以新一代的青年智慧探索城乡发展的新未来。

论坛开幕式由上海同济城市规划设计研究院有限公司常务副院长王新哲先生主持。主持人简要介绍了本次论坛的背景、主题和活动内容，并邀请了三位嘉宾致辞。

一、嘉宾致辞

石楠教授代表中国城市规划学会热烈欢迎大家参加金经昌中国青年规划师创新论坛。石秘书长认为创新论坛已成为中国规划行业重要的青年学术交流和技术分享平台。中国式现代化的进程，尤其是城乡人居环境领域高品质发展离不开对国土空间格局的谋划和规划，离不开现有城乡居民点的更新和提升，也离不开智慧技术的赋能，更离不开我们年轻一代规划师的辛勤投入。中国城市规划学会长期以来通过青年托举工程、青年科技奖、论文竞赛、演讲比赛，以及在学会各级各类组织体系中设立青年委员等方式，为青年规划师成长搭台，并通过加强与高校、规划编制机构的合作，实施跨越协同战略，增强规划全学科多领域的创新。习近平总书记在党的二十大报告中明确提出要提高城市规划建设治理水平，因此，在新的历史时期，规划师们更要从党的事业高度理解城市规划，认识城乡规划学科的历史使命，为推动各项规划工作的高质量发展做贡献。

王兰教授围绕论坛设立的初衷，回忆了金经昌先生作为城乡规划学科奠基人，不仅在学术研究上给予年轻人以指引，并在艺术修养、为人处事等方面都成为年轻人的楷模。今天的论坛，也是我们纪念金先生的一种形式。王教授认为，每年10月的金经昌学科发展论坛是指引城乡规划学科的风向标；每年5月的创新论坛则是城乡规划学科的实践交流平台。当前，城乡规划学科面临巨大的变革和挑战，通过论文竞赛的思考，作为一线规划师实践的总结，对学科发展起到非常好的反思和推进作用。城乡规划学科对接了非常多的国家战略，如绿色低碳、乡村发展、区域协调等，也影响着居住在大地上最广大的居民和人民，值得我们不断探索，积极进取。

彭震伟教授代表同济大学致辞。同济大学在城乡规划、学术、学科、人才、实践等各方面做出的成绩，和今天的论坛一样，离不开方方面面的支持，离不开中国城市规划学会的大力支持，离不开全国高校、规划院广大的同行、从业者的支持。自2018年国家提出“多规合一”要求以来，城市规划行业在人才培养、学科发展方面面临挑战，需要创新，需要改革，其中既包含了来自顶层设计，来自高质量发展和中国式现代化发展的要求，也包含了三年疫情以来，以人民为中心，服务于人民的学科和行业发展的要求。中国青年规划师创新论坛是一个非常重要的创新交流平台，对行业发展、学科发展与人才培养都有非常重要的推动作用。

随后，同济大学建筑与城市规划学院教授、《城市规划学刊》编辑部黄建中主任代表主办方介绍了第六届金经昌中国城乡规划研究生论文竞赛的评选过程并宣读了评选结果。本届竞赛共收到40所海内外高校的122篇论文，经过初评和复评两轮评审，最终评出12篇金奖论文和18篇银奖论文。

1-5.论坛开幕式致辞嘉宾照片

6.论坛现场合影照片　7.开幕式致辞现场照片　8.主旨发言现场照片

二、主旨发言

主旨发言环节，由同济大学建筑与城市规划学院城市规划系副系主任程遥副教授主持。本次论坛邀请了5位特邀嘉宾为大会带来了获得2021年度全国优秀规划设计奖一等奖的项目实践经验，是最新、最有影响的研究总结。

深圳市规划国土发展研究中心总规划师、教授级高级规划师、广东省工程勘察设计大师邹兵先生的报告题目是“巧施绣花功夫，激发场所活力——趣城社区（蛇口）微更新设计”。报告围绕着什么是趣城计划？为什么会选择蛇口？以及趣城·蛇口做了什么？趣城·蛇口有哪些成效和启示？四个部分展开。

深圳市趣城计划是以公共空间为突破口，通过场所激发活动，形成人性化、特色化公共空间，创造有活力有趣味的深圳。自2011年开始，趣城计划已形成了全市层面、地区层面以及社区层面多层次工作积淀。作为改革开放最早的蛇口地区，不仅有着深圳最具历史记忆的街道，也是深圳国际化人士聚集最多的区域，空间密度高，公共空间有限，亟待通过小而美的改造，来探索有限空间中实现更好地为人民服务。

西安建大城市规划设计研究院有限公司吴左宾院长的报告题目是“面向新时期的高原人居发展模式与提升策略——基于环青海湖地区的初步思考”。报告围绕了环青海湖地区的人居特征与现实挑战、高原人居发展模式以及高原人居提升策略探索三个部分展开。

金奖论文

规划研究创新初探：内涵、测度、特征与机制——基于“科学学”及“互动性实践”创新的视角
刘健枭　香港大学建筑学院，博士研究生

双重过剩：全球金融化趋势下中国城市化转型、挑战与应对
施德浩　香港中文大学地理与资源管理学系，博士研究生

城市更新背景下开发权转移与奖励的理论逻辑解析和制度性建构
周广坤　同济大学建筑与城市规划学院，博士研究生

基于主体功能区战略的我国城市群城镇空间演化解析（2000—2020年）
尹　力　武汉大学城市设计学院，博士研究生

超越增长机器：珠三角“城市—区域联盟”的演进逻辑与规划应对
王　雨　清华大学建筑学院，博士研究生

应对多维水约束的流域城镇空间弹性规划：概念框架与响应模式
王高远　天津大学建筑学院，博士研究生

9

金奖论文

整体构塑：国土空间规划改革瓶颈的哲学省思与治理应对
黄龙颜　南京大学建筑与城市规划学院，硕士研究生

博弈与重塑：场域理论视角下滇西南乡村空间重构的内在逻辑辨析
武　丹　华中科技大学建筑与城市规划学院，硕士研究生

国土空间管控困境与逻辑重构：基于人地耦合理论的演绎与分析
翟端强　同济大学建筑与城市规划学院，博士研究生

我国都市圈的空间界定、特征解析及分类探讨
张艺帅　同济大学建筑与城市规划学院，博士研究生

“等级+网络”视角下长江中游城市关联性的演变——基于人口流动大数据的分析
邵云通　东南大学建筑学院，硕士研究生

基于梯度理论的北京通勤圈城市活力特征与机制研究
姜宇逍　天津大学与香港城市大学，联合培养博士研究生

10

银奖论文

乡村绅士化置换缓和的制度因素研究——以广州小洲村为例
黄世臻　华南理工大学建筑学院，博士研究生

创新要素的跨域重组：机制、困境与路径创新
胡航军　南京大学建筑与城市规划学院，硕士研究生

从“世界工厂”到“创新湾区”：珠三角创新空间格局演化与集群类型辨析
占　玮　华南理工大学建筑学院，博士研究生

多维度表征下的街道活力分布与影响因素分析——以深圳市华侨城片区为例
彭小松　深圳大学建筑与城市规划学院，硕士研究生

完整街道视角下城市街道网络的多维特征测度及实证研究——基于交通、社会和自然的分析框架
韩瑞娜　大连理工大学建筑与艺术学院，博士研究生

城乡融合视角下住房租赁体系构建——以利用集体土地建设租赁住房的“广东模式”为例**为例**
吕慧妮　南京大学建筑与城市规划学院，硕士研究生

11

银奖论文

城市居民阳光权保障机制中公权与私权的平衡——规划学和法学的交叉视角
谭逸儒　英国布里斯托大学法学院，硕士研究生

权利变换与合约选择：物权视角下的城市更新利益协调机制
郭子莹　同济大学建筑与城市规划学院，硕士研究生

基于职住空间绩效情景模拟的新区规划方案评价方法研究——以虹桥商务区为例
窦　寅　同济大学建筑与城市规划学院，博士研究生

面向开发管控的规划留白实践逻辑与制度创新
唐　爽　南京大学建筑与城市规划学院，博士研究生

基于15分钟生活圈的老年人公共服务设施布局公平性评估体系构建——以南京市为例
朱　乐　英国曼彻斯特大学地理系，博士研究生

城市化影响下的历史街区多尺度空间结构演变与保护规划反思——基于空间句法的屯溪老街研究
李　帅　同济大学建筑与城市规划学院，博士研究生

12

银奖论文

上海历史建成环境旧改征收进程中的场所依赖困境探究
单瑞琦　同济大学建筑与城市规划学院，博士研究生

生长与活化：乡村空间重构背后的价值认知与行动逻辑——以杭州余杭青山村为例
薛雯露　浙江工业大学设计与建筑学院，硕士研究生

上海典型就业中心职住空间模式演变过程研究——以漕河泾开发区为例
张济宁　同济大学城市交通研究院，硕士研究生

公园城市研究的适变与应变：兼论空间供给、自然资产和权利义务
李　震　重庆大学建筑城规学院，博士研究生

从“土地财政”走向“税收财政”：我国CBD开发中的地方政府行为逻辑研究——以广州珠江新城为例
李如如　华南理工大学建筑学院，博士研究生

家庭城镇化解析框架：基于“文化—制度”视角
朱雷洲　华中科技大学建筑与城市规划学院，博士研究生

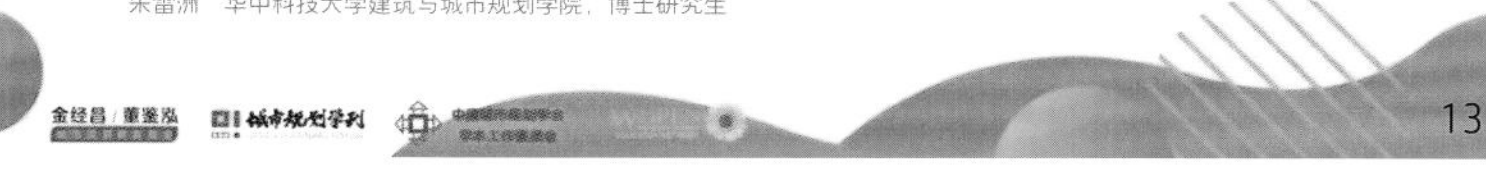

13

9-13.获奖论文

环青海湖地区属于我国四大高原地区之一，具有中国西部生态调节器、青藏高原生物基因库、两弹一星精神孕育地、民族团结融合交织点、历代祭海活动神圣地五大价值。环青海湖地区在我国历史上发挥了以城安边、以人实边、以文凝边、经济兴边的重要作用，其高原人居空间所具有的独特生态环境、美丽风景和深厚文化，在新时期面临如何建设、如何提升的新挑战。

北京清华同衡规划设计研究院遗产保护与城乡发展中心五所杜凡丁所长的报告题目是“基于文化线路保护理念的长征国家文化公园建设保护规划”。报告从革命文物的保护、革命文化路线的保护以及长征国家文化公园规划三部分内容展开。

革命文物保护，承载了中国革命历史特色。习近平总书记非常强调革命文物的保护和革命文化弘扬，尤其是党的二十大以来，特别提出要加强红色资源保护，深化爱国主义、集体主义、社会主义教育，着力培养担当民族复兴大任的时代新人。革命文物资源为全民党史学习提供重要支撑，红色文旅已经成为旅游产业的关键组成部分，且呈现出跨省参观趋势增强、青少年占比显著升高等新特点。

南京东南大学城市规划设计研究院有限公司史宜副教授的报告题目是“城市设计的数字技术与管控平台探索——威海总体城市设计实践”。报告围绕城市设计的实施管控瓶颈、城市设计数字化管控平台建构方法，以及威海总体城市设计与管控平台实践三个部分展开，重点介绍城市设计数字化管控平台的探索。

关于城市设计的实施管控瓶颈的探讨，目前普遍存在设计与管理的维度分异、局部与系统的矛盾冲突、方案到实施的设计意图缺失3个方面问题，也导致千城一面、标志失控、风貌紊乱等问题显现。因此提出通过数字化技术提升城市设计管控的需求，即构建全域全要素覆盖、规划全过程贯通、设计灵活性凸显的数字化平台，做到精确传导、无损转译、交互反馈。

上海同济城市规划设计研究院有限公司城市设计研究院常务副院长、同济大学建筑与城市学院匡晓明副教授的报告题目是“价值实现、秩序建构与导

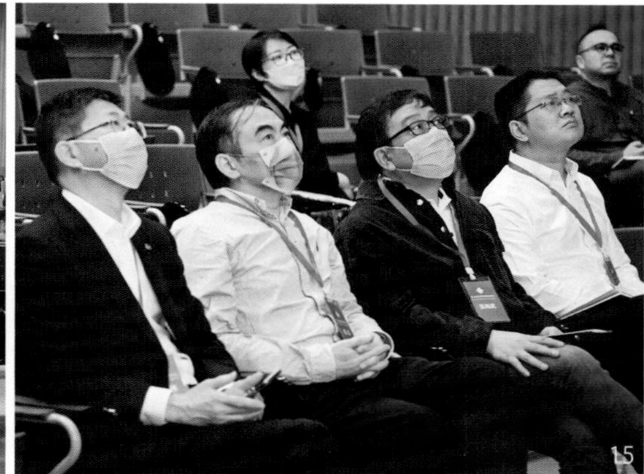

14-16.主旨论坛现场照片

控保障——太原市总体城市设计的理性逻辑”。报告通过城市设计的演进过程、城市设计价值体系框架构建、以太原市总体城市设计为抓手，探索城市空间价值的实现路径。

关于城市设计的演进过程，总结为8个关键词，分别为城市美学、空间形式、功能理性、人文社会、自然生态、过程控制、数字应用、资源价值。早期的城市设计注重功能主义、美学主义，其后更多关心人文主义，而当下城市设计需要注重空间资源规划导向与生活空间规划导向双导向相结合。

下午，本次论坛活动以城乡融合发展、空间治理转型、智能规划创新为题，设置三个主题分论坛，18位来自不同机构、不同岗位的青年规划师分享交流了他们最新的城乡规划研究和实践成果。

三、分论坛

1.城乡融合发展

“城乡融合发展”创新分论坛由上海同济城市规划设计研究院有限公司空间规划研究院朱郁郁副院长和上海同济城市规划设计研究院有限公司王颖副总工程师共同主持。

上海同济城市规划设计研究院有限公司空间规划研究院所长刘振宇的报告题目是《人地关系视角下的国土空间规划实践思考》。正确认识人地关系及其规律是国土空间规划的基础，对人地关系调控亦是国土空间规划的重要内容。研究针对国土空间规划体系对不同空间尺度“人地”关系响应不足问题提出对策。一是区域尺度，从绩效角度思考“人地矛盾”，协调人口发展与资源环境之间的关系，构建“主体功能明显、优势互补、高质量发展”的空间体系。二是地方尺度，关注“人地产”结构与城乡关系，优化人口空间分布，以人的行为特征以及其在空间上的表征来识别城市通勤圈与生活圈，精准化配置公共服务和交通设施，合理布局城镇、农业与生态空间。报告提出，国土空间规划要强化人地关系调控，切实落实“以人民为中心”的理念，建立起“规律认知—问题诊断—动态调控”的基本技术逻辑。

同济大学建筑与城市规划学院硕士研究生谭添的报告题目是《镇村规划一体化编制实践探索——以吉林省万宝镇为例》。研究从镇村联编的必要性、规划策略、技术路径与经验总结四个维度出发，探索镇村规划一体化编制创新，即一体化编制镇域总规、镇区详细规划和村庄规划的两级三类规划。以吉林省洮南市万宝镇为案例，构建区域特色产业协同与联动、“镇村一体”生产力空间布局优化、低效闲置用地综合整治与活化利用等三项镇村联编规划策略。技术路径方面，明确镇域国土空间规划、镇区单元详细规划与村庄规划的成果内容构成与表达深度，进一步细化镇总规中乡镇政府驻地单元详细规划的要求，厘清镇规划完成村庄规划各类管控内容的可行性，区分通则性内容与个性化内容。最后，基于镇村联编试点有效推动了编审程序简化，提高了管理实施效率。

江苏省城市规划设计研究院有限公司主任规划师冒艳楠的报告题目是《“中国式乡村现代化”的苏南实践——以苏州市“长江沿线”特色田园乡村跨域示范区规划设计项目为例》。研究基于苏南地区“长江沿线”特色田园乡村跨域示范区，以“跨域协同、统筹落实”为思路，强调“以点带面、以特带平、协同发展、上下传导”；通过“缘起—谋篇”分析地区乡村发展的特色与问题，谋划发展策略；通过“统筹—选点—理线—筑面—实施”的工作思路，从市级协调、组团引导和先行区建设三个层面实现乡村振兴工作覆盖面的延伸，最终实现乡村的全面振兴。研究通过对苏州先行示范区深入探讨，从“市级统筹、组团引导、先行区建设”三个层面统筹“跨县（市）、跨镇（街道）、跨乡村”的规划、建设、治理工作。报告中体现了三个新，以贯穿“城乡融合与跨域协同的新理念”，辅助“深度学习与情境模拟的新方法”，实现“中国式乡村现代化的新未来”。

广州市城市规划勘测设计研究院助理工程师黄丹奎的报告题目是《城乡共富的内源性动力与空间权利：基于宁波的实证研究》。研究以推动城乡共同富裕为切入点，探讨如何通过空间权利释放与赋能，促进区域“内生式” 发展。通过对宁波西部四明山区大量实地调研，总结提炼四种典型城乡发展模式：一是乡镇工业带动模式（观海卫镇），区域位置优越，民营经济产业根植性较强；二是规模农业带动模式（姜山镇），耕作条件优越，农用地流转率高，农业经营机械化率较高；三是文旅产业带动模式（深甽镇），文旅特色资源丰富，产业基础良好；四是生态价值带动模式（四明山镇），生态空间占据主导地位，工农业发展受限。在不同的区域空间资源基础和上位空间管制要求下，四种典型发展模式面临的核心空间议题也具有显著差异，需要通过资源确权、产业空间保障、降低交易成本、完善空间配套等手段，充分进行空间赋权，增强区

17.分论坛报告人照片

域发展内生动力。

华中科技大学建筑与城市规划学院规划系讲师、硕士生导师乔杰的报告题目是《连片发展：一种未来乡村的想象还是乡村治理的现实需求》。伴随城乡要素不断流动，乡村传统的领域空间正面临政治边界和地域边界不匹配的跨界困境。"连片发展"通过构建乡村地域、村庄组织和人之间的内在关系，为基层乡村"治理"创新提供了新的视角。报告基于中部欠发达山区案例区域（大别山区和武陵山区）调查与实践分析，在小流域视角下观察产业发展、民族村寨建设、传统村落保护等连片发展现象，提出乡村小流域"产业-空间"组织模式的理论思考。面对山区发展的历史地理、社会经济、地方治理等现实制约因素，县域乡村空间应因地制宜地推进产业兴旺和生态宜居等地域空间组织活动，推进作为公共政策设计的治理单元与实施载体的空间单元的多层次耦合，助力脱贫攻坚与乡村振兴有效衔接。

重庆市规划设计研究院规划创新中心副主任辜元的报告题目是《成长型都市圈城乡空间关系与格局构建研究——以重庆都市圈为例》。都市圈是区域发展空间组织的主要模式与我国城镇化的主要形态。研究以西部地区快速成长中的重庆都市圈为例，聚焦活力开放、绿色生态、创新引领、人文风情四大领域，以649个街道（镇乡）为基本单元展开评估，选取外来人口规模、节假日旅游人数、科研机构数量、豆瓣同城文体活动次数等21个指标，构建"四维一体"的算法模型。模型搭建的目标是识别重庆都市圈范围内除传统城镇功能空间以外的特色功能板块（即非城镇功能板块）并评估其在区域格局中的重要程度和功能类型，从而完善重庆都市圈空间格局方案，并以此探讨城乡空间格局构建的新范式。研究发现，农业景观空间、生态魅力空间同样承担着都市圈参与区域竞争的职能，推进都市圈空间形态不断演化。

2.空间治理转型

"空间治理转型"创新分论坛由上海同济城市规划设计研究院有限公司梁洁主任总工和同济大学建筑与城市规划学院杨辰副教授共同主持。

上海市城市规划设计研究院专设研究平台技术应用研究学组组长张翀的报告题目是《"双碳"战略下上海市规划管控策略的思考与探索》。规划管控体系是国土空间规划落实"双碳"战略的核心，要明确"管什么"和"如何管"。通过对上海市规划管控体系的再审视，研究发现：一是管控要素存在少量缺项，主要集中在能源、交通领域；二是管控要求传导存在薄弱环节，控规层面缺乏抓手；三是部分要素管控力度不足；四是实施路径缺乏相关政策和技术支持。研究按照"规划编审+实施监督+法规政策支撑与技术保障"的国土空间规划体系，构建"双碳"战略下上海市国土空间规划管控总体框架，并提出策略：一是紧扣上海碳排放特征，明确各级各类规划的管控要点和方式，以全面覆盖、有效管控、畅通传导为目标，完善管控要素，优化管控方式；二是完善"双碳"目标下规划实施监测评估机制；三是强化薄弱环节管控的技术支撑和政策保障。

上海同济城市规划设计研究院有限公司规划设计五所副所长韩胜发的报告题目是《基于混合用地管控体系研究的详细规划改良方向思考——上海新城实证研究》。混合用地需求的形成来自市场诉求变化和政策弹性不足的矛盾。研究以松江区某产业

18-19.分论坛报告现场照片

用地转换为核心场景，从混合的种类、程度、方式3个混合维度以及时间周期出发，考虑到“功能、规模、时点、地价、审批”5个场景要素，提出了整体研究框架。针对详细规划，研究提出五项改革方向：一是用途管控改革，建议增加过渡期用地类别；二是规模分配改革，将混合和兼容复合在一起、控制上限或下限，并优化判断方式；三是指标确定节点改革，进行分类、分时、动态控制；四是土地收益改革，采用缓缴，抵费地等方式降低产业用地成本；五是审批弹性改革，明确控规实施深化的正逆向清单。总体上，规划从注重图则管控向政策性管控转变。

西安建筑科技大学建筑学院博士研究生刘苗苗的报告题目是《基于EOD模式的渭北台塬采煤沉陷区村庄空间转型模式与治理路径研究——以白水县西固村为例》。渭北台塬白水县的西固村因为采煤区与生产生活空间重叠，面临煤炭开采后，乡村空间整体衰败问题，亟待一种可持续的生态治理与空间开发模式。研究提出以生态修复为基础、以产业融合为重点、以持续推动为主线的三原则，围绕治理成什么样、钱从哪来、谁治理三个问题构建了地域EOD模式，并提出西固村空间转型建议：一是强化生态评估，明确开发方向；二是整合生态要素，重组产业链条；三是融合生态景观，激活村庄功能。基于以上空间转型，研究提出“空间—资本—主体”相衔接的治理路径：一是突出生态要素管控，细化指引村庄开发活动；二是设计整体运营模式，盘活乡村内部社会资本；三是制订动态行动框架，从近期到远期逐步实现资源修复、生态转型、产业融合。

广州市城市规划勘测设计研究院城市规划师高慧智的报告题目是《柔性非正规空间的空间表征与效应反思——以广州市康鹭片为例》。研究从广州市康鹭片一位转业人员入手，采取参与式观察方法，探讨城中村治理问题。研究发现：第一，康鹭片是城中村，更是高成本的“实体信息中枢”；第二，康鹭片是制衣村，更是高密度的“24小时制衣社区”；第三，康鹭片是问题村，更是轻资产的“完整生态群落”。通过空间现象的解读，研究认为“小单快反”模式是移动互联网时代服装业的柔性转型，是信息敏感、速度敏感、风险敏感的柔性非正规空间。这类空间正面临着高可达与产业高成本危机、高密度与空间排斥性危机、临时性与治理碎片化危机等可持续危机。研究认为，在国家推进产业数字化转型的新趋势下，柔性非正规空间亟需维育产业基因、降低负外部性等新治理保障措施。

沈阳市规划设计研究院有限公司编研中心项目负责人盛晓雪的报告题目是《践行“两邻”理念 打造全国城乡基层治理现代化标杆城市策略研究》。“两邻”理念即“与邻为善、以邻为伴”，是一种新型邻里关系，关注焦点是新时代社区生活中人与人的关系。沈阳市“两邻”社区建设历经四个阶段，仍存在新老城区设施供给不均衡、城市建设环境品质待提升、社区服务品质待提高等问题。报告提出沈阳市“两邻”社区建设三大策略：一是规划引领，完善“两邻”社区规划和技术标准编制；二是品质提升，强化设施服务能力和水平，加快口袋公园建设、推进街路更新工作；三是制度建设，推行人民设计师制度，发挥社区设计师的桥梁和纽带作用。报告提出推动全市各个相关部门进行基层社会治理的“社区—网格”与国土空间规划体系的“控规单元—街区”相衔接，实现“多圈合一”，实现治理体系和治理能力水平进一步提升。

中国城市规划设计研究院西部分院高级工程余妙的报告题目是《丘塘林居，丘区乡村基于自然的解决方案——以片区为单元的乡村国土空间规划探索》。研究以四川省威远县为例，通过“堰塘冲田系统”肌理分析，发现汇水线与丘区自然村的村组界大体一致的自然规律，并以此构建乡村基本单元。研究将传统生态智慧与现代生产生活方式相结合，提出有机循环的“丘塘林居”模式，即丘底为高标准农田区，丘脚为村落，丘坡为循环农业区，丘顶为休闲景观区。乡村基本单元与村民日常生产生活方式相结合，形成日常圈，社区圈和城镇圈的布局。报告提出，乡村国土空间规划要体现落地性、精准性与在地性，其规划重点面临四大转变：一是从塑造建设空间到塑造生态系统；二是从着力增量规划到着力减量调控；三是从关注土地要素到关注人群需求；四是从突出刚性控制到突出刚弹结合。

3.智能规划创新

“智能规划创新”创新分论坛由同济大学建筑与城市规划学院沈尧副教授和刘超助理教授共同主持。

同济大学建筑与城市规划学院助理教授晏龙旭的报告题目是《SimPlan：智能规划模拟系统》。

20-21.分论坛报告现场照片

SimPlan智能规划模拟系统旨在以规律为导向，实现空间规划方案的智能模拟、智能评价、智能优化。SimPlan的智能模拟集成了十多项模型，针对我国特有的数据环境，综合采用各类数据，创新借鉴机器学习算法标定参数，实现适用于我国数据环境的城市活动模拟技术，能够系统性地评价规划方案总体和分单元的空间绩效，包括6大维度和40+指标。针对上海虹桥单元规划，报告展示了案例应用，通过上海虹桥商务区相关规划的模拟评价，将虹桥单元规划置于全市的“现状”中，针对价虹桥单元规划的“功能—用地”“就业—就业类用地”“消费游憩活动—商业类用地”及“功能—功能”匹配绩效，以居委单元开展模拟评价，展示SimPlan在空间布局方案评价与优化中发挥的作用。

江苏省规划设计集团信息中心主任工程师韦胜的报告题目是《城乡规划多场景智能辅助设计研究》。“场景”是城乡规划智能化发展过程中重要的抓手，其是将城乡规划的实际运行物理空间实现数字化和智能化处理的过程。城乡规划信息化发展中的“多场景”概念，旨在通过数字技术手段，更加全面、精细地分析城市和乡村的各种场景与情境，提高规划决策的科学性和精准性，为实现城乡良好发展提供科技支撑。“多场景”是面对城乡规划复杂问题的一种解决方案，其技术路线包括：研究背景、问题与目标、核心服务对象、核心创意和应用场景、技术框架与数据库建设（即数字化解决方案）、功能模块设计与演示、发展前景分析、其他问题说明等多个环节。报告以“美好住区数字化辅助决策系统”“智慧园区全生命周期解决方案”“基于GIS的城市开发运营经济分析”3个案例进行了应用展示。

自然资源部城市仿真重点实验室、武汉市规划编审中心高级规划师罗文静的报告题目是《“数字双碳”与智慧规划——基于市级国土空间总体规划“双碳”计算仿真模拟的探索实践》。“双碳”理念与国土空间规划在目标、手段及过程等方面具有内在一致的逻辑关联。利用数字技术搭建“双碳”与国土空间规划之间的“红线”，关键思路是将能量代谢活动的碳核算转化为空间使用活动的碳计算，从识别“双碳”要素、摸清“双碳”底数到构建“双碳”算术，搭建市级国土空间总体规划的“双碳”计算模块。报告以武汉市国土空间总体规划为例，以LMDI加法分解法，提出构建思路：一是在底线管控上，建立碳汇强度管控及碳汇影响评估制度；二是在空间结构—交通模式上，构建一体化的空间格局及建设机制；三是在土地利用上，构建工业用地分类及绿地分级的精细化管控体系；四是在基础设施上，构建多层次的能源、固废及水资源处理设施管控体系；五是在实施监督上，构建“碳模拟—碳管控—碳监测”数字化传导闭环。

深圳市蕾奥规划设计咨询股份有限公司TOD规划研究中心研发专员武虹园的报告题目是《未来社区“交通场景”金字塔》。以长沙市首个未来社区试点“梅溪湖社区”为研究对象，聚焦各类场景的空间基础—交通场景，追溯历史上“未来社区”中的交通技术迭代，探讨传统空间规划设计与数字化智慧场景在解决交通问题中的主次、分工关系。报告提出，建构未来交通场景需遵循“金字塔结构”。金字塔底层通过内外交通分级、站点核心塑造、步行框架建构、慢行统筹设施布局等搭建体系，建构现代交通路网。金字塔中层通过对慢行过街节点优化、慢行统筹交通设施、慢行统筹出入口布局统筹提升交通节点。中层与底层共同解决了常态化、通用性、系统性痛点问题。金字塔上层针对偶发性、个性化、运营性的痛点，运用智慧停车系统、个性化出行服务等数字化智慧场景补充提升。

东南大学建筑学院城市规划系博士后、助理研究员张扬的报告题目是《多源大数据视角下成渝地区双城经济圈要素流动障碍诊断与规划引导研究》。基于多源大数据视角，可有效开展要素流动与空间结构协同优化研究，为破除要素流动障碍、实现资源高效配置提供理论与方法支撑。研究以成渝地区双城经济圈为对象开展研究。在要素流动网络特征方面，双城经济圈呈“双核”结构，成都市要素配置能力强于重庆市，城市之间物流、信息流、技术流差异大，子群划分与区位拟合度不高。要素流动障碍强度方面，人流障碍指数受空间邻近性影响明显。要素流动障碍影响因素方面，制度和经济方面的解释变量对要素流动障碍影响显著。因此，对于要素流动规划引导方面，研究提出经济区与行政区适度分离改革、培育次级中心城市、协同建设现代产业体系、加快建设现代化都市圈、优化

22-23.分论坛报告现场照片

基础设施网络等策略。

北京市城市规划设计研究院数字规划技术中心工程师胡腾云的报告题目是《面向高质量发展的城市时空模式认知与决策应用》。加强从城市多个空间的视角研究动态发展变化规律，是国土空间领域开启构建高质量发展的国土空间格局及支撑体系的路径，是数字化向智能化转型的趋势。研究构建了动态感知—演变认知—未来推演的工作框架。动态感知是城市空间要素变化的时序表达，建立多源、长时序、高时频的动态监测技术体系。演变认知是城市变迁过程的时空连续性分析，对城市系统开展过程式分析评估，研究城市化过程中各要素特征及关系及各要素在动态变化的过程中的相互作用。未来推演是多要素及多场景的城市空间优化模拟，时序变化信息与空间优化模型相耦合，研发未来空间变化的多场景演化模型，克服长时序动态变化信息在空间模拟中耦合的难题，为规划编制、实施评估等领域提供决策支持。

第11届金经昌中国青年规划师创新论坛暨第六届金经昌中国城乡规划研究生论文竞赛结果公布由中国城市规划学会、同济大学、金经昌/董鉴泓城市规划教育基金主办，同济大学建筑与城市规划学院、上海同济城市规划设计研究院有限公司承办，长三角城市群智能规划省部共建协同创新中心、《城市规划学刊》编辑部、《城市规划》编辑部、中国城市规划学会学术工作委员会、中国城市规划学会青年工作委员会、《理想空间》编辑部、国土空间规划实践教学虚拟教研室参与协办。

感谢各方对本届论坛给予的支持！更感谢各位青年规划师的观察与发掘、研究与思考、规划与建议，祝贺你们，中国城乡规划未来的大才！

感谢中国城市规划学会视频号、世界规划教育组织WUPEN、联合国教科文组织IKCEST-iCity智能城市平台、中国工程院知领学术直播平台、上海国匠建筑规划设计有限公司、上海圆因文化传媒有限公司对本次论坛大力支持！

同济风采
Tongji Style

北京城市副中心总体城市设计

Overall Urban Design of Beijing City Sub-center

[项目完成单位] 上海同济城市规划设计研究院有限公司，德国ISA意厦国际设计集团
[获奖情况] 2019年度上海市优秀城乡规划设计奖一等奖
[主要编制人员] 吴志强、施卫良、李珊、匡晓明、李欣、陈神周、胡波、桂鹏、周咪咪、马春庆、刘文波、陈亚斌、张亚津、汪海洲、朱弋宇、张运新、魏娜、甘惟、韩婧、苏文耀

一、规划背景

规划建设北京城市副中心，是以习近平同志为核心的党中央作出的重大决策部署，是千年大计、国家大事。2016年5月27日，习近平总书记主持召开中央政治局会议，指出要坚持先规划后建设的原则，把握好城市定位，把每一寸土地都规划得清清楚楚后再开工建设。为深化落实中央建设北京副中心要求，2016年7月北京市政府召开北京城市副中心城市设计和重点地区详细城市设计方案征集启动会，确定全球顶尖的12个联合设计团队参与规划编制。我院形成由吴志强院士领衔、规划二所、城市空间与生态研究所和德国ISA意厦国际设计集团联合体受邀参与总体城市设计编制工作。方案经过多轮汇报比选，征求吴良镛院士等专家意见，经过11位专家参与盲评的方式对应征设计方案进行评审，最终确定我院为总体城市设计中标单位。

二、规划要点

延承道法自然中华智慧，提出“城市有机生命体”的未来城市新范式，强调水绿生态基质、协作专能组团与高效给输网络三个系统的有机融合，北京城市副中心形成“一网融九组、一带合两圈、一环连八坊”的副中心空间新格局。

1.一网融九组

构建水绿生态基础设施网络，紧凑布局九个复合专能组团，形成蓝绿交织、水城共融的大生态格局。

（1）理水——构建千年水安全格局

上游构建多层集蓄池、中部打通分洪护城河、下游构筑缓滞湿地群，建立多级滞洪缓冲系统；以北运河为主干，形成分级有序、不涝不竭的枝状水绿网络系统。九个雨水管理单元汲取中华古城“龟背”理水

1.北京城市副中心在北京市的区位图
2.打造北方水城风貌图

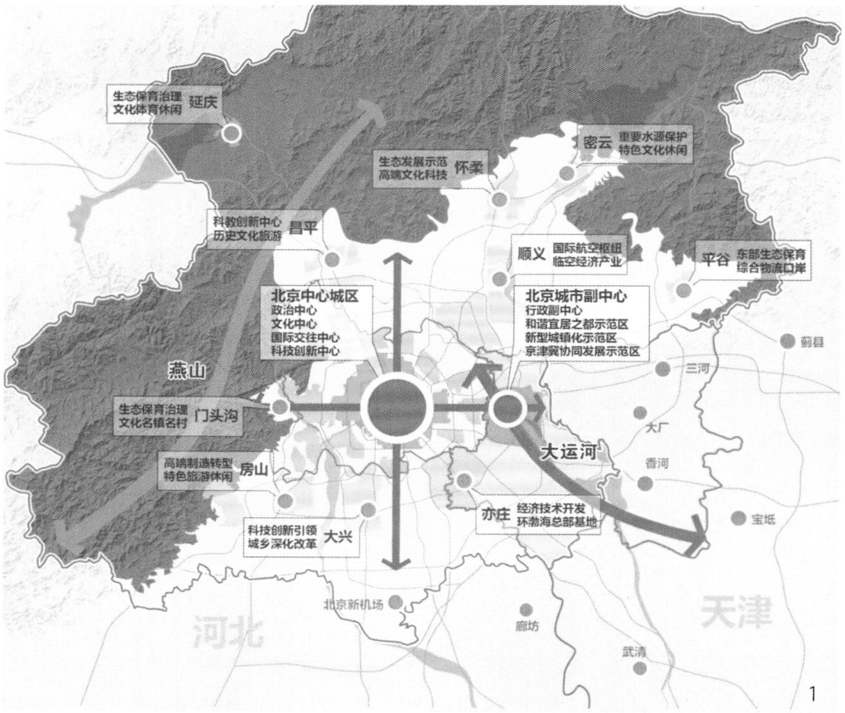

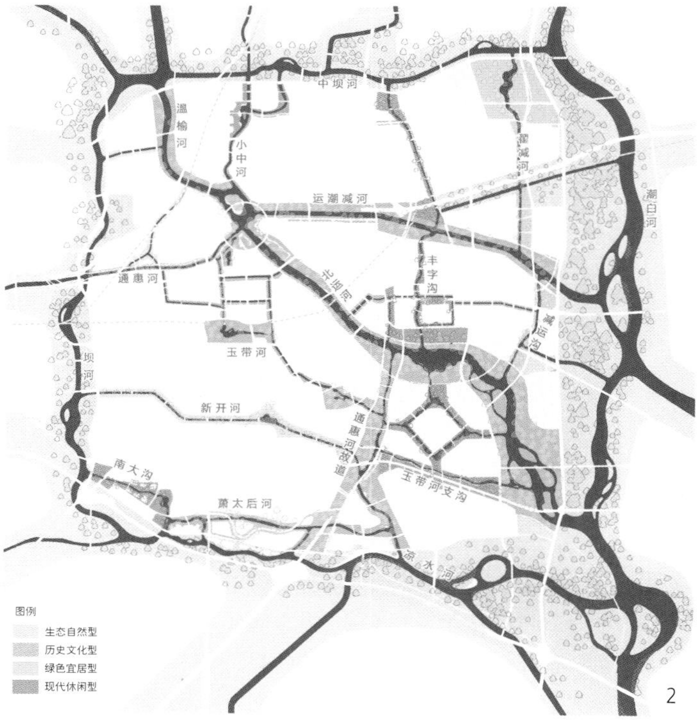

3.北京城市副中心空间格局图　4.建立水体弹性保障体系图　5.理水系统战略示意图

一网融九组

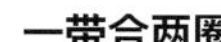

一带合两圈

一环连八坊

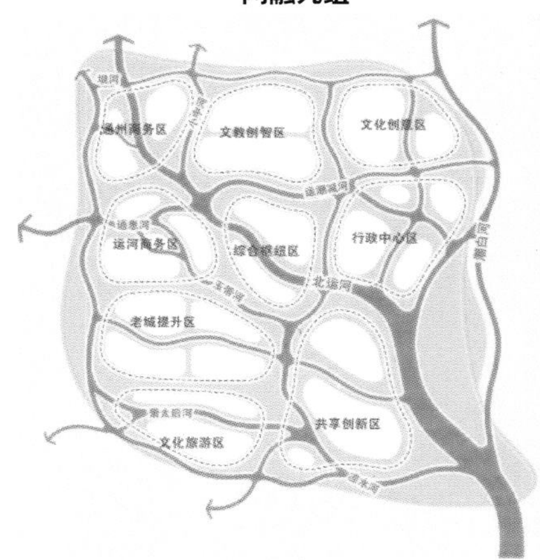

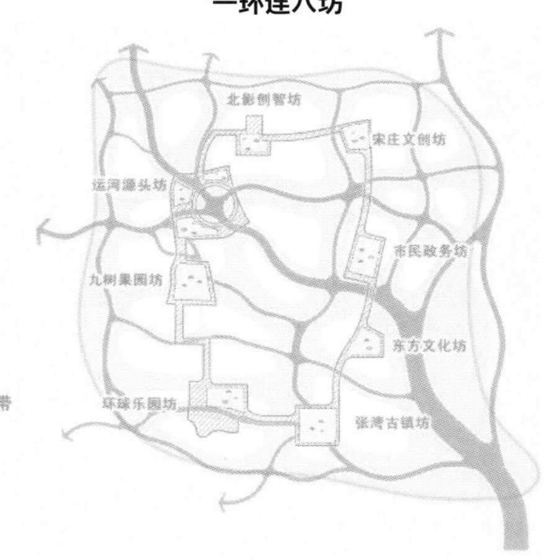

水绿生态网，复合功能组
人与自然和谐共生

生态文明带，两大中心圈
人与城市协同共创

运河商务圈
中央活动圈
大运河生态文明带

市民活力环，特色文化坊
人与社会包容共享

3

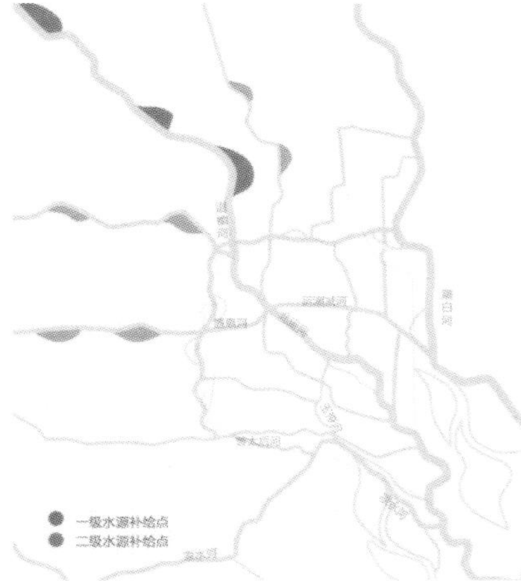

水源分级保障

利用上游生态水库湖泊作为片区水源补给的水源点，其中温榆河上游水库湖泊为片区一级水源补给点，其他河道上游水库湖泊为二级水源补给点

雨水收集利用

结合片区城市绿地和雨水分区，在关键分区内设置大型地下调蓄池，在组团内设置次级蓄水池，以收集利用雨水。并通过雨水管廊连通，将收集的雨水回补各个片区

中水回收利用

在旱季和常水位期，通过回收、处理规划范围内的灰水达到较好的水质，可将其作为景观水体重要且稳定的补水来源，弥补水体的蒸发和渗漏损失。中水处理站可分设，也可与污水处理厂合并

4

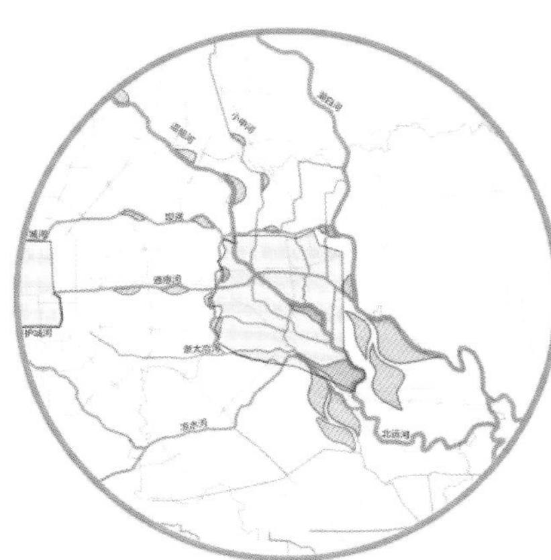

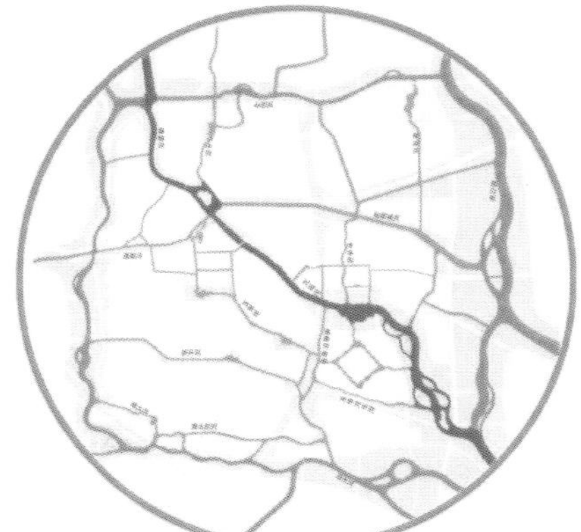

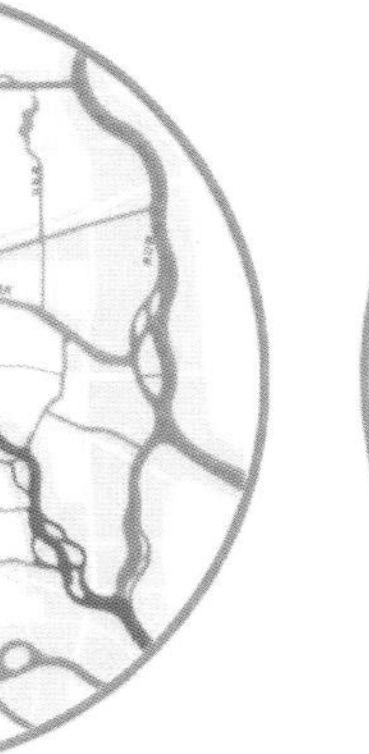

多级滞洪缓冲系统

在区域流域格局中，上游构建多层集蓄池、中部打通分洪护城河、下游构筑缓滞湿地湾，建立“上蓄、中分、下滞”多级滞洪缓冲系统，以实现副中心雨洪安全的千年不淹、百年不涝的总体目标

枝状水绿网络系统

结合现状水系及地貌特征，构建一个以北运河为主，河脉交织、分级有序、不涝不竭的枝状水绿网络系统。同时以河道体系梳理城市风廊，风水合一，为应对空气污染、缓解热岛效应起到关键作用

复合龟背排蓄系统

由河网交融的九个组团形成的海绵雨水管理单元，汲取中华古城“龟背”理水智慧，打造“复合龟背排蓄系统”，通过顺势自流、下凹滞蓄、廊道输送的多级体系，对雨水进行有效调控和就地消纳

5

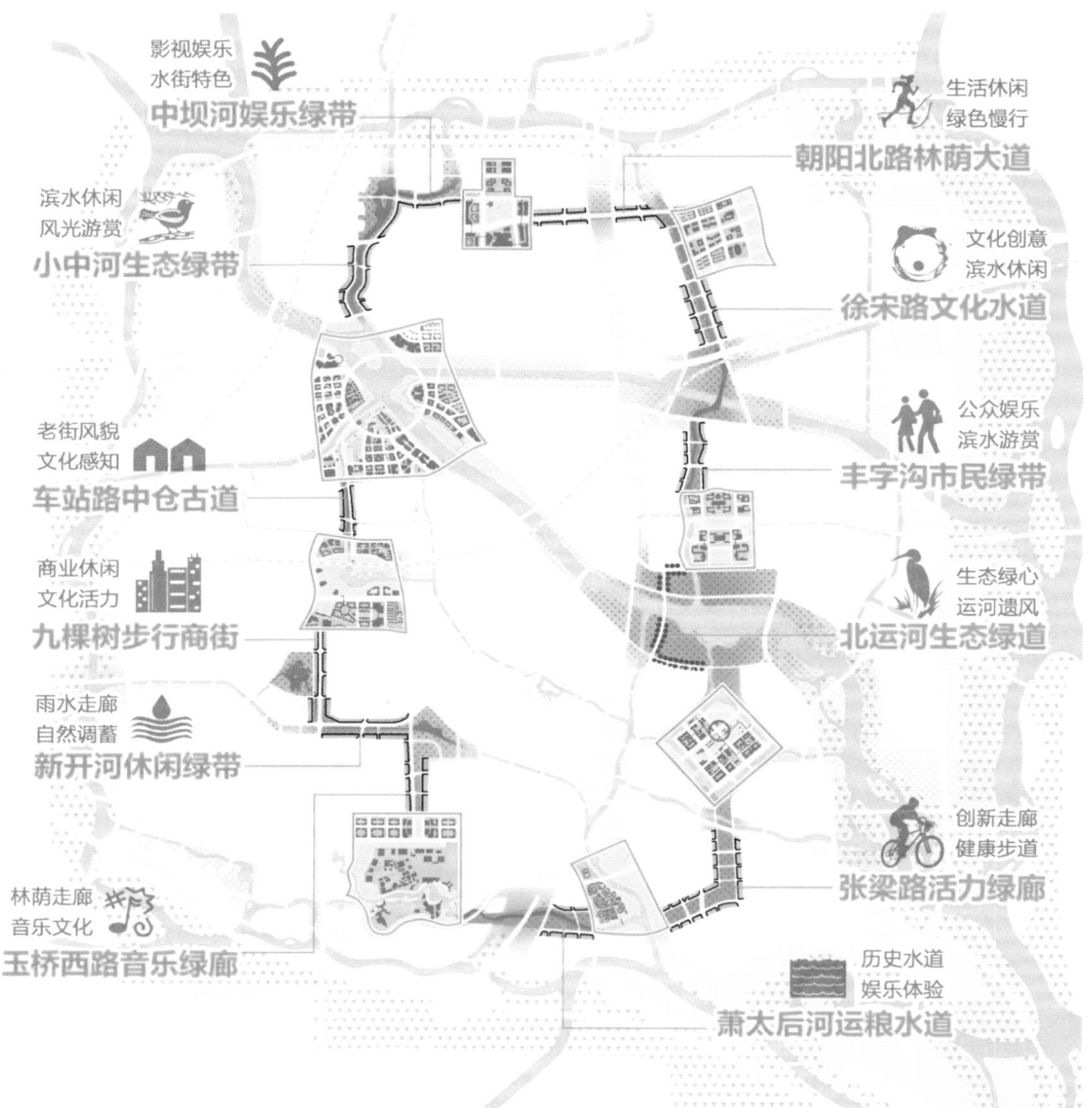

6

6.一环连八坊示意图
7.运河商务圈
8.中央活动圈

智慧，按“千年不淹，百年不涝”的目标对雨水进行有效调控和就地消纳。

（2）营水——打造北方水城典范

以大运河为主脉，时空交融，描绘17km的一幅新运河清平长卷。疏通漕运故道，以运河源和张家湾为两大运河文化节点，塑造漕运文化游览体验线。依托环城水系，规划八大片林，共同构筑“一带、十园、一环、多廊”的绿化景观体系。

（3）活水——建立水体弹性保障体系

形成以雨水、中水联用，上游分级保障的水源供给方式。同时结合多级生态景观驳岸处理，实现丰季盈水、常季平水、枯季有水，各时各有特色的水系景观风貌，对开发地块提出高标准的径流管理和就地存水要求，留住每一滴宝贵的雨水。

2.一带合两圈

大运河生态文明带，延承北京传统东西轴线，以运河源和千年环为新起点，开启北京城市副中心生态文明新轴线。

两大中心圈改变传统的向心集聚模式为绿心圈层布局模式。运河商务圈围绕五河交汇环湖筑心，以“千年之环”汇聚五组功能，串联传统文化体验区、艺术商业休闲区、商务交流接待区、生态健康宜居区和商务总部办公区五个功能板块，实现水城共生、古今交融。

中央活动圈以东方绿洲公园为生态绿心，环绿展开布局行政办公中心、医疗康体中心、东站商务商业中心、生态创智中心、东方文化工厂五大功能，以绿色交通环线强化联动，构建生态文明时代城市中心空间新典范。

3.一环连八坊

为构筑市民生活服务圈，规划八个文化荟萃的活力坊，以复合型环线加以串联，融合活力休闲、文化体验、绿色运动、共享创新和民生服务五类功能，并通过轨交环线、公交专线和自行车绿道三种方式强化八坊联动，构建五彩斑斓的市民活力环。以老八景展现通州传统古风貌，以新八坊描绘市民生活新图景。

一网融九组是实现人与自然和谐共生，建设生态城市的空间体现；一带合两圈是实现人与城市协同共创，建设创新城市的功能布局；一环连八坊是实现人与社会包容共享，建设人民城市的配套落实。以实现城市有机生命体理念所确定的生态城市新格局，将是北京城市副中心在迈向生态文明新时代，实现千年典范城市的新探索。

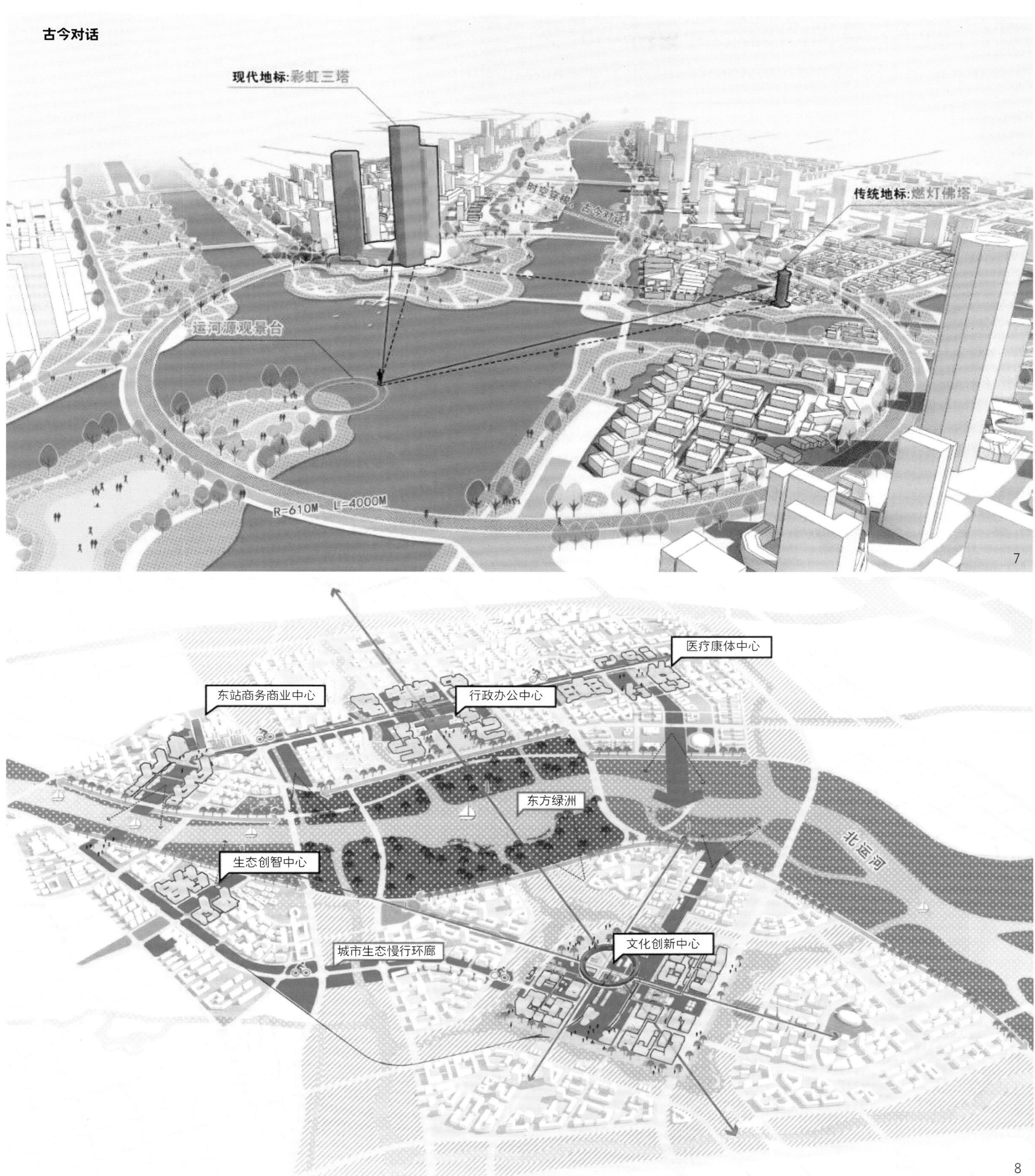
古今对话
现代地标:彩虹三塔
传统地标:燃灯佛塔
运河源观景台
R=610M L=4000M
7
医疗康体中心
东站商务商业中心
行政办公中心
东方绿洲
北运河
生态创智中心
城市生态慢行环廊
文化创新中心
8

厦门城市空间形态与结构研究

Research on the Form and Structure of Urban Space in Xiamen

[项目完成单位] 上海同济城市规划设计研究院有限公司
[获奖情况] 2019年度全国优秀城市规划设计奖三等奖，2019年度上海市优秀城乡规划设计二等奖
[主要编制人员] 黄建中、李峰清、胡刚钰、赵民、吴梦笛、张乔、赵承帅、许晔丹、方文彦

一、规划背景

厦门位于我国台湾海峡西岸，“岛内—岛外”自然山海分隔使城市先天具有“多中心、组团式”形态布局。由于岛内人口和交通承载力具有刚性极限，历版规划将岛外地区作为人口和用地增长的主要承载。同时，厦门还是21世纪以来全国人口增长比例最高的重要大城市，增幅远超历版规划的预计。厦门也是重要的旅游和商务目的地。人口快速增长带来岛内—岛外空间运转的巨大压力，历版规划塑造的“多中心、组团式”理想格局在实践中失效，岛内向心拥堵等“大城市病”问题日益显现。为应对上述问题、实现增量与存量空间高质量发展，城市人民政府特开展厦门城市空间与结构研究项目。

二、规划构思

针对厦门日益凸显的大城市病问题及相对局促的用地选择，本项目运用基于流视角的空间关系认知创新思路，通过多重数据深入识别厦门规模增长与空间资源约束下的“人—地—业—流”矛盾，从定量与定性结合、增量与存量并举、静态与动态耦合视角，合理优化城市空间形态及内在结构，进而提出更加精准有效的空间应对策略。

三、规划内容和特色

1.主要规划内容

项目的具体工作分两个阶段展开。

第一阶段是“动—静态”耦合的厦门现状空间组织问题诊断。研究基于LBS大数据和传统普查数据，从超越静态形态视角深入解析厦门本地日常职住流、厦漳泉一体化流动关系、全国旅游商务流三层流动关系与厦门空间组织结构的内在矛盾。并在此基础上，通过Visum系统构建“空间结构—交通模式”模拟分析平台。

在第二阶段，依托建构的平台，对厦门原总体规划方案展开基于“职住平衡度—小汽车比例”的3×3九种规划情景模拟；分析规划方案在不同情景下可能出现的潜在空间问题。进而针对性地从用地布局形态、空间结构、中心体系、重大基础设施以及发展时序等方面，提出对新一轮国土空间总体规划方案的优化建议。

2.项目特色

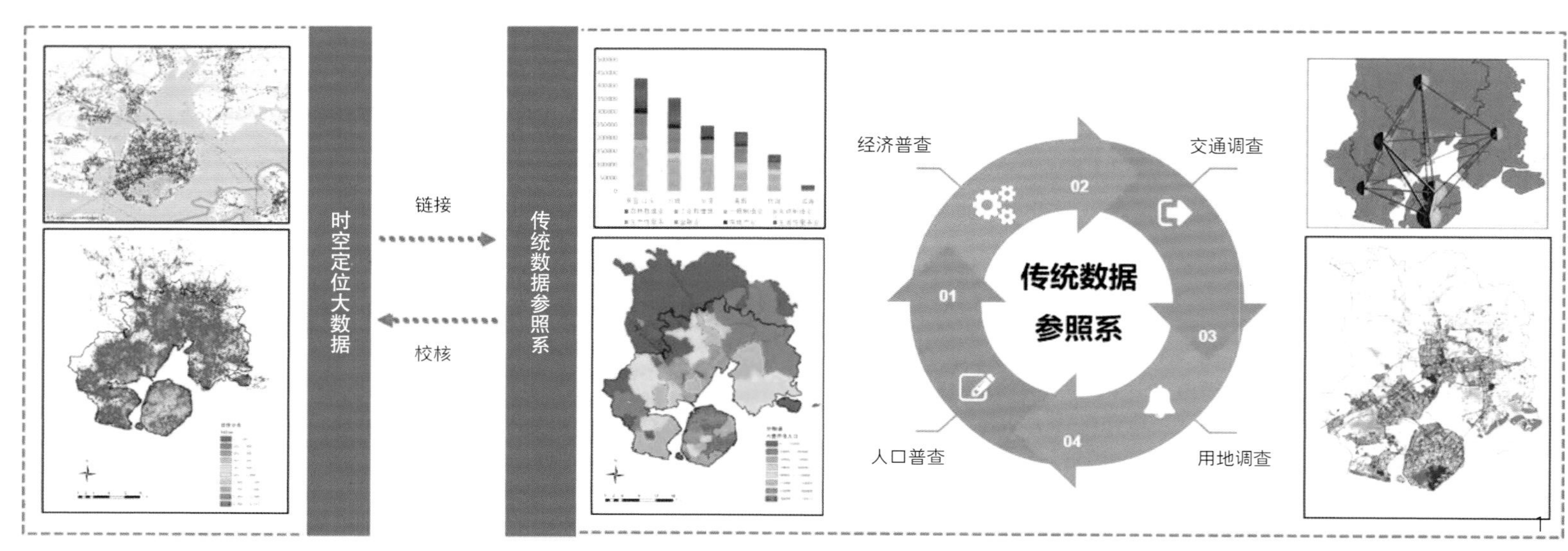

1.多重大数据的空间链接与质量校核示意图

针对“城市空间形态与结构”这一规划经典问题，本项目的主要创新特色体现在三个主要方面：

（1）创新特色一：多重大数据的质量校核及规划应用方法

当前各类规划广泛采用的大数据技术可以弥补传统数据的不足，但存在数据质量缺陷导致规划策略偏差的风险。针对这一问题，本项目依托人口普查、经济普查、居民出行调查以及土地利用四类传统数据，建立统一空间参照系，为空间定位大数据提供了标准化质量检验手段。检验发现，厦门手机大数据的居住、就业、通勤等分布与多重传统数据校核之后的匹配程度很高，数据之间的相互印证为确保规划结论的科学性提供了有效支撑。在严谨校核基础上，本项目依托大数据和传统数据的空间链接关系，形成了丰富的多重数据分析运用体系。项目据此深入分析厦门“人—地—业—流”特征及内在结构性矛盾，让规划突破“就空间论空间”的技术屏障，真正做到“以人为本”。

（2）创新特色二：流视角的空间计量解析与规划关键技术

项目分别从厦门岛内—岛外职住流动关系、厦漳泉区域一体化流动关系、全国旅游商务流三个层次的空间流关系入手，结合增量与存量空间并举视角，探索厦门理想空间形态布局背后的理性结构。

①层次1：厦门本地职住流视角的空间形态—结构计量解析

据交通调查，本地居民职住通勤是厦门岛内—岛外最大的空间流矛盾，远大于旅游、休闲娱乐带来的空间组织压力。因此，如何通过真正有效的“多中心”战略实现厦门本地岛内—岛外“职—住—流”高效组织，是厦门空间形态与结构优化的首要切入点。本项目通过职住静态分布和动态通勤关联的耦合视角，计量解析厦门“组团式”形态布局背后的“职—住—流”空间组织机理。首先通过静态分布精准识别了就业中心能级体系和职住失衡的地区；其次，通过组团通勤关联度和就业中心势力范围分析，明确提出厦门应当避免静态形态上“多中心、组团式”发展，但内在空间组织上跨海摊大饼的既有城镇

2.全国人口增幅排名前12位的大城市（2000—2015年）统计图
3.基于流视角的空间关系认知创新思路示意图
4.厦漳泉地区日常人流联系示意图

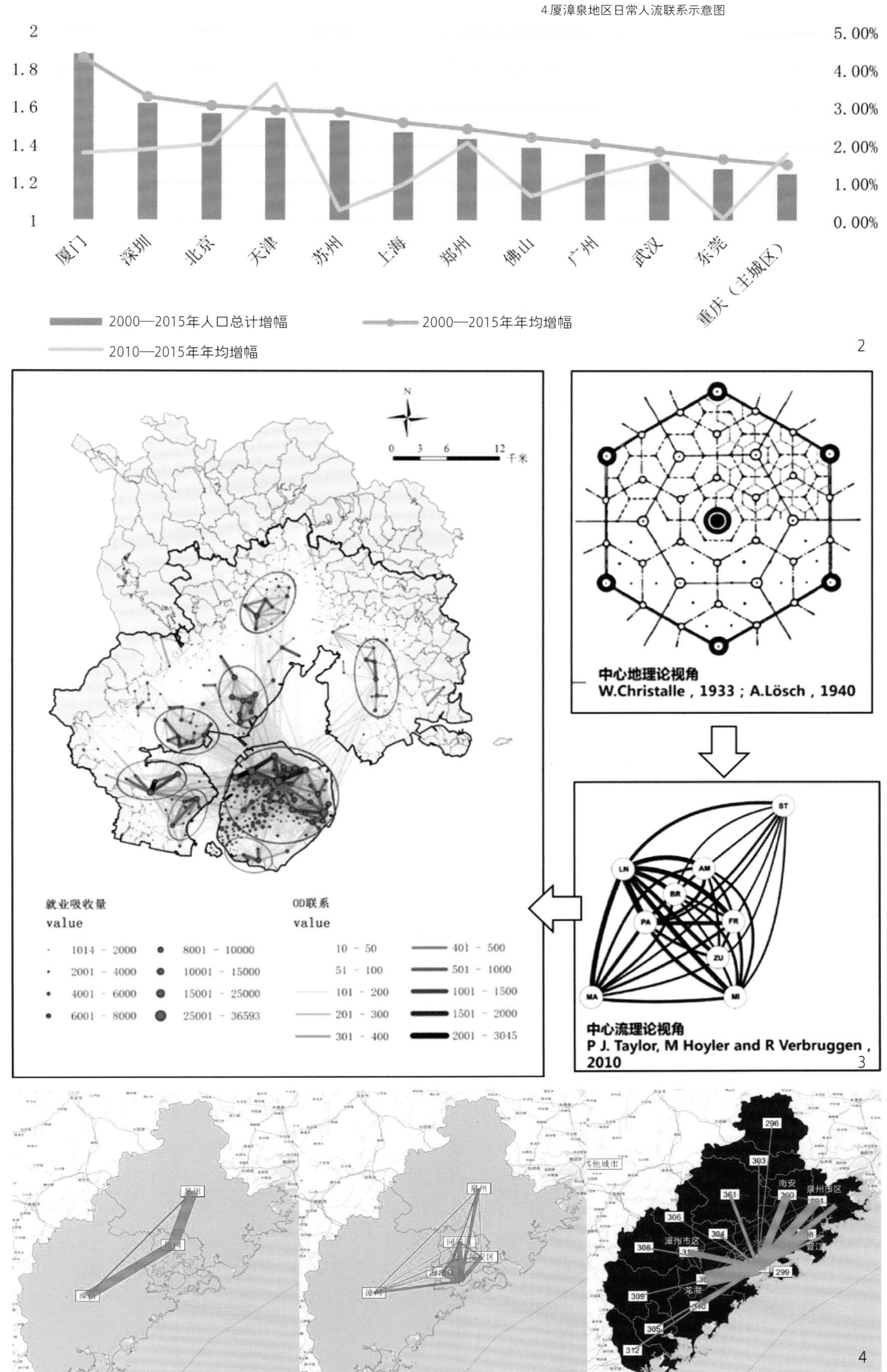

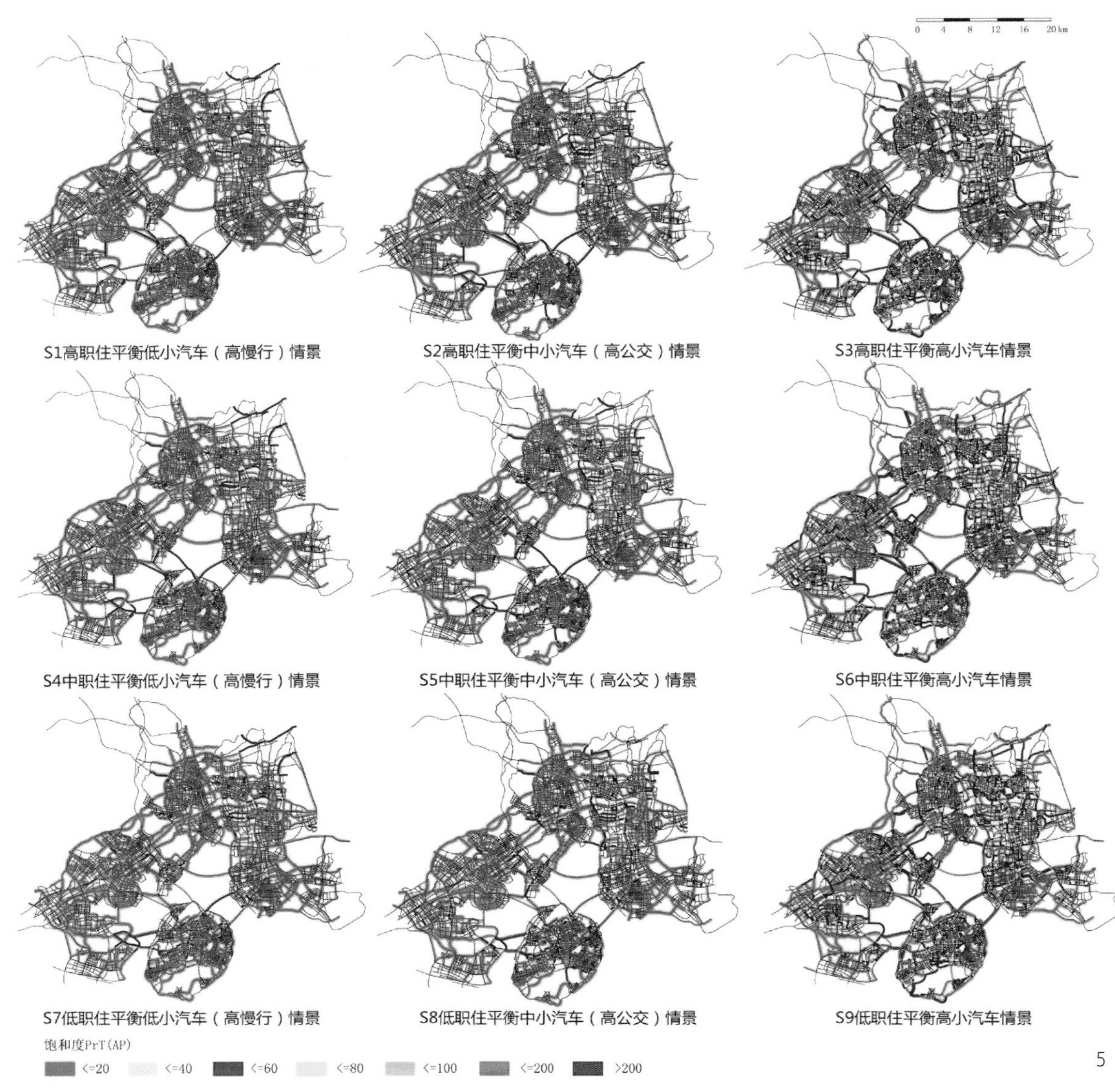

5

化路径。

②层次2：厦漳泉一体流视角的空间形态—结构计量解析

区域产业和人流联系对城市空间组织机制计量解析。本项目首先通过空间定位大数据分析了厦漳泉地区日常人流联系，提出厦门具有厦漳泉大都市区人流转换中枢的角色。同时，通过厦漳泉地区企业全行业、制造业和生产性服务业网络的联系度分析，研究发现厦漳泉地区制造业产业链短、缺乏联系，而全行业联系主要体现在生产性服务业网络。由于厦门的生产性服务业网络集中在岛内，厦漳泉经济和交通联系仍是岛内向心联系为主。历版规划在岛外布局的大量制造业基地由于缺乏区域产业联系，从区域网络机制看，难以在厦漳泉大区域中起到承接和辐射区域、吸引人流的作用。

③层次3：国内外旅游商务人流视角的空间形态—结构计量解析

受资源要素分布影响，根据大数据追踪，持续迅速增长的国内外旅游商务流主要通过机场、高铁站、邮轮等枢纽向岛内流动。

结合三个层级的空间流动关系看，厦门岛外新城若延续制造业导向、缺乏生产性服务业聚集，本岛将面临“岛外新城跨海通勤”“厦漳泉一体化”“国内外旅游人流”三层流动关系增长下的三重向心压力，未来岛内交通、过海通道地区将不堪重负。为指引岛外新城发展，本项目组通过就业势力范围和争夺区分析，进一步识别了厦门东西两翼缺乏稳定就业吸引力的地区，指出岛外新城应当承担对岛内形成“反磁力”副中心，对外形成区域辐射“桥头堡”和人流“蓄水池”。延续这一思路，翔安、海沧应当结合外延拓展和滨海工业用地更新，打造厦漳泉大都市区生产性服务和综合生活服务副中心，构建以岛内为一体、东西为两翼的未来发展格局。

（3）创新特色三：空间结构与交通模式动态情景模拟的优化策略

在三个层次流动空间计量分析基础上，本项目基于上一轮总体规划方案，通过Visum系统构建“空间结构—交通模式”模型分析平台，计量模拟了厦门岛内—岛外静态空间布局可能因为职住平衡度和小汽车比例不同而出现的多种发展情景，通过不同情景比对，识别上轮规划形态方案背后的动态组织问题，针对过海通道等重大基础设施和廊道展开进一步的计量论证，指导新一轮国土空间总体规划对原总规方案的优化调整。在新一轮国土总体规划形态方案情景模拟中，进一步加入机场、高铁站影响以及区域人群的流动情景，从动—静态耦合视角进一步优化厦门城市空间形态、结构和干路网方案。

四、实施情况

《厦门城市空间形态与结构研究》于2018年1月通过专家评审，2018年6月通过厦门市规划委员会审查验收。研究结果得到了厦门市政府和评审专家的一致认可，并对厦门总体规划方案优化带来了积极影响——原方案岛外地区从偏重翔安调整为方案二翔安、“集美—海沧”东西两翼并重格局，以支撑岛外新城的区域地位和对空间结构的支撑作用；此外，在用地功能布局上，优化后的方案二大幅减少了岛内高崎机场更新地区的生产性服务业用地并移至岛外地区等。研究不仅为厦门新一轮国土空间总体规划的方案优化做出了积极反馈，也为新数据技术语境下，通过“流空间”的分析实现城市空间形态与结构优化工作提供了面向规划应用的关键技术思路。本研究的技术方法与理论解析已转化为相应的学术成果，并在高水平学术期刊上发表论文3篇。其中一篇荣获金经昌中国城市规划优秀论文二等奖。以厦门多重数据支撑下流视角的空间解析方法和情景模拟应用为开端，国内多个大城市新一轮国土空间规划研究项目都采用了类似技术方法，为新时代我国主要大城市优化空间形态与内在结构、应对大城市病、实现高质量发展做出了积极贡献。

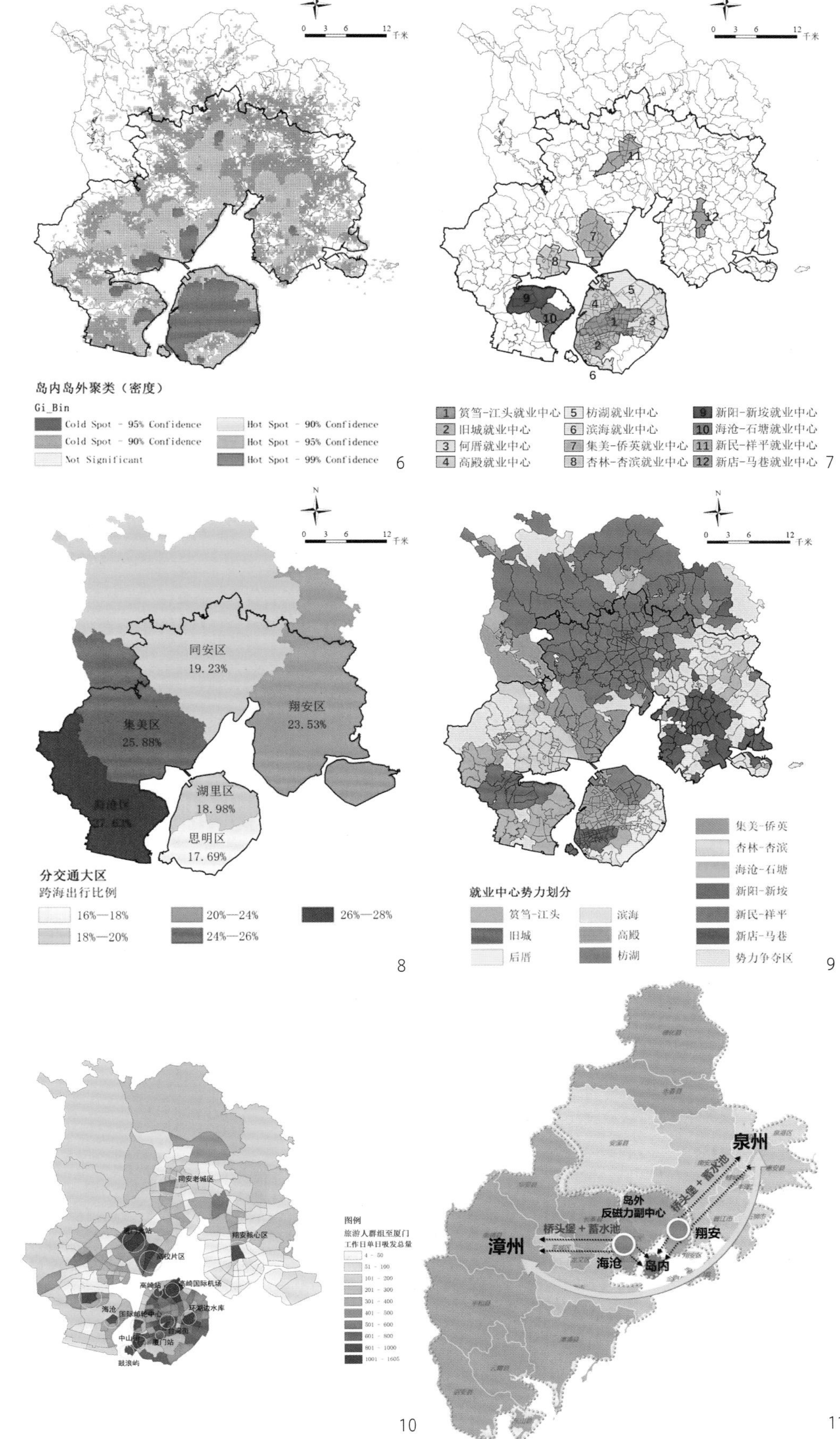

5.九种情景方案示意图
6-7.静态识别就业密度分布与中心体系示意图
8-9.动态识别组团通勤关联度和就业中心势力范围示意图
10.旅游商务人群空间分布图
11.厦漳泉未来发展格局示意图

上海老北站地区城市更新规划

Urban Renewal Planning of Shanghai Old North Railway Station Area

[项目完成单位] 上海同济城市规划设计研究院有限公司，上海营邑城市规划设计股份有限公司，上海章明建筑设计事务所（有限合伙）
[获奖情况] 2019年度全国优秀城市规划设计奖（城市规划类）一等奖，2019年度上海市优秀城乡规划设计奖（城市规划类）二等奖
[主要编制人员] 周俭、朱琳祎、陈飞、李娜、罗晖、林沄、吴炳怀、桂寅、刘冰、郭以恒、周静一、顾嘉坚、王倩雯、吴中翔、徐雷

一、项目背景

资源紧约束条件下上海已基本进入存量更新时期，大拆大建型旧区改造方式难以为继，有机更新理念已逐步成为共识。在有机更新理念引领下，上海在城市更新方面进行了探索与实践。

老北站地区位于苏州河中段北岸，原上海火车北站周边，包括安康苑、华兴新城、北站新城、宝丰苑、北站73街坊五个项目地块，总用地约55hm²，是近期上海最大的成片旧改片区之一。

老北站地区是典型的由交通设施带动城市发展的历史样本，是上海近现代城市化发展的重要见证，区域内近代海派建筑荟萃，名人故居和历史遗迹众多。

老北站地区涉及历史风貌街坊9处，现存历史建筑多达27万m²，具有重要的保护价值。针对旧区改造、风貌保护与转型发展的复杂目标与多元需求，创新性地针对地区开展更新规划是地区面临的巨大挑战。

二、理念与方法

立足“风貌保护、公益优先、高质量发展、精细化规划”，以规划统领为主线，历史风貌评估为基础，统筹集约为手段，活力重塑为重点，开展本次城市更新规划，着重解决高强度开发与成片历史保护的矛盾。

三、项目特色

1.特色1 “成片保护”目标下的全要素风貌评估和分级分类保护体系

（1）一体化构建的评估与保护体系

本次规划从整体保护的视角，构建“建筑+街巷+肌理”的风貌保护总体框架。

（2）历史建筑分级与多样化保护措施

通过分析历史建筑的特征，提炼和评估其价值，对历史建筑进行分级，提出保护保留措施。历史建筑保护规模从3万m²提高至23万m²。

（3）以历史街道保护为切入点强化风貌感知

注重街道界面历史风貌特征的保护与延续，提出9条建议保留的风貌街巷，通过维持原有道路线型、界面风貌和空间尺度，强化地区风貌感知。

（4）以肌理保护为抓手延续成片风貌

对肌理单元的规模大小、完整度、典型性、空间延绵度和文脉关联性等方面综合评价，明确保护等级和范围，成片保护区域扩大近3倍。

（5）精细评估，深化细化保护与利用

规划对保护对象进行专业化精细评估，通过对所有历史建筑进行档案梳理、详细测绘和现状调查，综合评估历史价值、艺术价值、科学价值，形成“一房一案”精细化保护利用手册，并通过法定图则落实保护对象的管控要求，深入指导后续建设方案。

2.特色2 “旧改和转型”背景下的统筹平衡和空间集约利用

（1）区域统筹平衡

成片旧改地区面临高强度开发需求和风貌保护要求，空间资源紧约束的矛盾突出。规划通过区域统筹平衡兼顾保护与开发需求。已出让地块，在各自片区内平衡设施和建筑规模，利用历史建筑来置换原本需新建的商业、办公、住宅、设施的建筑规模，减少新建开发量；其他地块，进一步通过片区间的转移，统筹平衡绿地、公益性设施和建筑规模。

（2）地上、地下空间集约整合利用

风貌保护保留要求下，部分片区成片保护的历史肌理接近用地范围的60%，建设空间严重受限。规划通过腾挪零星历史建筑，整合破碎的潜力小空间，保证较完整的地块进行整体设计和开发建设。

通过对历史建筑的综合利用研究，挖掘可用地下空间。结合市政管线专项研究，提出不开发、整地块

1-3.“建筑+街巷+肌理”风貌保护总体框架图

1

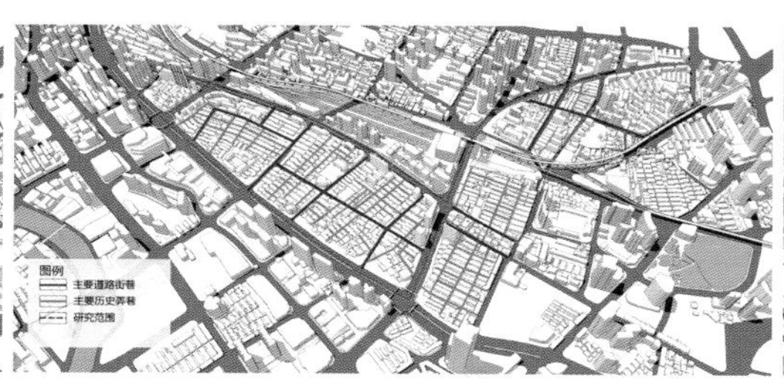

2

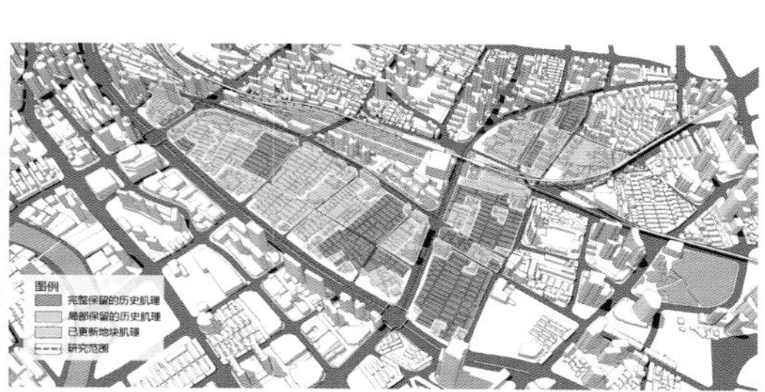

3

4.老北站地区更新项目的规划范围区位图
5-6.吴昌硕故居与梁氏民宅实景照片
7.历史风貌保护街坊分布图
8.现存各类历史建筑分布图
9.历史建筑特征与价值评估图

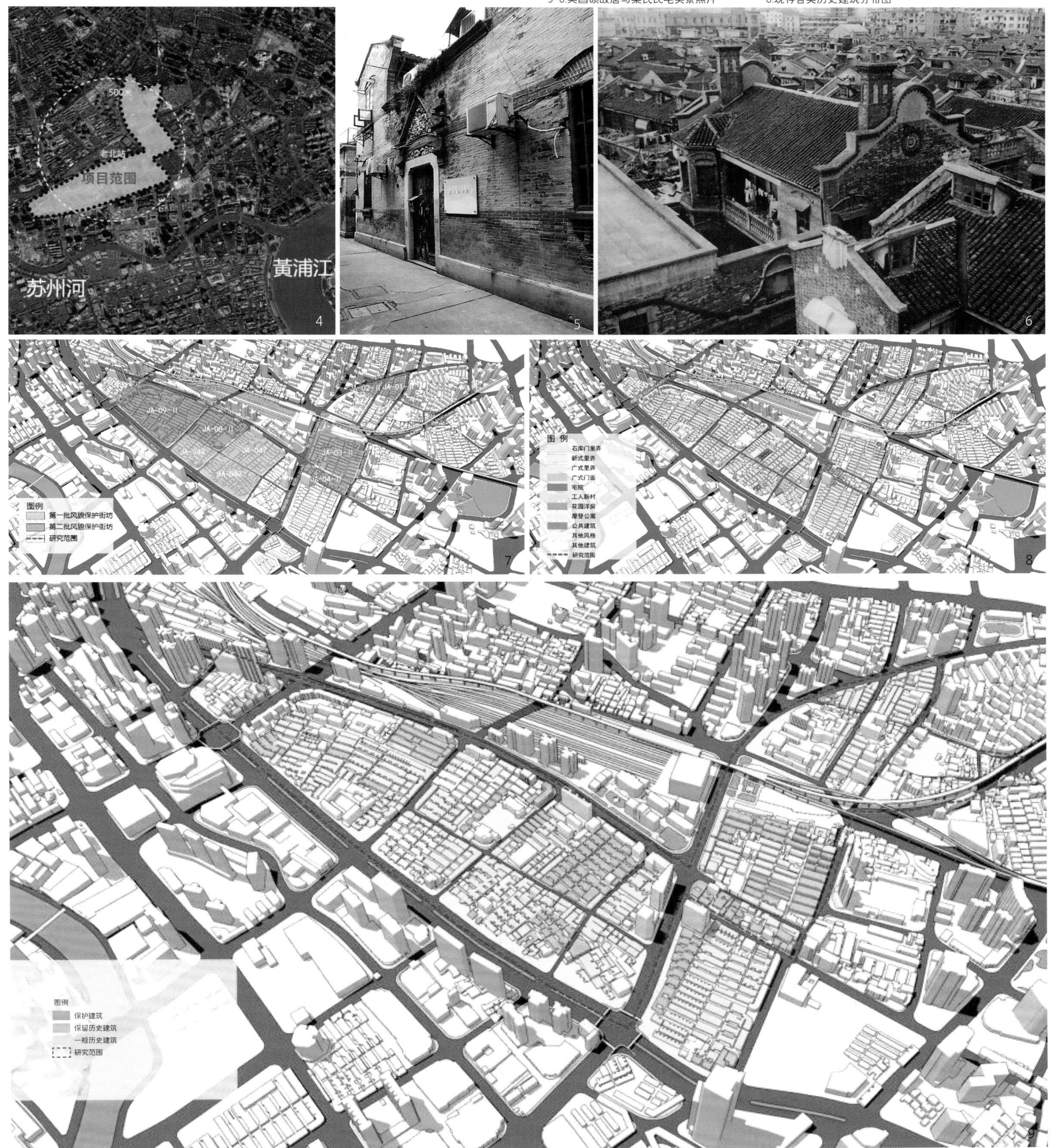

开发、跨地块开发、跨道路开发等地下空间建设控制建议，并通过地下连通，统筹静态交通，并适度缓解地面道路交通压力。

3.特色3 "有机融合"需求下的地区活力提升

（1）文化引领、配套完善、活力激发

以"15分钟生活圈"建设为抓手，依托地区风貌基底和历史文脉，将特色文化功能和社区配套设施植入历史建筑，使新的文化形式和多元功能融入金融创新区建设，突出文化引领，彰显文化魅力，全面激发活力，打造上海"国际文化大都市"新名片。

（2）空间延续、新旧对话、历史感知

严控高层建设区域，新建建筑和复建建筑的空间肌理与成片保护区域有机融合，实现了风貌肌理的保护和延续。

在保留风貌街巷沿街历史建筑基础上，对两侧新建建筑退界和高度进行控制，重点加强外延区域三层以下街巷界面的管控和设计，呼应历史元素，保持历史界面的连续性，使新旧空间感受连续和谐，保证行人对历史街道的风貌感知。

4.特色4：复杂条件下面向实施的创新型编制模式和精细化规划管控

（1）精细化规划管控

基于风貌保护要求和特点，提出"严格控制风貌道路两侧退界、贴线率和建筑高度""历史建筑修缮时不用按照新建建筑间距标准控制、沿街建筑9m以下部位进行重点设计、需复建历史建筑位置和数量"等精细化管控内容。为相关技术规范修订和相关政策提供了试点案例。

（2）创新型编制模式

规划统领项目主线，多专业研究融入地区整体评估，预判突出矛盾点，提出引导和建议，规划工作重点综合地区整体评估和城市设计，形成指导下一阶段的设计导引；方案深化设计后，规划整合各专业和各地块设计方案，对矛盾点进行协调；最终形成具有较强操作性的、面向实施的精细化法定规划。

四、实施意义

老北站地区作为上海市风貌成片保护与旧改更新有机结合的试点项目，在开发量上"以新换旧"、功能上"以新带旧"、空间上"以新融旧"，探索创新保护机制及精细规划方法，具有典型意义、先行示范作用。

在项目编制过程中，联合团队配合相关主管部门开展了大量配套政策和法律规范的调整和完善研究，为相关法规政策的修订提供了实例基础，也为其他旧改项目提供了参考样板。本次项目探索了在风貌保护、旧区改造、高质量发展、精细化管理的大背景下，有效的规划实施管理路径。

目前，安康苑和华兴新城所在的08、09街坊控规已获批，09街坊报建方案公示中，动拆迁已完成，即将开工建设。宝丰苑、华兴73街坊控规调整程序基本完成，北站新城控规调整有序推进中。

10.老北站地区整体空间鸟瞰图
11-16.沿街历史建筑界面空间引导对比图

大理市“双修”规划
——下关片区总体城市设计与开发强度分区

Research on Urban Intelligent Approval Auxiliary Decision System Based on Typology Theory
—Take Tianjin as an Example

[编制单位]　上海同济城市规划设计研究院有限公司，大理市规划编制与信息中心
[获奖情况]　2019年度全国优秀城市规划设计奖三等奖，2019年度上海市优秀城乡规划设计奖一等奖
[主要编制人员]　唐子来、付磊、姜秋全、黄建红、段伟、张泽、戚天宇、吴晞、顾月、赵菲菲、陈加筑、赵雪娇、戴轲、陈韵霖

一、项目背景

2015年初，习近平总书记视察大理，明确要让苍山洱海的美景永驻人间。同年11月，中央城市工作会议指出：要加强城市设计，提倡城市修补。

在此背景下，设计团队于2016年走进大理，开展《大理市“双修”规划》。《下关片区总体城市设计与开发强度分区》作为其中一个完整项目，是“城市修补”工作的核心。

下关片区位于苍山洱海之间，历史上是大理古城的关口，新中国成立后是大理州府与市区所在地，总面积约50km²。

二、规划构思

此次设计旨在“国际一流旅游城市”的战略目标指引下，从结构层面、设计层面和行动层面切入，达到好管理、能实施、易宣传的效果。

第一，紧抓苍山洱海就是大理的核心竞争力。在结构层面系统地保护城区自然山水格局，明确形象定位与风貌特色，以实际举措践行“绿水青山就是金山银山”的发展理念。

第二，紧抓此次建成区修补型城市设计的特点，在设计层面从“形态和功能”把控城市空间秩序，梳理公共空间体系。

第三，紧抓“人民城市为人民”的设计宗旨，在行动层面通过充分的公众参与，对接详细规划与建设项目，落实设计效果。

最终形成面向专家的设计说明、面向政府的控制指引、面向公众的宣传手册等成果形式。

三、核心问题

本次设计重点关注下关建设的三个问题。

（1）生态格局如何维护？近年来，下关片区建设用地快速扩张，不断突破苍山洱海的生态底线。

（2）空间形态如何控制？大理市区建设长期存在“只顾城区看洱海，不管洱海看城区”的问题，滨水环山地区高楼林立。近五年来，下关有28个通过审批的超高层居住项目，最高达到180m。

（3）地域特色如何彰显？经济导向的粗放开发造成特质弱化，大理极具特色的“三坊一照壁、四合五天井”的白族民居形式逐渐消融，百姓的“乡愁”难以为继。

四、规划内容

此次设计抓住“风貌、文化和历史”三个维度，突出下关“苍洱风口、文化路口、历史关口”的特质。确定其风貌与特色定位聚焦：“苍洱风景的生态

1-3.成果体系示意图

面向专家的设计说明

下关总体城市设计与开发强度分区规划

1

面向政府的控制指引

重点片区设计指引

2

城区”“人文风情的品质城区”“关口风韵的特色城区”。

（1）关注山水格局，借用控山理水的手法，塑造“苍洱风景的生态城区”。

在生态格局分析的基础上，对接国土空间规划，通过“划定环山路、明确滨水线、确定缓冲区”等手段，确保生态敏感地区建筑减量化。

在城区内部，通过地形地貌分析，以苍山为屏，城中小山为园，控制近山地区的建设高度，确保“主路见山、山山互见”。

在滨水地区，通过大数据分析人群活动特征，引导滨水空间的功能分层，激发活力。

在山海之间，依托公共空间节点，构建慢行通廊，塑造慢行活力核心。

（2）关注建成区的空间形态控制，梳理公共空间体系与空间秩序，塑造“人文风情的品质城区”。

公共空间节点方面，重点把控“公共活动、历史文化、景观与交通枢纽”等五类空间核心与节点。

空间发展轴线方面，关注旅游对大理的重要意义，除服务功能轴线外，重点构筑景观廊道。

风貌分区方面，以街区为单元，分类细化风貌管控与色彩引导要求，对接详细规划。

空间形态控制方面，突出大理重形象的要求，重点把控大理城区的天际轮廓线。选取滨海近山的多处观景热点，分析这些视点“看城区”的天际线。

根据“衬景+韵律”以及“层次+簇群”的美学原则，对城区现状高度进行修正，确定高度基准模型。严控“滨洱海、环苍山”地区的建筑高度，控高标准伴随用地远离“生态与景观敏感地区”而升高。

在原有高度分级基础上，增加36m、60m的控高等级，改变现状建筑高度集中在12m和100m的情形。

另一方面，从经济视角出发，综合分析“服务、交通以及环境因子”，确定开发强度分区。

（3）结合空间资源特质，设置“八馆四堂三场”，加强文化展示；规划两大创意园区，引领文化生产；建设15处市级文化设施，引领文化生活。塑造“关口风韵的特色城区”。

（4）加强“滨洱海、环苍山”的重点地区建设指引，建立指标体系，强化城市设计向法定规划的传导。通过三维模型、经济测算，提出重点地区的目标、功能、结构、形态、高度、强度等引导与控制要求。

五、规划特色

1.基于“双基准”的开发强度管控

不同于一般城市，旅游城市需要提出形态控制与经济发展并重的设计管控思路。近年来，下关片区追求观海景观，偏好“高层低密度”的现代居住区模式，破坏传统的风貌特质。

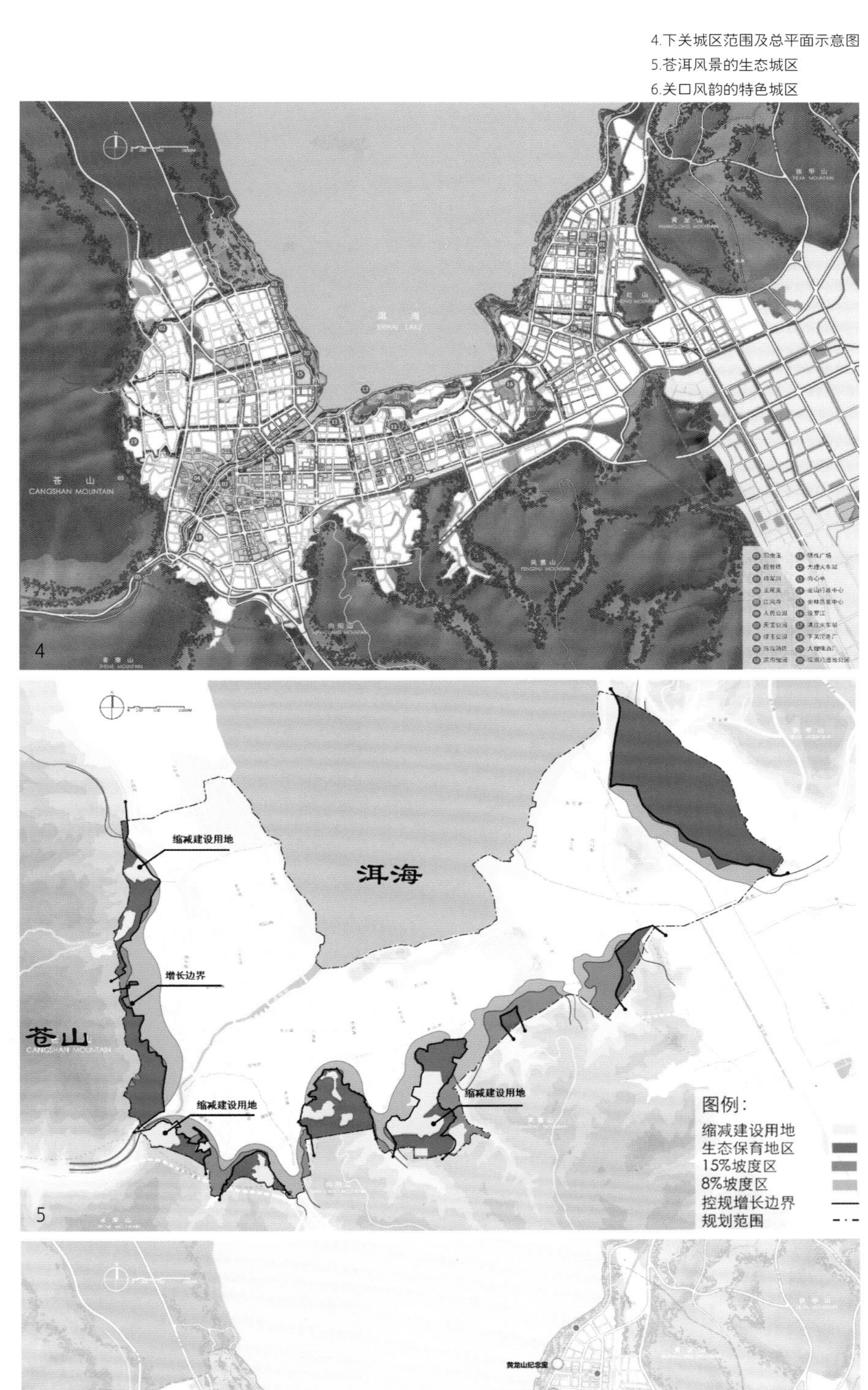

4.下关城区范围及总平面示意图
5.苍洱风景的生态城区
6.关口风韵的特色城区

7.下关南旧改片区设计平面示意图

因此，一方面需要从空间形态视角出发，修补城区现状的天际轮廓线，优化高度格局，形成高度基准模型。

另一方面，需要从经济效率视角出发，综合分析下关服务、交通以及环境因子，确定强度基准模型。

最终，通过大理日照、建筑密度等要求，校核两个基准模型的匹配关系，避免生态与景观敏感地区追求“高层低密度”的模式，形成最终的开发管控要求。

2.全过程的公众参与设计

在规划启动时，开展“大理童画”活动，以“孩子心中的大理”为主题，组织逾千名小学生共绘大理未来。最终，百余幅获奖作品为本次设计提供了新视角。

通过绘画发现：孩子们格外关注生态环境、民俗风情、民族建筑。因而在设计中加强对生态和民居特质的分析。

在规划过程中，制作“街道改造提升手册”，吸引市民为设计方案献计献策。市民手册引发市民的广泛的讨论，大家对已有的“大理百年建设路商业街”拓宽车行道的改造计划提出异议，引发人们关注慢行活力与健康生活。

3.通过大数据手段辅助设计

此次城市设计依托大数据专题研究，加强对人群活动特征的把控。重点分析道路服务能力、公交服务效率、旅游服务密度以及人群空间集聚特征等方面。

其分析结果为空间结构的确定、观景点的选择以及公共空间的体系提供支撑。

六、实施成效

第一，在城市设计之后，团队继续编制法定详细规划，落实刚性管控要求。使规划从“目标的战略引领”到“设计的形态格局”再到“详规的实施管控”，有连续的传导性。

第二，该城市设计成为大理旧改工作的指导文件之一，结合本团队编制的法定详细规划，降低许多已批乃至在建的住宅高度，如将正在建设的180m住宅降低至100m左右。

第三，严控“滨海环山”地区的建筑风格，引导适宜的重点地区考虑传统空间肌理，采用低层高密度的街区式布局。

七、结语

大理作为全球知名的旅游城市，任何一个小的规划失误都可能引起全国的关注。其总体城市设计需要以战略和结构思维，通过市民的广泛参与、政府高度认可的设计，引领转型时期的城区建设，才能不负习总书记对大理“留得住绿水青山，记得住乡愁”的期望。

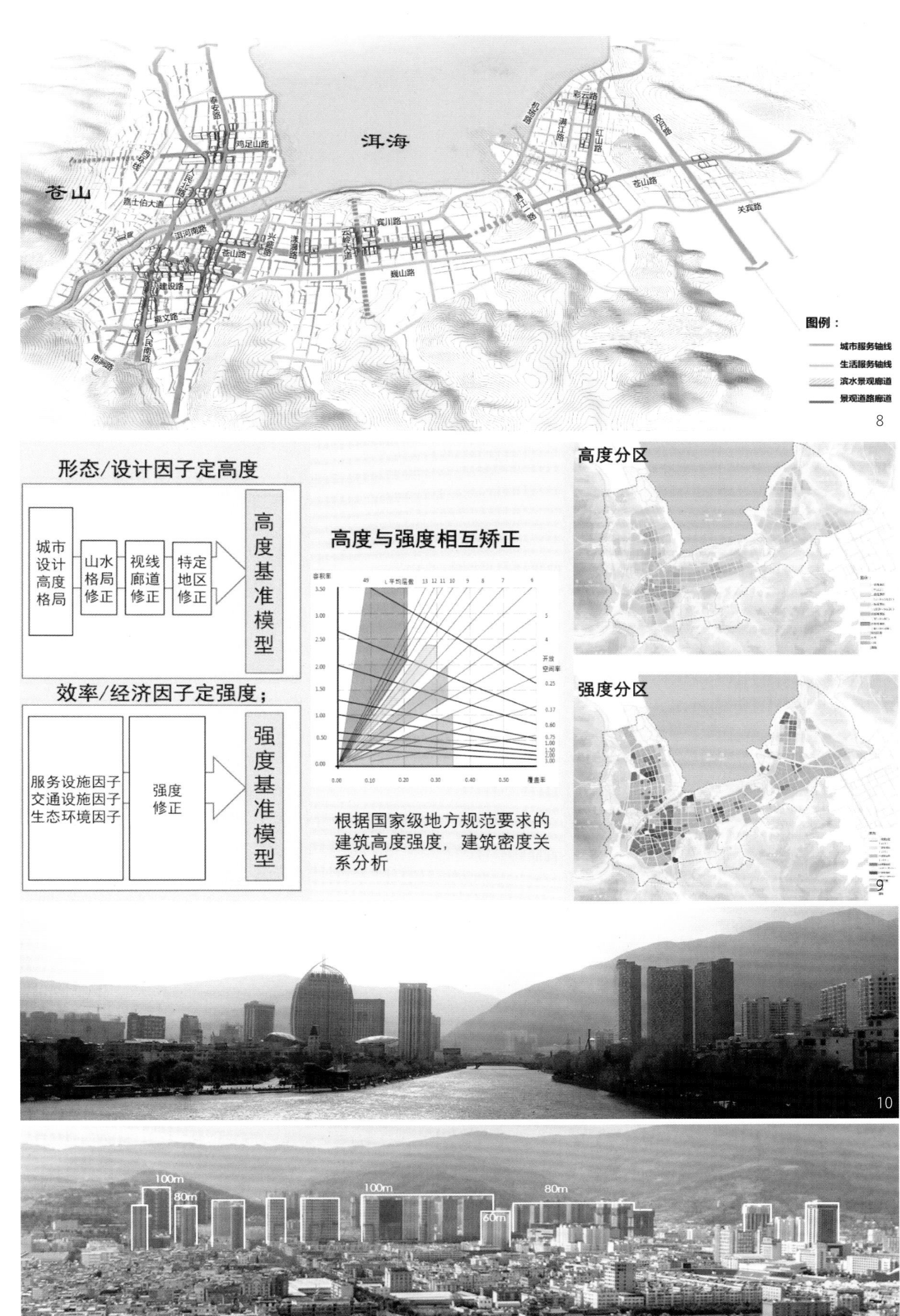

8.人文风情的品质城区
9.旅游城市建成区的开发强度控制技术路线示意图
10-11.苍山洱海边高层林立

上海同济城市规划设计研究院有限公司 新闻简讯

产业、科研、育人三位一体，同济规划院以产教融合助力中国式现代化

不久前，上海同济城市规划设计研究院（简称“同济规划院”）编制了《产教融合型企业三年规划》。院长张尚武介绍，《规划》提出服务学科发展、着力人才培养、深化合作科研、共建创新平台、服务社会需求五大重点任务，努力形成一批标志性成果，成为全国城乡规划领域产教融合发展的示范性平台。这是该院以规划产教融合的高质量发展助力中国式现代化的又一重要举措。

锚定产教融合目标，数十年如一日寒耕暑耘

不久前，同济规划院获批上海市产教融合型企业建设培育试点单位。

同济规划院成立之初就定位为“支撑学科型规划设计机构”，数十年中始终坚持产学研融合，以国家战略、长三角一体化发展和上海市需求为落地导向，以服务学科发展、促进实践创新为总体目标，以培养实践型高素质人才和加强产学研融合转化为抓手，构建教育资源和产业资源集聚融合、共生发展的生态机制，着力打造规划设计行业产教融合的全国示范性平台。2017年至今，每年持续资助学校学科发展，近两年资助合作育人项目19项，资助高校共建6个实验室或科研平台。据悉，2016年以来，规划院承担了国家级科研项目107项、省部级科研项目74项、出版专著170本、发表A类期刊学术论文562篇、获得各类专利96项。参与教学各种专业课程数十门，联合培养研究生百余名。获国家和省级优秀规划设计奖400余项、参与编制完成国家标准、规范多项。其中，在开创“智能城市规划”技术范式、探索“规划-建设-管理”协同技术、开拓乡村振兴规划技术体系、支撑国土空间规划改革实践、引领城乡遗产保护等领域取得了一系列重要成果。

得益于数十年如一日地持续耕耘，规划院现已构建起产教融合平台50余个，其中包括5个校级—省部级行业性研究平台、4个研究院、9个院级研究中心、33个教师工作室，共同构成体系完善、形式多样、适应多种场景的产教融合平台系统。

创新产教融合模式，持续服务国家重大战略

从学科研究到实践应用、再总结实践成果反哺学科发展，由学院中的教师和规划院的规划师紧密协作，共同搭建构成学科、产业/产品、创新、人才“四链协同”的产教融合模式。这个模式，让同济规划学科发展、规划设计产业发展和国家重大战略、地方发展需求紧密衔接在一起，形成了循环往复、生生不息的持续发展“生态圈”。

规划院的规划实践基本都由高校教授的前沿研究引领。智能规划、城镇化转型、城市网络、乡村发展、健康城市等领域，吴志强、赵民、唐子来、周俭、张尚武等教授的开创性研究引领着近年来的产教融合探索，规划师和师生们大量的实践又支撑了各项理论、制度和指南规程的研究，极大支撑了规划学科的发展。雄安新区规划，由全国工程勘察设计大师、周俭教授牵头组织了产教融合的复合团队，设立雄安智慧规划设计研究院，先后完成《雄安新区容东片区控规及城市设计》《雄安新区容城组团控规及城市设计》等20多项规划的编制，主要负责的容东片区将于今年内全部建设完成。

北京城市副中心控规方案制定，吴志强院士团队再次与规划院团队协作，创新提出“家园”概念，着力规划未来副中心职、住、医、教、休、商业服务的“六元平衡”。于是，老年餐桌、生鲜超市、社区卫生服务站、爱心美发店、儿童阅览室……养老、医疗、教育、休闲等服务，正把“家园”概念在北京副中心落地生根，变为大家的日常。

去年12月，由张尚武教授主持的国家“十四五”重点研发计划之“国土空间优化与系统调控理论与方法”启动。具体的研发及数据库建设工作同样依托同济规划院开展，依托的国土空间智能规划自然资源部重点实验室就坐落在同济规划大厦内，与同济规划院团队朝夕相处，切磋琢磨。

去年11月，上海市“科技创新行动计划”之“双碳背景下超大城市环境动态规划设计研究及示范技术”开题，吴志强院士团队再次带领同济规划院职业规划师和建筑与城市规划学院教师形成联合团队，项目从城市排放模型、数据监测、模型校验、平台开发、综合应用方面开展攻关，为双碳目标背景下的超大城市环境动态调控、规划编制、实施评估和监测维护等提供可复制可推广经验。

2023年新年伊始，同济规划院便召开国土空间规划体系中的详细规划编制与研究研讨会，院内多个团队针对详细规划的编制方法、小城镇及城郊详规、存量地区和更新地区详规、特殊空间详规等问题展开深入讨论。多个议题得到来自学院教师的支持或牵头，同时也有多个实践经验总结来自同济规划院的一线规划师，产教融合正在成为同济规划院技术创新、同济大学规划学科开拓发展的重要抓手。

延拓产教融合新特质，深入村落弄堂第一线

同济大学定点帮扶的云南省云龙县是同济规划院产教融合帮扶乡村振兴的一个缩影。2020年云龙脱贫后，当地乡村振兴正由规划引领全力推进中。云龙地处偏远山区，交通不便，空间资源非常有限，不适宜走传统城镇化道路。规划院从城乡规划编制入手，由同济大学知名教授领队，规划院启明团队等多个技术团队持续参与，触难碰硬，谋深做实，取得良好效果。

云龙帮扶也成为同济大学规划院乡村振兴产教融合的一个新起点。同济规划院在全国率先开设了“乡村规划设计”实践课程，并把同济乡村规划教学经验推向全国。2020年10月，同济大学牵头、联合11所高校成立了“城乡规划扶贫联盟”，协同开展规划扶贫工作。2021年，邵甬教授联合同济规划院启明青年规划师团队，立项“云龙县‘盐马古道’特征价值及整体保护利用研究”课题，挖掘盐马古道价值，以盐为核心构建文化-自然紧密结合的整体保护框架，通过营建集村民之家、遗产阐释与乡土教育基地等多功能于一体的“宝丰之家”、盐文化遗址花园，引领乡村振兴。陈晨、干靓的“云龙县国土空间规划”和“生物多样性保护专题研究”，先后获得同济规划院平台支撑、课题资助、团队支持等，以产教融合的方式探索生态文明背景下的绿色发展道路。

邵庄子村是雄安白洋淀中的一个古老的小村庄。如何将其打造成为雄安新区“淀区振兴”示范村？同济大学党委副书记彭震伟教授带领同济规划院团队，联合校内多个学科协同共创，推进邵庄子规划的持续优化。团队提出淀泊生命共同体理念，将人与自然、村与淀泊、原住与外来三对关系纳入生态的整体框架中。据悉，规划已经付诸实施，村庄整治、项目建设等现已完成。

服务“人民对美好生活的向往”，深入城市社区弄堂一线，是同济规划院产教融合的又一主战场。目前，匡晓明团队协助江浦路街道完成了辽源花苑党建微花园的更新方案设计，将参与式规划理念融入项目全过程，和社区居民们一起完成了党建微花园的共建行动。2018年，来自同济大学和同济规划院的12位规划专家组成了社区规划师团队，结对杨浦的12个街道展开规划介入的社区微更新，现已持续5年，先后完成了数十个社区更新项目，派驻社区规划师增至24人。陪伴式规划伴随居民一路走来，同济大学的规划学者、同济规划院的职业规划师，互相启发，眼光专

盱犄角旮旯，着眼点就是“美好生活”，“里子工程”、睦邻家园等更新项目陆续实施，上海社区规划师的技术体系也在不断完善中。经过师生的不懈努力，政立路580弄小区开了一扇通向创智农园的门。“开门”后，居民不再需要绕行一公里，只走50米便到了生态湿地公园、公交车站、地铁站和社区食堂。看着老人们的笑容，有学生感慨：“通过这次实践，自己真正明白了何为规划设计的温度。”得益于张尚武、匡晓明、梁洁、李继军、阎树鑫等24位规划师的持续努力，杨浦区的“15分钟社区生活圈”正在加速形成。团队编制的“上海市杨浦区‘美丽街区’总体规划设计方案——以精细化设计提升街道空间品质的规划实践”获得了全国优秀城乡规划设计奖一等奖。

勠力完成五大任务，共创产教融合美好未来

家有梧桐树，凤凰自然来。近3年，规划院接受高校学生实习实训701人次，大量的硕博研究生直接参与项目科研，并以此为学位论文。其中多位同学的论文获得包括优秀博士论文在内的国家、省部级奖励。

2022年以来，同济规划院产教融合模式进一步创新。规划院强力支撑同济大学联合申报科研平台“国土空间文化遗产保护与再生工程技术创新中心”“国土空间智能规划自然资源部重点实验室”等；与建筑城市规划学院、同济大学出版社签订战略合作协议，共同实施“城乡规划学科发展出版工程”；和高密度人居环境生态与节能教育部重点实验室（同济大学）合作立项联合开放课题12项，学院教师和规划院团队联手探索产学研新模式；联合组织各种形式的学术交流，先后开展十余次研讨会、大讲堂等活动，联合举办第十届金经昌中国青年规划师论坛，组织第七届全国大学生乡村规划设计竞赛等；与学院合作启动产教融合博士、硕士研究生培养计划，现已依托学院招收博士、硕士各1名，院内技术骨干参与学院教学评图十余人次；为学院培训中心提供教学师资，培训学员数百人；联合申报各类人才计划，其中刘超、沈尧依托规划院平台获批上海市启明星计划，张尚武、邵甬老师获批自然资源部国土空间规划创新团队；联合建筑城规学院博士后流动站成功获批上海市杨浦区博士后创新实践基地。

“我们要进一步发扬同济规划人‘做实，解难’的传统，以‘求精，创新’的高质量规划，更好服务中国式现代化。”在近日的学习贯彻习近平新时代中国特色社会主义思想主题教育学习会上，规划院党委书记童学锋表示，围绕“学思想、强党性、重实践、建新功”主题教育总要求，我们将继续深入贯彻党的二十大教育、科技、人才“三位一体”统筹部署，扎实推进产教融合、科教融汇，更加自觉地用新动能注入新优势，深耕这个国家高质量发展的基础性、战略性新领域，交出新时代同济规划人的优异答卷。

低碳发展·智慧赋能：中国技术经济学会低碳智慧城市专业委员会年会暨首届低碳智慧城市论坛隆重举办

2023年6月3日，中国技术经济学会低碳智慧城市专业委员会年会暨首届低碳智慧城市论坛在同济大学逸夫楼二楼演讲厅隆重举办。来自高校院所的100多位学者与会，就“低碳发展·智慧赋能”展开深入交流。“为顺应中国式现代化建设环境，引导低碳智慧城市和社区健康有序发展，促进跨学科、跨行业的深度融合，论坛邀请了学术界、企业界、政府机构的多位专家、官员参会，共同探讨推动城市可持续发展，助力低碳产业发展和智慧城市建设。”会议主办者介绍。

上午为开幕式和主旨报告环节，由同济大学建筑与城市规划学院教授、同济大学生态智慧与生态实践研究中心副主任、中国技术经济学会低碳智慧城市专委会主任委员颜文涛，上海同济城市规划设计研究院有限公司副院长、教授级高级工程师、中国技术经济学会低碳智慧城市专委会副主任委员裴新生主持，邀请同济大学党委副书记彭震伟、中国技术经济学会副理事长黄检良、同济大学建筑与城市规划学院党委书记刘颂、上海同济城市规划设计研究院有限公司常务副院长王新哲致辞。随后，韩文科、甄峰、庄贵阳、石邢和颜文涛五位嘉宾围绕低碳智慧城市发展的宏观战略、规划响应、技术应用等方面作了精彩的主旨报告。

下午，本次论坛活动以双碳目标下的发展转型、低碳智慧城市的规划实践、低碳智慧社区建设、城市低碳技术探索为主题，设置四个主题论坛，16位来自不同机构、不同岗位的专家学者分享交流了他们在低碳智慧城市领域最新的研究和实践成果。

本次学术论坛于线上线下同步进行，通过WUPENiCity、蔻享学术、国匠城、B站等平台进行了直播。其中，WUPENiCity视频号在线观看人数：2754人；国匠城在线观看人数：2392人；B站在线观看人数：1331人；蔻享学术在线观看人数4389人。线上在线观看总计：10866人。线上线下参会人员共计近11000人。

延吉新村街道领导一行赴同济规划院走访调研

2023年6月30日下午，延吉新村街道党工委副书记、办事处主任徐万骅一行来到上海同济规划院走访调研，街道办事处副主任吾文澜陪同调研。同济规划院院长张尚武、常务副院长王新哲、主任总工程师梁洁参加座谈会。

座谈会上，徐万骅指出，同济规划院是城市规划行业翘楚，也是延吉街道的优秀户管企业，感谢企业为街道的经济发展作出的突出贡献；梁洁同志作为杨浦区人大代表和延吉街道社区规划师，直接参与了街道“15分钟社区生活圈”等一系列规划和社区更新工作，切实提升了社区居民的幸福感和满意度。希望通过走访调研，进一步加深街道对同济规划院的了解，协调企业发展中遇到的困难，助力规划院的高质量发展。

张尚武介绍了同济规划院的基本情况。他说，1994年注册成立以来，规划院在专业领域不断深耕，专注于做好城市规划这一件事。张院长强调了同济规划院和同济大学产学研方面的紧密联系，“我们国家每个时期的重大战略，只要有同济参与，就有规划院的身影。”他指出，城市规划承担政府“智库”的职能。在服务地方、服务杨浦这件事上，双方有着共同的愿景。希望同济规划院能够更深入地参与到杨浦区的规划实践中，用专业技术提供更好的服务，彰显大学规划院的社会责任和使命担当。

王新哲从人才培养和员工关怀等角度介绍了规划院情况，他希望杨浦区寻找更多途径，加强我院年轻员工在工作和生活方面与城市的互动，让员工更好地融入社区、城区，培养员工归属感，提升员工幸福感。

座谈会上，双方展开了深入而热切的交流。同济规划院表示，将持续发挥专业优势，用设计为城市赋能，提升城市的环境品质；延吉街道有关负责人说，通过实地调研，深入了解了企业的实际需求，将努力创造良好的营商环境，助力企业高质量发展。

上海同济城市规划设计研究院有限公司中标《东阳市总体城市设计整合提升及中心城区详细城市设计》

2023年6月20日，东阳市自然资源和规划局组织召开《东阳市总体城市设计整合提升及中心城区详细城市设计》国际方案公开征集专家评审会。由原浙江省委常委、杭州市委书记王国平组长领衔的专家组通过综合评定，由吴志强院士领衔（项目负责人）的浙江省城乡规划设计研究院+上海同济城市规划设计研究院有限公司+Urbangene联合体团队获得国际方案征集技术第一名，承担后续东阳市中心城区的详细城市设计深化工作。

本次国际方案征集在吴院士的领衔下，联合体技术团队在近 5 个月紧锣密鼓的投标周期中， 先后进行了七次集中汇报讨论，以及近百次线上沟通协调，分别完成资格审查阶段、总体城市设计整合提升概念方案阶段、中心城区重点片区详细城市设计概念方案阶段三轮成果，提出规划应围绕“歌山画水，百工创想之城”的发展愿景，基于“并行者、粘合剂、超品质、匠城记”战略及“三角组群、东阳中轴”的区域格局，形成“十字廊、匠心印、共生络”的总体思路与空间框架，规划成果得到专家的高度认可。

吴志强院士团队斩获世界大会最高奖

在世界人工智能会议大会上角逐SAIL大奖成为每年全世界人工智能领域创新的重要争夺大战，每年在全球进行大规模遴选参加的项目，涵盖了这些年全球人工智能各大公司和各大大学最高的创新成果，视为一项人工智能领域至高无上的全球性荣誉。吴志强院士率领同济团队昨天在WAIC上，拔得了今年的高筹，以"上海金鼎‘聪明城市’CIMAI平台研创"，获得了全球仅6个的创新之星之一大奖。

吴志强院士率领同济团队通过训练AI模型向真实城市的异质群落学习，让AI模拟一个社会群落是如何组织、决策、行动过程的培育过程，从而开创性地超越多年一个大脑的历史，开启了多异质众脑协同模式。该智能模式采用立体架构，包含主脑、辅脑、分脑、端脑，各系统在同一个空间底座上实现信息交互，预判他方决策，以及各方长短板互补协同。通过众脑模型在上海金鼎项目中的创新实践验证，超越了在2007年提出的第1代“城市大脑”和第2代SWARM同质群智模式，进入了第3代多异智协同的智能城市新模式。

SAIL 奖（卓越人工智能引领者奖）是世界人工智能大会的最高奖项，坚持“追求卓越、引领未来”的理念，在全球范围发掘人工智能领域具有高度认可和美誉、具有提升人类福祉意义的项目。SAIL诠释AI，AI改变未来，展现了奖项对标的是全球人工智能领域内最具引领性的开路先锋。SAIL奖每年评选一次。今年是自2018年设立以来的第六年评奖，设置SAIL大奖以及SAIL之星，并发布年度榜单。

吴志强院士领导的同济团队早在2019年以 “上海马桥人工智能创新示范区规划设计”，2021年以“北京城市副中心CIM平台研创”已经连续两次获全球排名在30-60位SAIL奖。此次再接再厉，突出重围，勇攀高峰，荣获“SAIL之星”大奖，被称为是东方智慧的世界贡献，相信同济智能城市团队下一次还会夺得更高世界荣誉。

国土空间规划中的时空大数据应用研讨会举办

2023年7月16日，国土空间规划中的时空大数据应用研讨会在同济规划大厦302演讲厅举办。研讨会以“国土空间规划中的时空大数据应用”为主题，长三角三省一市5家规划院的多位专家学者莅临参会，交流时空大数据应用研究成果，探讨如何持续推动国土空间智能规划的发展。举办方介绍，会议旨在加强自然资源部国土空间智能规划技术重点实验室与长三角城市群智能规划省部共建协同创新中心各共建单位之间的技术交流与创新，共同促进实验室与中心学术活动的高质量发展和行业实践进步。

会议由同济大学建筑与城市规划学院教授、自然资源部国土空间智能规划技术重点实验室副主任钮心毅主持，同济大学建筑与城市规划学院教授、自然资源部国土空间智能规划技术重点实验室主任、长三角城市群智能规划省部共建协同创新中心主任、上海同济城市规划设计研究院有限公司院长张尚武致辞，表达了对参会专家的欢迎以及对学科建设和实践创新的热切期望。

研讨会设置“区域与网络分析”“技术方法创新”“生活圈与空间品质” “规划实施监管与平台”和“空间特征解析”五个主题论坛，21位来自不同机构、不同岗位的专家分享了他们在时空大数据应用领域最新的研究和实践成果，并与嘉宾展开深入的交流。

探访红色宝山路，谋划社区共建——同济规划院与宝山路街道开展主题党日活动并签署共建协议

7月27日上午，上海同济城市规划设计研究院有限公司与静安区宝山路街道共同开展了“探访红色宝山路，谋划社区共建”主题党日活动并签署结对共建协议。同济规划院党委书记童学锋、宝山路街道党工委副书记蒋丽丽、街道办事处副主任郁震飞等出席活动，同济规划院第一党支部26名党员和宝山路街道党员参加了活动。